程序员
生存手册

面试篇

Programmer's Survival Handbook

Ricky Sun（孙宇熙）编著

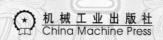

机械工业出版社
China Machine Press

图书在版编目（CIP）数据

程序员生存手册：面试篇 / 孙宇熙编著 . —北京：机械工业出版社，2016.1

ISBN 978-7-111-52441-0

I. 程…　II. 孙…　III. 程序设计 – 技术手册　IV. TP311.1-62

中国版本图书馆 CIP 数据核字（2016）第 003443 号

程序员生存手册：面试篇

出版发行：机械工业出版社（北京市西城区百万庄大街 22 号　邮政编码：100037）

责任编辑：曲　熠　　　　　　　　　　　　　责任校对：殷　虹

印　　刷：中国电影出版社印刷厂　　　　　　版　　次：2016 年 1 月第 1 版第 1 次印刷

开　　本：185mm×260mm　1/16　　　　　　印　　张：18.5

书　　号：ISBN 978-7-111-52441-0　　　　　定　　价：69.00 元

上个世纪末，硅谷的高科技产业（Hi-Tech Industry）发展得如火如荼，整个硅谷呈现出一派欣欣向荣的景象，每天都有新兴的公司涌现，各种各样的招聘活动风起云涌，每个创新型公司[⊖]在人力资源投资上的重头戏无一例外都是程序员（在"码农"或"DevOps"这些新新人类的词汇诞生之前，我们还保留严格意义上的程序员这一荣誉称号吧）。

说到程序员招聘，它和其他所有职位最大的不同就是技术面试，"会写代码才是王道"在相当长的时间里都是程序员这个行当里颠扑不破的真理。整个招聘流程中对编程、代码调试、编译、优化、架构理解与设计等技术能力的考查贯穿始终，甚至从 HR（或招聘经理）最初联系你时便已开始。记得当年在 Santa Clara Convention Center（会议中心）参加一次硅谷招聘大会时，逛到一个展台前，被一美国大姐问道："What's your favorite language？"（你最喜欢什么语言？）我没过脑子就回答道："C、C++"。在以硅谷为背景的对话中，语言＝编程语言，俨然是个约定俗成的事儿。

程序员面试中，除了有那么几个著名的公司喜欢对大学毕业生们提一些脑筋急转弯类的问题（比如：读完"Stanford 大学"需要多久？答案：一秒足矣）以外，绝大多数还是相当简朴、实在的。面试的形式可能多种多样，包括电话约谈（phone screen）、面谈（这类最简单、最轻松）、笔试（过不了这关就甭想进入下一关）、上机（实战，这类面试虽然不多，但也是不得不防的）、做主题报告（这是相当学院派的做法，不过很多研究院、CTO 性质的机构会常用）等。本书的内容基本上覆盖了以上列出的所有面试形式中常见的问题并提供了较为详尽的解答，值得指出的是很多问题答案并不唯一，特别是设计类的问题，几乎没有标准、统一的正确答案。面试所要检验或者观察的是你在遇到问题时的第一反应、思维逻辑、思考方法、解决问题的方式、偏好等，面试官将综合这些因素来评估你在未来的团队中的位置和融入的可能性。

本书的内容可以说是我和很多志趣相投的同事、朋友对过去十几年（甚至几十年）中的亲身经历与收集的大量面试考题的整理、分类、提纯再细化。从地域而言，跨越了从美国到中国的大大小小上百家公司；从内容上看，既涵盖了数据结构、算法、操作系统、网络等基础类知识的面试题，也兼顾了最近几年关注度最高的移动编程（如 Android）、云计算与大数据等内容。与传统的教科书不同，本书的目的是通过真实面试题的 Q&A 分析，让读者重温在书本中可能漏掉的重点，换一个甚至多个角度去思考问题的解决之道。因为工业界的解决

方案与学术界往往大相径庭，但有时却又一脉相承。

要想了解从学校过渡到工业界的跨度，不妨来看两个简单的例子。

例子1　在数据结构中，最美妙的大概就是递归算法的使用。使用递归的代码看起来非常简短（虽然逻辑解读上可能更复杂），而且应用的地方很多，比如著名的链表反转（reversing a link-list）。遥想当年大一的时候一群人在 DEC-8 终端机上奋笔疾书写出那些自以为惊世骇俗的递归程序时，没人思考过递归会占用更多的内存（context saving），其效率也相对更差（调用前的内存准备、占用和调用后的内存释放），在面对长链表的情况下堆栈溢出也是潜在问题。在业界的真实应用中，单纯的递归几乎是不存在的，取而代之的是循环（不占用额外的存储，堆栈溢出的危险有效降低，等等）或递归嵌套循环（并且时刻监视内存的使用及是否有内存泄露等风险）。

例子2　再来看一个更接地气的问题。有一个大型的无线网络，其中几千台无线热点部署在城市的热点地区。管理员发现其中 80% 的同一型号的 AP 会不定期出现死机的现象，一旦发生这样的现象，远程无法访问，也无法自动重启，只能人工重新在本地断电重启。由于所有的 AP 均为企业级，有日志定期上传到管理服务器，因此分析得出此类 AP 会在频繁使用的 24 ~ 48 小时内出现上述死机现象。这个问题极度困扰网管部门，如何解决？

除了统一升级固件，还有其他办法吗？我们知道，提供服务的网络设备（如无线 AP）通常会提供远程访问接口，常见的有 SNMP、Telnet、TFTP，高级的有 SSH（更像一台 *nix 服务器了）。TFTP 有的会被用来上传固件；SNMP 多数只提供读，支持写的比较少，这一批 AP 也不支持 SNMP 写；最后就只剩下 Telnet 接口了。传统意义上远程 Telnet 登录并执行 reboot 操作即可，现在的问题是如何自动登录几千台 AP？经过上面的分析，这个问题已经简化为：写一个 UserAgent 来自动 Telnet 登录，把它放到一个大的循环当中访问几千台 AP，而自动登录的时间选择在凌晨 3 点到 4 点，因为几乎没有客户会在这个时间段登录。再完善一点的解决方案是先通过 SNMP 或 Telnet 判断是否有活跃链接用户，等待其下线再重启，这有点像 Apache Web 服务器的平滑重启（graceful restart）。再进一步考量的是发起大规模 Telnet 登录请求的主机用何种方法来完成工作：循环、多进程、多线程、非阻塞 I/O（Non-blocking I/O），以及其他考虑因素，如异常处理等。

通过上面两个简单的例子，希望大家可以感受真实环境下我们在面对问题、分析问题并寻找解决之道时是如何因地制宜的。最简单的方法不一定是最好的，但能解决客户问题的方法一定是好的（good enough solution that makes sense）。

本书并不是一本超级严肃、充满条条框框的教科书，你可以把它看作一本面试参考书，也可以闲来翻翻作为了解 IT 发展史的课外书。本书的内容中虽然有绝大部分是纯技术的，但是也有软技能相关的章节。总之，一个优秀的技术人员不仅要有过硬的技术背景，也要有一定的软技能（待人接物）；要有常识，要能融入团队，这样你才能走得更远、变得更强。

不知道有没有人统计过一个程序员在其技术生涯中要学习、掌握多少种技能（语言、系统、环境与流程）。我个人感觉，摩尔（Moore）定律也适用于这个问题，平均每 1.5 年就会有一整套新的颠覆性技术出现，如果不想被淘汰，就不得不迎头赶上。对于热爱编程的你而言，本书覆盖了 6 种典型的计算机语言。鉴于篇幅所限，我并没有刻意搜集更多的编程语言，因为我相信触类旁通，掌握一门语言，熟悉它、灵活运用它，再去攻克另一门语言是一件很简单的事情（有时候甚至就是半个下午的事情）。以一个科班出身（CS 专业）IT 老兵的角度看，对于计算机语言的接触与掌握可经历如下阶段：C → C++/Java → Perl/PHP/SQL 或 Android/iOS。C 是基础，数据结构、操作系统、网络编程都是以 C 为范例讲解的；C++/Java 是 OO 的两大代表性语言，C++ 更硬核（hardcore）一些，而 Java 这几十年经久不衰自然有它的过人之处；Perl 是脚本语言中集大成者（PHP、Python、Ruby、JavaScript 这些统统可以看作 Perl 的"小弟"兼衍生品。严格意义上说，Perl 源自 Shell Scripting，像 sed、awk、sh、csh、bash 等不一而足，但是集大成者当属 Perl，由于篇幅及受众所限，本书没有为 Shell 编程单独开辟章节）；SQL 是一门很人性化的语言，在大数据备受关注的今天，熟练掌握 SQL 绝对不会让你落伍；Android/iOS 分别可以看作 Java 与 C++ 的变种……总而言之，从 C 开始熟悉基本概念、夯实基础，会让你走得更远、更好！

最近几年，随着云计算和大数据的风起云涌，很多问题已经不再是简单（或直接）的编码问题，而更侧重于系统的体系架构设计、逻辑分析、优劣选择或方案折中；同时随着移动互联网的飞速发展，新的编程语言不断涌现，本书也选取了一些具有代表性的 Q&A 与大家分享，希望对大家的工作与学习有所助益。

另外，需要说明的是，本书的每一个 Q&A 都可以独立成文，虽然前后的数个 Q&A 可能会有知识点上的关联性，但是从阅读、查询、恶补或是作为面试问题的角度上来看并不存在相互依赖性。书中一些重要的 Q&A 配有作者录制的讲解视频，读者可扫码进行观看。每章后还附有该章内容相关的基础知识的 MOOC 的二维码，需要的读者可扫码进入学习。

孙宇熙

2015 年 9 月

致　谢

从最早的 Q&A 收集整理到最终集结成书，时间跨度足足有十几年。最早的版本是笔者本人的日常英文笔记（都是在历次技术面试中凭记忆记录下来的经典问题），涵盖了 100 多道硅谷 IT 公司典型的程序员面试技术问题，后来尝试着分享给身边的三五好友，颇得好评。在实战中，这本小册子不断被验证，之后又有很多同事和朋友陆续补充了一些题目。一来二往，小册子变成了厚厚的大册子（超过 500 道问题，涉猎的技术领域、问题类型也更加广泛）。

在本书付梓之际，需要感谢的人很多。按照华人的传统，首先要感谢父母，感谢他们对我一如既往的关怀、支持与理解；其次要感谢我的家人，没有你们的理解与宽容，我不可能有大把的周末时光把自己关在书房中埋头码字（同时也有了合理的借口可以不参与周末家庭大扫除）。

感谢在过去多年内提供了很多 Q&A 来充实和丰富本书的朋友和同事们，包括：我的大学同学、PaloAlto Networks 技术副总裁 Wilson Xu，前 Yahoo! 的高级工程师 Stephanie Xu，Facebook 早期员工 Eric Ji，我的大学同学、卡内基梅隆大学高材生张成，我的前微软同事周健博士、Neo Han Chen，我的前合伙人和老朋友、硅谷硬件孵化器创始人 Hilbert Ming Guo，我的 EMC 同事、技术总监 Michelle Lei 女士，我在 EMC 研究院的大数据与云计算的同事和专家曹逾博士、李三平博士、董哲、郭晓燕、陈曦，还有那些曾经在面试中折磨过我也被我折磨过的人们，在此一并感谢。

特别需要感谢的还有机械工业出版社的朱劼女士和我的同事朱捷先生以及开课吧团队同仁，没有他们的积极策划与耐心帮助，本书不会成为现实。

孙宇熙
2015 年 2 月 28 日深夜于硅谷米深堂

目 录

第四篇　软技能篇

第一篇 *Part 1*

基　础　篇

## 第 1 章

数 据 结 构

关于数据结构的重要性，Eric S. Raymond（ESR）在其所著的那本广为人知的软件开源运动圣经——《大教堂与集市》[⊖]一书中有精辟的阐述：

Smart data structure and dumb code work a lot better than the other way around.（聪明的数据结构配上傻瓜代码要好过聪明的代码配傻瓜的数据结构。）

笔者以为这句话一语中的！无数的经验告诉我们：解决问题的不二法门是数据结构＋算法，好的数据结构再匹配上高效的算法几乎可以无往而不利。

在本章中，我们会通过经典的面试题来回顾各类数据结构。

1.1 链表

如果有人问我面试中最常见的问题是哪一类，我一定会告诉你非链表莫属。下面这个问题是最能展示一个程序员的基本功和实力的。因为这类问题没有标准答案，而且链表这东西在逻辑上的确比较绕，但这恰恰是考察你学以致用的能力或真才实干最好的试金石。

🔍 如何翻转一个单向链表（头变尾、尾变头）？

⏱ 笔者认为这道面试题是程序员面试中出现频度最高的问题，没有之一。解决方法绝对不止一种，不过大多数学院派的同学最熟悉的就是用当年在 C 语言和数据结构课上学到的递归算法来解决了。让我们重温一下经典的解决方案：

```
// Recursively, In case you forgot.（递归解法）
reverse_ll(struct node ** hashref) {
    struct node * first,  last;
    if(*hashref == NULL) return -1;
    first = *hashref;
    rest = first->next;
    if(rest == NULL) return;

    reverse_ll(&rest);

    first->next->next = first;   //reversion happens.（反转）
    first->next = NULL;
} //-END-
```

⊖ 该书已由机械工业出版社引进出版，书号为 978-7-111-45247-8。——编辑注

上面的递归代码中，核心部分只有几行，其他都是边界条件（boundry condition）检查的部分（潜台词：却也是最重要的，正所谓不怕一万就怕万一）。

但是，很重要的但是，递归程序虽然简短，但依然有代价。递归的效率并不高，每一次调用自己都产生大量额外内存占用（与清除）。对于长链表，发生堆栈溢出是绝对有可能的，更优质的解决方案（面试官想看到的）是采用非递归。通常如果面试者上来就使用递归方案，循循善诱的面试官会追问：还有没有不使用额外内存的解决方案？

这时，如果你能给出下面的方案，面试官一定会对你刮目相看。这个解决方案使用了一个相当简单的循环，只使用了一个临时指针在循环中调整指针的指向，将头变尾、尾变头。在工业界，大多数面试官期待的是这种基于循环的答案。

```
// Non-Recursively
Node *p  = head;              // h points to head of the linklist.（指向链表头）
If( p == NULL)
    return NULL;
link *h;
h = p;
if(p->next)
    p = p->next;
h->next = NULL;    // h is now an isolated node which will be the tail node
eventually.（h现在是孤立结点，最终会成为尾结点）
while( p != NULL) {
    link *t = p->next;    // tmp node.
    p->next = h;          // reverse the linkage
    h = p;                // moving one node forward
    p = t;                // moving forward
}
return h;  //h points to the new Head.（h指向新表头）
//-END-
```

思考：为什么递归有风险？

答：有可能出现堆栈溢出，特别是对于大数据集或过度使用嵌套递归的情况。

🔍 如何反向打印一个链表（从尾到头）？

◎ 和上一题异曲同工的就是这一道题了，硅谷历史上赫赫有名的公司在面试时都相当钟爱这个问题，比如 Yahoo! 和 Netscreen。后一个公司名字可能很多读者不太熟悉，但 Juniper Networks 肯定听说过吧？在网络公司里抗衡 Cisco，在高端路由器与防火墙领域所向披靡，当年 40 亿美金收购了 Netscreen，在那之前 Netscreen 在 Nasdaq 上市，表现相当耀眼。

还是先给出递归解决方案，超简单（不过效率就堪忧了）：

```
rev_ll (Node *h) {
    If(!h) return(-1) ;
    else { rev_ll(h->next); print(h->data);}
}
```

如果采用非递归的方法，类似于上题，先把链表反转，然后从新的头节点开始打印到尾部。从算法复杂度上看大约相当于 $O(2*N)$。

和本题类似的一个问题是：如何反转一个字符串（string）（要求复杂度为 $O(N/2)$）？

答案其实很简单。以字符串数组类型为例，将第一与倒数第一置换、第二与倒数第二置换，一直到自己（subscript= 脚注、下标）与自己相等则停止置换。

🔍 如何翻转双向链表？

✅ 双向链表的翻转其实比单链表的翻转简单，道理不用多解释，直接就用循环吧。期间只需要做两件事情：头尾置换、向前指针与向后指针的互换。

```
Node *PCurrent = pHead, *pTemp;
While(pCurrent) {
    pTemp = pCurrent->next;
    pCurrent->next = pCurrent->prev;
    pCurrent->prev = pTemp;
    pHead = pCurrent;
    pCurrent = pTemp;
}
// pHead will point to the newly reversed head by now.
// -END-
```

其实仔细想来，这道题有点无聊，双向链表翻转意义何在呢？关键在于面试官要通过这个题目来检验的是你的逻辑思维能力。重申一下，链表有些绕。

🔍 在一个按升序排列的双向量表中，如何插入一个节点？

✅ 好吧，我们再接再厉，看看怎样在一个链表当中插入一个节点。这道题考察的绝不是算法复杂性，而是对边界条件的检查，这是一个优秀的程序员必备的能力。

先想象一下可能在哪些地方插入一个节点：头部、中间、尾部。现在，让我们在代码中付诸实践吧！

```
//Assume we have a struct:
Struct Node {
    Int data;
    Node * prev;
    Node *next;
};

//pHead, pCur, nn (new node), ppCur (pre-pCur)
if(pHead == NULL) return(0);
pCur = pHead;
while(pCur) {
    if(pCur != pHead) {
        ppCur = pCur->prev;  //keep track of prev node.
    }
    if(pCur->data >= nn->data) {
```

```
        if(pCur == pHead) {  // insert at the head
            pHead = nn;
            nn->prev = NULL;
            nn->next = pCur;
            pCur->prev = nn;
        } else { // insert at non head.
            if(pCur->next == NULL) { // insert at the tail.
                nn->next = NULL;
                pCur->next = nn;
                nn->prev = pCur;
            } else { // insert somewhere in the middle.
                nn->next = pCur;
                pCur->prev = nn;
                ppCur->next = nn;
                nn->prev = ppCur;
            }
            return(pHead);  // return head of double-linklist.
        }
    } else { // keep going!
        pCur = pCur->next;
    }
} // end of while()
```

在双向链表中，如何删除一个节点？

既然学会了如何插入新节点，那么删除一个节点也不是什么大问题了吧？这个问题也是出自名门，比如 Frontier 的现场（onsite）上机面试题，给你一个键盘和一台 14 寸的 CRT 显示器，几分钟内写出可以正确编译执行的代码。Frontier 的团队相当一部分是从 NetScreen 出来的，包括它的创始人也是原 NetScreen 的联合创始人，所以面试虽然难了一点，不过只要准备充分，这道题不在话下。

```
// Need to consider all boundary conditions.
void del(node *n)
{
    if (!n) return;
    if (n->prev) {  // Treat one direction.
        n->prev->next = n->next;
    } else {
        n->next->prev = NULL; //head deletion
        head = n->next; //reassign list head!
    }

    if (n->next) {  // Treat the other direction.
        n->next->prev = n->prev;
    } else {
        n->prev->next = NULL; // delete at tail!
    }

    delete (n);
```

```
}  //END of del()
```

🔍 **在单链表中如何发现 loop（环）？**

⏱ 前面几个问题变着花样考查的是链表 manipulation 的问题。我们再来点 tricky 的，比如下面这个 Yahoo! 曾经很喜欢问的问题：如何在单链表中侦测到循环。

这里提供一种解决方案（当然不止一种）。发现是否有环的基本算法就是从表头出发，两个指针在循环中以不同的步幅前进，其中 p1 步幅为 1，p2 步幅为 2，如果在某次迭代中指向同一点，则说明出现环（loop）。

```
Node *p1, *p2, *head;
p1 = p2 = head;
do {
    p1 = p1->next;
    p2 = p2->next->next;
} while ( p1 != p2 && p1->next != NULL && p2->next != NULL && p2->next->next !=
NULL )

if ( p1->next == NULL || p2->next == NULL || p2->next->next == NULL) {
    printf( "None loop found!\n";
} else if ( p1 == p2 && p1 != NULL ) {
    printf( "Loop found!\n" );
} // -END-
```

小插曲：十余年前的那个夏天，Yahoo! 硅谷总部，笔者与搜索部门的技术总监遭遇，信心满满地写完以上的代码，总监又抛出了一个"连环炮"——指针 p1 与 p2 会陷入无限死循环的黑洞吗？在本人年轻气盛的时候，这种问题是立刻会反驳的（在经过逻辑分析后），单链表中两个不同步幅的指针会陷入死循环？不可能，绝对不可能！很显然总监没有料到有面试者会这么直截了当地否定他的命题。结果当然是笔者没有进入 Yahoo! 的搜索部门（笔者随后阴差阳错地加入了 Yahoo! SDS 战略数据服务部门，今天我们更愿意把类似的工作叫大数据处理与分析）。

本着发扬刨根问底精神的原则，我们用下面两幅图（见图 1-1、图 1-2）来说明为什么即使链表中有环存在，以上的代码也不会陷入死循环。

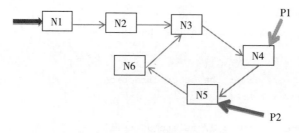

图 1-1　单链表中的环

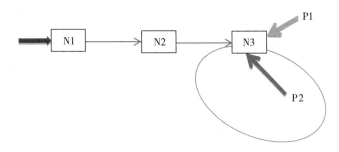

图 1-2 单链表中的环特例

- 图 1-1 中，N6 会指向 N3 从而形成环，但是 p1、p2 会在从 N3 开始的 4 次循环内汇合，从而做出有环的判断。

- 图 1-2 是一种特例，N3 自己指向自己，这种情况下，只要 1 次循环就会让 p1 和 p2 碰撞！

- 理论上只有一种可能在即便有环的情况下，让 p1、p2 一经出发就很难再相遇，那就是链表无限长，表尾指向表头。不过这种情况下，用链表作为数据存储结构，然后还要试图找到循环，本身就很无聊。通过一个哈希表来跟踪一个节点是否被多个同链表节点指向可能更容易发现问题、更便于规避风险。

如何在一次遍历中找到一个链表中从尾部算起的第 N 个节点？

这个问题可以说是一个智力测验，最关键是先想到一个简单的算法，能在一次遍历中就可以寻址到链表中的第 N 个元素。很明显，我们需要借助两个指针，所谓一个巴掌拍不响，至少要有两个指针才能帮助我们丈量这个距离。

```
// Utilize 2 pointers, keep them about N-node pace away.
if (head == NULL) return(0);
ptr2=ptr1 = head;
int i=0;
for(i=1; i<=n-1; i++)   // have ptr1 march (N-1) nodes
{
    if(ptr1->next == NULL) return(0);
    ptr1 = ptr1->next;
}
while (ptr1 != NULL)
{
    if(ptr1->next == null) { // found
        return(ptr2)
    }
    ptr1 = ptr1->next;
    ptr2 = ptr2->next;
}
```

如何打印二叉树？要求从树头开始，一层接一层地打印。

这一问题可以简单归纳为二叉树遍历，逐层（level-by-level）的遍历是典型的广度优先

（breadth-first）遍历，与之对应的是深度优先遍历（depth-first traversal），这类问题最容易体现出典型的学院派与工程派大相径庭的解决方式。下面我们先给出学院派常用的递归解决方案：

```
//hold the information for each level of the tree.
char levels_char_buffer[MAX_LEVELS][MAX_BUFFER];

void print_tree_level( tree* treep, int level)
{
    /* ending criteria */
    strcat( levels_char_buffer[ level], p->data);
    if(treep->leftp != NULL) print_tree_level( treep->leftp, level+1);
    if(treep->leftp != NULL) print_tree_level( treep->rightp, level+1);
}

void print_tree( tree* treep)
{
    //initialize buffer
    memset( level_char_buffer, '\0', sizeof( level_char_buffer);
    print_tree_level( treep, 0);
    //dump buffer out
    for ( level = 0; level < MAX_LEVEL; level++)
    {
        printf( "level%d: %s\n", level, level_char_buffer[level]);
    }
} // end of print_tree()
```

这里插播一个基本概念，二叉树的显示有如下三种形式：

1）前序（Pre-order）：先显示根，然后显示左节点，最后显示右节点。这是最常见的形式。

2）正序（In-order）：先显示左节点，然后显示根，然后显示右节点。

3）后序（Post-order）：先显示左节点，然后显示右节点，最后显示根节点。

它们递归实现的伪码分别如下：

```
void print_preorder(node * tree) {
    if (tree) {
        printf("%d\n",tree->data);
        print_preorder(tree->left);
        print_preorder(tree->right);
    }
}

void print_inorder(node * tree) {
    if (tree) {
        print_inorder(tree->left);
        printf("%d\n",tree->data);
        print_inorder(tree->right);
    }
}
```

```
    }
void print_postorder(node * tree) {
    if (tree) {
        print_postorder(tree->left);
        print_postorder(tree->right);
        printf("%d\n",tree->data);
    }
}
```

读完上面的代码，我们还可以继续思考：

1）广度优先的遍历采用的数据结构的本质是队列，那么对于深度优先，最优的数据结构是什么呢？答案：堆栈！

2）递归的使用不是没有代价的，有其他的解决办法吗？它的优缺点各是什么呢？

在后面的章节中，我们会接触 C++ STL，其中的 queue 与 stack 的系统库实现可帮助我们轻松完成二叉树的遍历。下面给出一段 STL 示例代码：

```
public void BreadthFirstTraversal()
{
    Queue q = new Queue();
    q.Enqueue(root);

    while (q.count > 0)
    {
        Node n = q.DeQueue();
        Console.Writeln(n.Value); //write the value when dequeue
        if (n.left !=null){
            q.EnQueue(n.left);//enqueue the left child
        }
        if (n.right !=null) {
            q.EnQueue(n.right);//enque the right child
        }
    }
}
```

1.2　数组

前面我们回顾了各种链表的知识。本书来看看关于数组的问题，内容同样很丰富。

如何在一个排好序的数组中打印出唯一（unique）的数组元素？

这是一个简单的问题，对于已经排好序的数组，打印 unique 的数组元素无非就是比较相邻的两个元素（如果不是排好序的数组，那解决起来就复杂多了，我们将在后面讨论这类问题）。

这道题也是硅谷赫赫有名的 Paypal 公司的面试题，不过难度系数不高。他们真正有挑战的问题是后面的章节中与 OO 模式设计（Design Pattern）有关的，别忘了，Ebay/PayPal 的业务模式注定他们会使用 OO，建模……那是十几年前的事情，这几年相信火爆的 Alipay 的后台逻辑也差不多。

```c
// Assume it's a char * array
char * unique_array(char *s, int size)
{
    int i = 1,  c = 1;
    for(c=1; c<=size; ++c) {
        // Only proceed when it's unique.
        if (s[c] != s[i-1]) { s[i] = s[c]; i++; }
    }
    s[i] = '\0';  //NULL terminate the string!

    return(s);
} //-END-
```

❷ 如何在一个字符串数组中（char * array）滤掉所有匹配的字符？

◉ 与上面一题类似，在一个数组中找到匹配的字符，只需要循环一次而已。

```c
// 函数 filter_array()
//s 为字符串数组；size 标识了数组的长度，待匹配字符为 tgt
char * filter_array(char *s, int size, char tgt) {
    int i = 0, c;

    // 循环：将数组中的每个字符元素与 tgt 比较
    for(c = 0; c<size; c++) {
        // 如果当前数组下标 c 指向元素不等于 tgt，则赋值给下标为 i 指向的元素
        //i 实际上指向了新的结果数组（这个做法很聪明，不使用多余内存!）
        if(s[c] != tgt) {
            s[i] = s[c];
            i++;
        }
    } // end-of-loop

    s[i] = '\0';
    return(s); // 返回的 s 为匹配完毕后的数组!
} -END-
```

❷ 给你一个二维数组，如何以螺旋的方式打印出数组内容？（你有 15 分钟!）

◉ 这道题真的比较复杂，在 15 分钟内写出一个二维数组的遍历并把元素以螺旋的方式展示出来，在逻辑上相当绕。笔者第一次看到这道题的时候差点昏厥，一想到那些边界效应（垂直转弯处）就头大。但是对于有兴趣挑战这种复杂问题的朋友，请继续！

```c
//Who can write this code within 15 minutes?
void print_spiral(int** arr, int size)
{
```

```
    int I,j,k,middle;
    for(i=size-1, j=0; i>0; i--, j++) {
        for(k=j; k<I; k++) // first-row up to 2nd to the last column
            printf("%d", arr[j][k]);

        for(k=j; k<I; k++)//last col up to 2nd to the currently last row
            printf("%d", arr[k][i]);

        for(k=I; k>j; k--)// last-row up to 2nd to the currently first col
            printf("%d", arr[i][k]);

        for(k=I; k>j; k--)
            printf("%d", arr[k][j]);    // first-col up to the 2nd to currently
first row.
    }
    printf("\n");
} // end of print_spiral()
```

🔍 如何给一个二维数组分配内存?

✅ 这是关于一个二维数组的内存申请问题,也是 C/C++ 中的常见问题。

```
// 使用 calloc(),假设有 2D 数组,尺寸为: Height * Width
// allocate Height number of pointers to each row.
Array = (int **) calloc( Height, sizeof(int *));

// allocate all space needed.
*(Array) = (int *) calloc( Width * Height, sizeof(int));
```

1.3 字符串

🔍 实现你自己的 atoi() 函数!

✅ 题目超言简意赅对不对?如果光看题目你没有反应(或者不知题目所云),那你只能回头再复习一下 C 语言编程的基础知识了。

实际上,这道题问的是如何把 ASCII 码转换成整数(Integer)类型,比如将字符串"12345"转换成数字 12345,这个问题在 C 语言里早就有实现方案了(差不多是 40 年前的事),而你要做的是用最粗鲁的方式来实现这个函数。

老实说,在面试现场不借助任何参考书能答出这个问题不容易,不过至少你要知道 ASCII 的"0"对应哪个数字,才能顺利地把 0 ~ 9 中的任何一个转成数字类型。

此外,这个问题需要考虑的边界条件也不少——正负数一个都不能少。

```
// char *a ( int i;
Int len = strlen(a);
Int i = 0, j = 0, sign = 2;  // 2 stands for '+'
```

```
If (a[0] == '-') {
    sign = 1;
    ++j;
} else if(a[0] == '+') {
    sign = 2;
    ++j;
}
while(j < len) {
    i = 10 * i + (a[j] - 48);   // 48 = 0x30 which is ASCII '0'
    ++j;
}
if(sign == 1)
    i *= -1;

//-END-
//NOTE:  a-z: 0x41-5a(65-90);    A-Z:  0x61-7a(97-122)
```

实现一个函数完成如下功能：输入一个字符串参数，检查其是否为整型，如果是则返回整数值。

这道题可以算作上一题的变种，如果把上面的问题搞明白，拿到这个题目就下笔如有神了。先处理符号的问题，然后处理循环，在循环中判断是否有边界条件发生，是不是很简单？

```
int str2int(const char *str)
{
    int value = 0;
    int sign = (str[0] == '-')?-1:1;   // 正负数判断
    int i = (str[0] == '-')?1:0;        // decide starting index
    char ch;

    while(ch = str[i++])
    {
        if ((ch >= '0')&&(ch <= '9'))
            value = value*10 + (ch - '0');
        else
            return 0;   // non-integer
    }
    return value*sign;
}  /* end of str2int() */
```

实现你的 itoa()。

又是这个看起来有点眼熟的问题，你一定在心里说：看来我们是和数据类型转换干上了。不过 itoa() 很简单，或者说可以找到取巧的方法。比如，下面的解决方案 1 或 3，方案 2 几乎就是前一个问题的逆转，此处不再赘述。

方案 1：利用 sprintf(s, "%d", i);。

方案 2：把每个数字转换为 ASCII 类型，然后转储为 char * array。

方案 3：递归调用 putchar()（提示：利用 putchar('0' + current_digit);）。

用且只用 putchar() 来打印整数，并且最好不使用额外的存储。

前半个问题很容易实现，但后面的附加条件就比较让人头疼了。不使用额外的存储，言下之意就是让你使用递归，这个问题恰恰很适合用递归来解决，一个整数能有几个字节呢（1,2,4,8）？简短的递归对于解决这类问题绝对得心应手。

```
//recusion is one way(since integer is only 16 or 32 or 64 bits long)
void putlong(long ln)
{
    if (ln == 0) return;
    if (ln < 0) {
        putchar('-');  // print - sign first
        putlong(abs(ln));    // print as positive number
        return;
    }
    putlong(ln/10);       // print higher digits,
    // print last digit(mod), '0' + will convert to ASCII.
    putchar('0' + ln%10);
} // end of putlong()
```

把一串连续的字符转换为大写。

这个问题其实相当常见，所有的编程语言中都有类似的实现这个功能的函数，但是现在我们尝试自己来写一个。这道题与前面提过的 atoi() 问题相呼应，关键就是要知道 A ~ Z、a ~ z 对应的 ASCII 码（赶紧去温习一下吧！）。其实，只要记住 A 和 a 分别对应 65 和 97 就能推导出后面的字符了，这比化学元素周期表简单多了，是不是？

```
// 'A''s ascii value: 0x41=>65,
//'a' ascii value 0x61=>97, difference 32(0x20)
void ToUpper(char * S)
{
    while (*S!=0)
    {
        *S=(*S>='a' && *S<='z')?(*S-'a'+'A'):*S; // or islower(*S) { *S = *S - 'A'
+ 'a'; }....
        S++;
    }
} // end of ToUpper()
```

如何反转一串数字？

我们再接再厉，来看看如何反转一串数字。例如，输入 12345678，输出为 87654321。

方法1　使用递归函数。

```
void reversenum(int i)
{
    if(i == 0) return(0);
    printf("%d",i%10);
    reversenum((int)i/10);   //print all remaining digits.
}
```

方法2　使用循环。

```
#include <stdio.h>

int main()
{
    int n, reverse = 0;
    printf("Enter a number to reverse\n");
    scanf("%d",&n);

    while (n != 0){
        reverse = reverse * 10;
        reverse = reverse + n%10;
        n = n/10;
    }

    printf("Reverse of entered number is = %d\n", reverse);

    return 0;
}
```

🔘 如何将一句话中的每个单词翻转？

✅ 前面已经介绍过类似的试题，注意，面试官着重考查的是算法复杂性。如果复杂性为 $O(1.5*N)$ 如何实现？

算法描述如下：

1）从字符串尾部开始向前遍历。

2）当发现空格或 tab，找出此空格与后面空格间的单词，反转。

3）继续向前直到到达串头。

1.4　比特与字节

🔘 将整数的某一位置一（set bit）或清零（clear bit）。

✅ 在比特位与字节操作领域，这绝对是个经典问题（事关基本功），不能不会！

这道题的解决方案分两部分：

1）先定义一个宏（macro），这个宏就实现一个功能：返回二进制整数，把第 n 位设为 1

（其他位为 0）。

2）根据需要，对需要操作的整数与宏的结果进行或操作。

这里给出两种实现方法：

```
// 方法 1:
#define SET_BIT(n)  (0x01 << (n))
int setBit(int n, int value)
{
    value |= SET_BIT(n); // 或操作，设第 n 位为 1，其他位不变！
}

// 方法 2:
setBit (int n, int value)
{
    value = value | (0x01 << n); // 把宏直接写在代码里面了
}
```

上面介绍了如何将某一位置 1，那么如何清零呢？

1）使用 ~SET_BIT(n)，结果是除了第 n 位为零，其他位都置为 1。

2）进行与操作。

```
// 清零算法:
clearBit(int n, int value)
{
    // 先把事先准备好的 SET_BIT() 的结果反转，使得第 n 位为 0，其他位为 1
    // 然后进行与操作，完成。
    value &= ~SET_BIT(n);
}
```

对一个整数乘 7 的最快的方法是什么？

这道题是 Yahoo! 当年很喜欢问的一个"脑筋急转弯问题"。你当然不会说是 X*=7，因为这个操作绝不是最快的。记住：乘法其实很昂贵。想想二进制操作吧，时间到！位操作来完成 *8（左移三位），然后自减一次，收工！

```
int X;
X = X << 3 -X;
```

再考虑一个引申的问题：对于现代 CPU 而言，加减乘除哪个操作最昂贵？除法（division）？对了，由于微处理器的内核实现不尽相同，这个问题可以变得很复杂，不过一般而言：

- 除法操作大概需要乘法操作的 10 倍时间！
- 乘法操作需要加法、减法或比较操作的四倍时间！
- 取绝对值（Abs）操作是加减法操作的二倍时间！
- 其他操作，包括 Exp（指数）、sqrt（开方）、sin/cos/tan/arctan 大约是加减法时间的 50 ~ 100 倍之多！

能否用一行 C 表达式来判断整数 x 是否为 2 的 n 次方？

用一句话来判断整数 x 是否为 2 的 n 次方，这是一个需要借助位操作来完成的问题。这个题目比上一题难了不少，我们仔细想一下：2 的 N=[1~n] 次方用二进制表述有何特点呢？

$$x= 0x10, 0x100, 0x1000, 0x1000\ 0000\ ....$$

对了，第 n 位为 1，其他位为零，这是最关键的逻辑分析，x–1 恰好反过来。

$$x–1= 0x01\ \ 0x011, 0x0111, 0x0111\ 1111\ ....$$

如果 $x*(x–1)$ 结果就是全零，放到宏里一句话可写为：

```
#define is_power_of_two(x)  (x) ? (!(x&(x-1))) : 0
```

怎么判断一个整数中或一个数组中有多少位或多少元素为 1？

这道题是 C 语言中最为经典的巧妙利用位操作的问题。K&R 的 C 教材中早就有解决方案⊖。其中的关键和上题如出一辙，让 x 与 x–1 进行与操作，会造成 1 个 bit 被 unset 为零，放到循环中循环的次数就是整数二进制表述时被设置的位的数量。

```
// 最经典的答案如下：
// x is the integer or a specific array element.
int cout = 0;
while(x) { //只要 x 不为 0 就继续循环！
    x &= (x-1);// bit-AND cause 1 bit to unset(0).
    ++count;   // keep track of number of 1s set.
}
// 返回的 count 值即为 1 的位数。
```

据笔者观察，除了给出上面的答案，给出其他答案可能都会遭到面试官的继续盘问。

如何实现 htonl() 函数？

htonl() 指的是 hostlong to network (byte-order) long，反之为 ntohl()。对应的 short 类型的转换为 htons() 与 ntohs()。通常在 i386 架构中，主机字节顺序（host byte order）为最小有效字节优先（Least Significant Byte First）；而在 TCP/IP 网络中为最大有效字节优先（Most Significant Byte First），两者的区别我们称之为大端（Big Endian）和小端（Little Endian）。在小端模式中，低位字节放在低地址，高位字节放在高地址；在大端模式中，低位字节放在高地址，高位字节放在低地址。比如一个 32 位的整数 0x12345678 在内存中的存储区分如下：

⊖ 该书已由机械工业出版社引进出版，中文书名为《C 程序设计语言（第 2 版·新版）》，书号为 7-111-12806-0。——编辑注

地址偏移	大端模式	小端模式
0x00	12	78
0x01	34	56
0x02	56	34
0x03	78	12

那么 htonl() 其实就是从大端到小端之间互转的一个实现：

```
//BYTE-shifting (2-way shift, not rotary shift)
#define my_htonl (LB) \
    ((((uint32)(LB) & 0xff000000) >> 24)| \
    (((uint32)(LB) & 0x00ff0000) >> 8)  | \
    (((uint32)(LB) & 0x0000ff00) << 8)  | \
    (((uint32)(LB) & 0x000000ff)  << 24))
```

🔍 如何判断字节顺序是大端还是小端？

✓ 这个问题用来检验你是否真的懂得大端和小端的区别。再回顾一下：

❑ 大端（BE）：高字节在低位

❑ 小端（LE）：低字节在低位

从数据结构的角度上，我们要设计一个 union 数据结构，里面定义一个双字节整数 s 和一个双字节字符数组 c[]。

如果 s 被初始化为：0x0102，只要检验 c[0] 与 c[1]，就可以做出判断了，很简单对不对？

这再次证明数据结构很重要，选对数据结构并加以充分利用，则事半而功倍！

```
// 定义一个 union 数据结构：
union {
    short s;
    char c[sizeof(short)]; //Assuming 2B short
} un;
un.s = 0x0102;
if(un.c[0] == 1 && un.c[1] == 2) {
    //Big-Endian
} else if(un.c[0] = 2 && un.c[1] == 1) {
    // Little-Endian
} else {
    // Error or Unknown byte order.
} //-END-
```

1.5　堆栈及其他

🔍 能否用一个数组来封装两个堆栈，其中一个从头部开始增长，另一个从尾部开始增长，实现一个程序 PUSH(X,S) 可以把元素 X 推入堆栈 S 中，S 为前面提到的两个堆栈之一，注意所有必要的边界和错误检查。

坦白地说，这道题面试官是不大指望你可以在几分钟内真的写出能编译通过并运行的代码的，能写出伪代码就很好，甚至用 STL 之类的方式来表述也可以。

程序实现的逻辑要点如下：

1）两个堆栈都可以看到整个数组（array visible to both stacks）。

2）每次在调用 PUSH() 时，一个堆栈顶总是在增长（数组下标），而另一个的栈顶一定要总是在减少。

3）在 s1.top == s2.top 的时候，堆栈满（throws an exception）。

代码示例如下：

```
#include <stdio.h>
#define SIZE 16

int myarray[SIZE];
int top1 = -1; // 堆栈 1 的栈顶
int top2 = SIZE; // 堆栈 2 的栈顶

//Functions to push data
void push_stack1 (int data)
{
  if (top1 < top2 - 1) {
    myarray[++top1] = data;
  } else {
    printf ("Stack Full! Cannot Push\n"); //top1=top2 栈满!
  }
}
void push_stack2 (int data)
{
  if (top1 < top2 - 1) {
    myarray[--top2] = data;
  } else {
    printf ("Stack Full! Cannot Push\n");//top1=top2 栈满!
  }
}

int main()
{
  int i;
  printf ("We can push a total of 10 values\n");
  //Number of elements pushed in stack 1 & stack2 are both  8
  for (i = 1; i <= 8; ++i) {
    push_stack1 (i); // [1-8]
    push_stack2 (17 - i); //[16-9]
    printf ("Value Pushed in Stack 1 is %d, Stack2 is %d\n", i, 17-i);
  }

  //Pushing on Stack Full
```

```
    printf ("Pushing Value in Stack 1 is %d\n", 17);
    push_stack1 (17);
    return 0;
}
```

注意：上面的代码仅仅实现了 push 功能，还有 pop、print 等堆栈功能未实现。感兴趣的读者可自行实现。另外，示例中的数组为整数类型，如果是其他类型，则结果如何？能支持任何数据类型吗？（提示：C++ STL）

何为堆栈溢出？如何检测？

堆栈溢出最常见的表现形式就是 page-fault 错误。通俗地说，就是分配的内存空间（page）不够了，再用就越界了，于是系统报错（fault）。比如，造成 page-fault 的一种可能是递归函数出现了无穷递归（infinite recursion）。

大多数操作系统并没有做运行时（run-time）的堆栈溢出检测。如果要实现溢出检测，最简单的方法是调用 sigaltstack() 来获取（get）或设置（set）备用（alternate）信号堆栈的内容。如果前面这句话听起来不知所云，我们来看一段代码：

```
/* stack_t 是描述备用信号堆栈的数据结构 *
   SIGSTKSZ 是系统定义的一个宏：足够大空间的备用信号栈
   Signalstack() 告诉系统来使用给信号栈分配的内存空间。
*/
stack_t ss;
ss.ss_sp = malloc(SIGSTKSZ);
if (ss.ss_sp == NULL) /* Handle error */;
ss.ss_size = SIGSTKSZ;
ss.ss_flags = 0;
if (sigaltstack(&ss, NULL) == -1)/* Handle error */;
```

当一个程序有可能会用光它的标准堆栈（standard stack）时，建立一个备用信号堆栈就显得很有意义。比如，在大多数 Linux 系统中，堆栈向上或向下伸展到与自下而上生长的 heap 相碰撞的时候，或者是堆栈用光（exhausted）了的时候，内核会向该进程发送 SIGSEGV（segmentation fault）信号；而备用信号堆栈是唯一能捕捉到这个信号的机制。

什么是内存泄漏？如何侦测？

内存泄漏（memory leak）是计算机编程中永恒的话题，没经历过内存泄漏的程序员不是好程序员。随着 Android 手机的广泛应用，现在连普通用户每天都在和内存泄漏打交道，而这也催生了像 360 手机卫士、腾讯手机卫士、百度卫士等一系列手机应用工具来帮助用户清理系统碎片（leak）回收系统资源（内存等）。

准确地说，内存泄漏是资源泄漏的一种，当计算机程序不正确地管理和使用内存分配的时候就会发生内存泄漏。最常见的内存泄漏是，比如，一个对象已经被分配了内存空间，但是运行代码中没有任何地方对其发生索引（使用），则该种现象就是内存泄漏。在更多的情况下，内存泄漏的发生是由于软件的使用时间增长（software aging）而造成的（或加重）。

内存泄漏在编程语言中极为常见，特别是那些没有内置垃圾收集机制的语言，例如 C 和 C++，如不能对动态分配的内存进行及时回收管理，则内存泄漏通常会随之发生。即便是在 Java/Android 类 OO 语言中，尽管内置垃圾收集功能，内存泄漏依然会发生，比如下面几种情形：

❑ 可变静态域及集合 vs. 常量（Mutable static fields and collections vs. Constants）
❑ 线程负载变量（Thread-load Variables）
❑ 循环引用（Circular References）
❑ JNI 内存泄漏（JNI Memory Leaks）

对于以上几种情形，如果程序员没有明确地手工回收已分配内存，Java 的垃圾收集功能是不会自动工作的！解决方案就是：或者谨慎编程，或使用内存分析工具检测、分析内存使用情况。

对程序员来说，帮助做内存检测的工具不少，如 cmalloc、LeakAnalyzer、valgrind、purify、sentinet 和 Plumbr（Java）等。在嵌入式系统中，可以使用 matrace、dmalloc、memwatch 等。另外，寄存器 eip/ebp 对于检测内存溢出或泄漏也相当有用。

🔍 在下面的操作之后，"a" 的值是什么？

```
int (*a) [10];
a++;
```

◉ 这道题也是检验一个程序员对数据结构熟悉程度的经典问题。

首先我们要明确，int(*a)[10]; 是一个指向含有 10 个整数的数组的指针。我们假设整型为 4 字节，a++ 操作后可能会指向该指针的初始位置后 4x10 字节的位置（如果是静态变量，那么其被分配的虚拟地址会设为 0x0，a++ 的值为 40）。

再看看下面 5 种不同的数据类型定义，如果你全能答对，恭喜你，说明你已经能熟练处理这类问题了！

```
int **a;            // 指向整数指针的指针（或：整数指针之指针）
int *a[10];         // 一个含有 10 个指向整数指针的数组
int (*a)[10];
int (*a)(int);      // 整型函数指针
int(*a[10])(int);   // 整型函数指针数组
```

🔍 有如下的结构 s：

```
struct s {
    int a;
    char b;
    int c;
    char d;
};
```

s 的大小如何？

◉ 此题与上一题类似，都是检验你对数据类型的熟悉程度。面试中之所以会问这类问题，可以说和大数据是扯得上关系的，因为它关乎数据量，最终数据存储的占用字节量可是差之毫厘谬以千里。我们来看看答案和分析。

如果你的直觉告诉你是 10(4+1+4+1)，那么恭喜你：答错了！

这道题的正确答案是 16，因为每个 char 类型元素也会被分配和占据 4 个字节（full-word）！

那么如果调整上面的结构如下，会占用多少字节？

```
struct s { int a; int c; char b; char d; };
```

答案是 12 个，因为 b 与 d 被优化为共享一个 4 字节（full-word）。

这道题告诉我们，在一个长链表中，每个节点的数据结构的设计会对最终的存储空间占用产生相当大的影响。记住它，这可是互联网公司、传统 IT 公司喜欢"折磨"程序员的经典问题。

strcpy() 和 memcpy() 哪一个更快？

这道题我认为相当好，这也是考验程序员基本功的问题，看你对函数的实现是否熟悉。而且，这和上一题颇有关联。

strcpy() 是拷贝 NULL 截止的可变长度变量；而 memcpy() 是内存区域内固定长度的拷贝。

简单来说，在大多数系统上，memcpy() 会比 strcpy() 快很多。因为 memcpy() 是按照 word（4 字节）边界拷贝的，而 strcpy() 是按照 char/byte 拷贝的。

如何实现你的 fibonacci（0 1 1 2 3 5 8 13 21……）函数？

斐波拉切数列的实现是个经典问题，经典问题总是有经典解答，无外乎两类：递归与非递归（循环）。

```
// 递归方法：只需 3 行代码！
int fib( int n ){
    if (n==1) return 1;
    else if(n==0) return 0;
    else return fib(n-1) + fib(n-2);
}

// 非递归方法：安全、更好，也是 3 行！
Int fibn=0, fibp2 = 0, fibp1 = 1;
While (n>1) {
    Fibp2 = fibp1;   //shift value
    Fibp1 = fibn;    //--ditto--
    Fibn = fibp2 + fibp1;   // core algorithm
}
```

扫一扫，学习本章相关课程

数据结构基础

第 2 章

算法与优化

2.1 排序

说说你了解的排序算法。

千呼万唤，终于问到排序的问题了。老实说，笔者在学生时代就憷排序的问题，深深觉得能写出逻辑清晰、效率高超的排序算法实现的同学都是牛人。排序是最能体现人类数学与逻辑思维之强大的领域，像合并排序（merge sort）、快速排序（quick sort）、堆排序（heap sort）、基数排序（radix sort）、桶排序（bucket sort）……诸多排序算法各有千秋，排序算法按照其特点可分为表 2-1 所示的 7 类：

表 2-1　排序算法的分类

并发排序算法 （concurrent sort）	属于并行算法的范畴。比如：biotonic mergesort、odd-even mergesort
分布排序算法 （distribution sort）	常见的分布排序算法有：bucket sort、counting sort、pigeonhole sort、radix sort、flash sort、American flag sort（radix sort 的变种，可用来对大的数据集排序，如字符串排序）等
交换排序算法 （exchange sort）	包括 bubble sort（著名的排序算法，不过效率较低，不甚实用）、cocktail sort（双向冒泡排序，不过也常见于教科书而非工业界）、odd-even sort、comb sort、genome sort、quick sort 等
混合排序算法 （hybrid sort）	混合算法通常是递归类算法在工业界的优化实现（比如，分而治之算法、小而化之算法等，著名的算法如 quick sort 和 binary search） 常见的混合排序算法包括：timsort、Jsort、spread sort、block sort、introsort (quick sort+heap sort)
插入排序算法 （insertion sort）	常见的插入排序算法有：shell sort、library sort、insertion sort（我们玩扑克洗牌的时候通常使用的就是插入排序算法，实现简单，比冒泡算法实用，不过在处理大数据集时，效率远低于 quick sort/heap sort 或 merge sort）
合并排序算法 （merge sort）	这可归类到分而治之类算法！ 常见合并排序算法有：merge sort 及其变种、strand sort 等。 merge sort 对于基于内存的数组的排序效率通常低于 quick sort，而空间复杂度通常又高于 heap sort
选择排序算法 （selection sort）	这类算法用于找到数组或链表中第 k 个最小值（也可以用于找到最小、最大或中间值）。选择排序算法是最短路径或最近邻居问题中的子问题。常见的选择排序算法有：selection sort、heap sort、smooth sort、cycle sort、tonurnament sort、cartesian tree sort

下面我们对其中常用的算法简单地进行下优势对比：

❑ quick sort：在 UNIX 操作系统中的默认排序函数的底层实现就是 quick sort，C 语言中的库函数 qsort() 就是 quick sort 的实现。quick sort 本质上是分而治之（后面的章节中我们会介绍到大数据的法则之一也是分而治之，在这里先埋下伏笔），是 comparison sort（比较排序法）的一种具体体现，其他同类型的比较排序法还包括 heap sort、insertion sort、bubble sort、merge sort、cocktail sort 等至少十几种。

- bucket sort：又称作 bin sort（注意这里 bin=bucket，桶的意思）。bucket sort 最适合用于数组排序，并且在数组的元素分布相对比较均匀时效率最高。当只用两个 buckets 来排序的时候，也称为 quick sort。bucket sort 是分布排序（distribution sort，指需要通过一些中间数据结构来临时存储待排序元素）的一种，其他此类排序方法有 counting sort、radix sort 等。

- merge sort：在现代计算机排序算法中，merge sort 是当之无愧的元老级算法（它的发明者是鼎鼎大名的冯·诺依曼），不过它被广泛应用还仰仗于最近十年才出现的一种更复杂的算法——timsort。在 Python、Java、Android 中的默认算法都基于 timsort，而 timsort 本身是 merge sort + insertion sort 的混合体。merge sort 的最大特点是高可扩展性，它的最差运行复杂度是 $O(n\log n)$。如果要列举它的缺点，那就是其空间复杂度为 $O(2n)$，也就是说需要 $O(n)$ 的额外存储空间来完成排序。相比而言，heap sort 的空间消耗为 $O(1)$，不过对于"大数据"时代而言，$O(n)$ 有时候并不是太大的问题。

- heap sort：可以看做是 selection sort 的高效、进阶版本，通过使用 heap 数据结构（二叉树的一种特殊表现形式）来完成排序，heap sort 的最差运行复杂度是 $O(n\log n)$，而其最差空间复杂度为 $O(1)$。

如何排序一个单链表？

对于链表的排序，merge sort 是最常用的方法。相比之下，quick sort 的表现可能会很差，而 heap sort 则可能完全无法完成排序。

merge sort 的算法描述如下：

```
MergeSort(headRef)
1) 如果头指针为空或只有一个元素，返回。
2) 否则，把链表一分为二（也可以一分为多，这里以二为例说明）
       FrontBackSplit(head, &a, &b); /* a and b are two halves */
3) 对链表 a 与 b 分别排序
       MergeSort(a);
       MergeSort(b);
4) 合并 a 与 b（MergeSortedLists()）
```

具体实现代码示例如下：

```
/* Link list node */
struct node
{
    int data;
    struct node* next;
};
```

```c
/* 函数定义声明 */
struct node* MergeSortedLists(struct node* a, struct node* b);
void SplitIntoHalves(struct node* source, struct node** frontRef, struct node**
backRef);

/* sorts the linked list by changing next pointers (not data) */
void MergeSort(struct node** headRef)
{
  struct node* head = *headRef;
  struct node* a;
  struct node* b;

  /* Base case -- length 0 or 1 */
  if ((head == NULL) || (head->next == NULL))
  {
    return;
  }

  /* Split head into 'a' and 'b' sublists (halves) */
  SplitIntoHalves(head, &a, &b);

  /* Recursively sort the sublists */
  MergeSort(&a);
  MergeSort(&b);

  /* answer = merge the two sorted lists together */
  *headRef = MergeSortedLists(a, b);
} // end of MergeSort()

// 递归程序：对两链表进行递归合并！
struct node* MergeSortedLists(struct node* a, struct node* b)
{
  struct node* result = NULL;
  /* Base cases */
  if (a == NULL)
    return(b);
  else if (b==NULL)
    return(a);

  /* 按升序排列（递归）*/
  if (a->data <= b->data)
  {
    result = a;
    result->next = MergeSortedLists(a->next, b);
  }
  else
  {
    result = b;
    result->next = MergeSortedLists(a, b->next);
  }
  return(result);
```

```
} //end of MergeSortedLists()

// 下面的函数完成一件事情: 遍历链表, 并一分为二, 我们前面的题目中有类似的操作,
// 用两个步幅相差 1 步的指针, 循环中当快指针到链尾时, 慢指针正好到链表中央。
// 通过 reference 返回快慢两指针: frontRef 与 backRef
void SplitIntoHalvs(struct node* source,
            struct node** frontRef, struct node** backRef)
{
  struct node* fast; // 快指针
  struct node* slow; // 慢指针
  if (source==NULL || source->next==NULL)
  {
    /* length < 2 cases */
    *frontRef = source;
    *backRef = NULL;
  }
  else
  {
    slow = source;
    fast = source->next;

    /* Advance 'fast' two nodes, and advance 'slow' one node */
    while (fast != NULL)
    {
      fast = fast->next;
      if (fast != NULL)
      {
        slow = slow->next;
        fast = fast->next;
      }
    }

    /* 'slow' is before the midpoint in the list, so split it in two
       at that point. */
    *frontRef = source;
    *backRef = slow->next;
    slow->next = NULL;
  }
} // end of SplitIntoHalves()
```

上面 3 个函数只是合并实现了 merge sort 的核心算法部分。对于一个完整的可测试程序还至少需要实现如下功能:

1) 打印链表函数。

2) 表头插入节点功能 (函数)。

3) 主程序 (封装)、测试数据。

由于篇幅所限, 在此不再赘述这些功能, 有兴趣的读者可自行实现并检验以上代码的正确性。

除了 merge sort 以外, 前面提到的 heap sort、quick sort 和 bucket sort 也建议大家查阅更

多的相关资料深入了解，比如它们之间的关联性、差异性、优劣（试用场合）等。这对顺利通过面试非常重要。比面试更重要的是在实践中发现和判断哪种排序算法最合适！

如果有 1TB 的数据需要排序，但只有 32GB 的内存，请描述你将使用什么样的排序算法处理？（可以使用基础排序算法，如 quick sort、merge sort 等。）

 这是一个典型的分而治之问题，同时又是一个需要多种算法混合的问题，基本算法描述如下：

1）把磁盘上的 1TB 数据分割为 40 块（chunks），每份 25GB。（注意，要留一些系统空间！）

2）顺序将每份 25GB 数据读入内存，使用 quick sort 算法排序。

3）把排序好的数据（也是 25GB）存放回磁盘。

4）循环 40 次，现在，所有的 40 个块都已经各自排序了。（剩下的工作就是如何把它们合并排序！）

5）从 40 个块中分别读取 25G/40=0.625G 入内存（40 input buffers）。

6）执行 40 路合并，并将合并结果临时存储于 2GB 基于内存的输出缓冲区中。当缓冲区写满 2GB 时，写入硬盘上最终文件，并清空输出缓冲区；当 40 个输入缓冲区中任何一个处理完毕时，写入该缓冲区所对应的块中的下一个 0.625GB，直到全部处理完成。

基于上面的描述，思考一下还有哪些是可以优化的吗？答案是一定的，我们知道，磁盘 I/O 通常是越少越好（最好完全没有），那么如何降低磁盘 I/O 操作呢？关键就在第 5 和第 6 步中的 40 路输入缓冲区，我们可以先做 8 路 merge sort，把每 8 个块合并为 1 路，然后再做 5-to-1 的合并操作。

再深入思考一下，如果有多余的硬件，如何继续优化呢？有三个方向可以考虑：

❑ 使用并发：如多磁盘（并发 I/O 提高）、多线程、使用异步 I/O、使用多台主机集群计算。

❑ 提升硬件性能：如更大内存、更高 RPM 的磁盘、升级为 SSD、Flash、使用更多核的 CPU。

❑ 提高软件性能：比如采用 radix sort、压缩文件（提高 I/O 效率）等。

2.2 算法复杂性

实现一个排序算法，要求其算法复杂性优于 $O(N^2)$？

这个问题具有很强的代表性，无论大公司还是初创公司在招聘时都喜欢问这个问题。对算法问题的熟练掌握程度可以看出一个程序员的素养（如果说程序员分为三六九等，那么负责核心算法的程序员至少要排在第二等，这在 IT 行业特别是互联网搜索行业中已是共识）。特别是赤手空拳的情况下，一不能用谷歌 / 百度，二不能翻出 textbook 检索，能快速写出数组或列表排序算法还是相当有挑战的。

这个问题的核心是算法复杂性要优于 $O(N^2)$，我们看一下表 2-2 中列出的常见排序算法的复杂度：

表 2-2　常见排序算法的复杂度

算法	最优	平均	最差	内存
Quicksort	$n\log n$	$n\log$	n^2	平均 $\log n$；最差 n
Merge sort	$n\log n$	$n\log n$	$n\log n$	最差为 n
Heapsort	$n\log n$	$n\log n$	$n\log n$	1
Insertion sort	n	n^2	n^2	1
Introsort	$n\log n$	$n\log n$	$n\log n$	$\log n$
Selection sort	n^2	n^2	n^2	1
Timsort	n	$n\log n$	$n\log n$	n
Bubble sort	n	n^2	n^2	1
Binary tree sort	n	$n\log n$	$n\log n$	n
Library sort	—	$n\log n$	n^2	n
Strand sort	n	n^2	n^2	n
Cocktail sort	n	n^2	n^2	1

从上表所示的平均复杂度来看，quick sort、merge sort、heap sort 这 3 种排序算法都符合复杂度小于 $O(N^2)$ 的要求，还有二叉树排序（Binary Tree sort）、图书馆排序（Library Sort）也都具有 nlogn 的算法复杂性，不过没有前三种排序算法那么流行。

还要注意的是，上面的排序算法复杂性表中列出的都是比较排序算法（comparative sorting），注定其性能不会优于 $O(n\log n)$。后面我们接着介绍其他类型的排序算法。

在今天的操作系统和编程语言中，大多会提供现成的算法库来实现上面这些主流算法，不过你可能还是要来实现自定义的比较函数（comparing function），以 qsort 为例：

```
qsort((void *)array, strlen(array), sizeof(array[0], CmpFunc);

int CmpFunc(const void *a_, const void *b_) {
    Const char *a = (const char *)a_;
    Const char *b = (const char *)b_;
    Return(strcmp(a, b) < 0 ? 1 : 0);
}
```

能不能聊一下排序算法复杂性的问题？

这道题有点强人所难，没办法，总有面试官喜欢对算法复杂性问题刨根问底。我们通常从如下几个维度来对排序算法进行分类与评估：

❑ 算法类型，包括 7 大类型：交换（exchange）、选择（selection）、插入（insertion）、合并（merge）、分布（distribution）、并行（concurrent）、混合（hybrid）

❑ 计算复杂性

❑ 空间复杂度（内存使用）

❏ 稳定性（结果一致性）

❏ 适应性（合用性）

上面的计算与空间复杂度也统称为大 O 符号（Big-O Notation）。在排序算法中，通常具有 $O(n\log n)$ 或更低的计算复杂度的算法被认为是好的算法（good behavior）；而具有 $O(n^2)$ 或更高的计算复杂度的算法会被认为是差的算法。

前面我们介绍了比较排序类算法的复杂度，结合这个问题再来看看非比较排序算法的复杂性。如表 2-3 所示。

表 2-3 中做了如下假设：

❏ n：排序元素数

❏ k：比较 key 的大小

❏ d：digit 的大小

❏ r：整数范围（range of numbers）

表 2-3　非比较排序算法的复杂性

算法	平均复杂度	最差	内存占用
bucket sort (uniform keys)	$O(n+k)$	$O(n^2)$	$n \times k$
counting sort	$n+r$	$n+r$	$n+r$
LSD radix sort (least significant digit)	$n \times k / d$	$n \times k / d$	$n + 2^d$
MSD radix sort (most significant digit)	$n \times k / d$	$n \times k / d$	$n + 2^d$
MSD radix sort (in-place)	$n \times k / d$	$n \times k / d$	2^d
spread sort	$n \times k / d$	$n \times (k/s + d)$	$k/d \times 2^d$

值得指出的是，算法之间有很多共性，以 bucket sort 为例：

❏ 当 bucket 的大小为 1 时，bucket sort 可以看做是 counting sort 的一个特例。

❏ 当 bucket 的大小为 2 时，它就是一个 quick sort。

❏ Bucket sort 是一种 distribution sort（分布排序算法），又和 radix sort 关联，同时又是鸽洞（pigeonhole）排序算法的普化形式。最后，如果通过比较方式实现，它也可以算作是一种比较排序算法。

🔲 扫一扫，学习本章相关课程

编程算法基础

第 3 章

操作系统

3.1 文件系统

符号链接与硬链接之间的区别是什么?

要回答这个问题,就先搞清楚概念。符号链接,顾名思义,是一种内容为字符串的特殊类型的文件。它可能指向一个存在的文件,也可能指向一个不存在的文件(如已被删除或移动的文件)。

生成符号链接的语句如下:

```
$  ln -s src dst-file
```

而硬链接是没有上面语句中的 -s 的:

```
$ ln src-file dst-file
```

符号链接之所以存在,是因为它打破了普通(硬)链接原有的限制:

❏ 对于一个信息节点,不能在一个与它所处的文件系统不同的文件系统里创建一个指向它的链接。原因很简单:链接计数器存储在信息节点里,而信息节点不能在不同文件系统之间共享。但是符号链接允许你这样做。

❏ 为了防止循环引用,你不能链接目录。但是可以让一个符号链接指向一个目录,并且像使用一个真实的目录那样使用它。

如果继续刨根问底,我们就要考察文件系统层面的实现了:

1)每个文件在文件系统中都包含两个要素:文件名和存放文件内容数据的数据结构。

2)符号链接好比只是添加了一个指向文件名的指针,它可以跨设备、逻辑分区。

3)硬链接是在 i-node 层面实现的,它限制于统一文件系统(物理设备),更像在源文件上增加一个索引计数,当硬链接被删除时,索引数相应减一。

4)曾经有人这么比较两种链接:硬链接好像指向一个文件的指针;而符号链接更像一个间接指向此文件的指针。还挺贴切的,不是吗?

你对日志文件系统了解多少? 或者为什么需要使用 JFS?

十年前熟悉和使用日志文件系统的人还不多,现在恐怕没有不使用日志机制的文件系统了吧？日志文件系统的好处在于能进行大硬盘分区、快速崩溃恢复、高性能 I/O、TB 量级大文件支持等。常见的 JFS 包括 EXT3、EXT4、ReiserFS、XFS、JFS 等。

❏ Ext3（3rd extended file system）在本世纪初开始支持 Linux 内核（2001 年 11 月与 Linux 内核 2.4.15 合并）。它在 ext2 的基础上增加了日志、在线文件系统增长、大目录的 HTree 索引等功能。当然，它还支持大文件和更大的文件系统：

块大小	最大文件	最大文件系统
1 KiB	16 GiB	4 TiB
2 KiB	256 GiB	8 TiB
4 KiB	2 TiB	16 TiB
8 KiB[limits 1]	2 TiB	32 TiB

❏ Ext4：这是最新的日志文件系统，2008 年 10 月 11 日，在 Linux 内核 v2.6.28 源代码中并入 ext4 稳定代码。2010 年，Google 宣布它的存储架构会从 ext2 升级到 ext4，随后又宣布 Android 系统会使用 ext4 而非 YAFFS。Ext4 支持的最大卷（volume）的大小也达到了惊人的 1EB，单个文件可达 16TB（4kb 块）。听起来很完美，不是吗？不过 Redhat 似乎不完全买账，它建议 100TB 以上的卷使用 XFS。

❏ XFS：它是 64 位的日志文件系统，由 SGI 公司于 1993 年在 IRIX 操作系统上开发成功。如果你像我一样是在 20 世纪 90 年代初期或中期上大学，那么就会记得 SGI 图形工作站是多少弱电专业学生争夺上机的对象啊！不得不说，1993 年就开发出 64 位日志文件系统是一个极其超前的事情。XFS 在 2001 年才被移植到 Linux 操作系统上，并且大多数 Linux 系统都支持 XFS，比如 Gentoo Linux 就自 2002 年开始允许把 XFS 选作默认文件系统！

让我们回顾一下 IRIX 桌面（1988 ~ 2006），如图 3-1 所示：

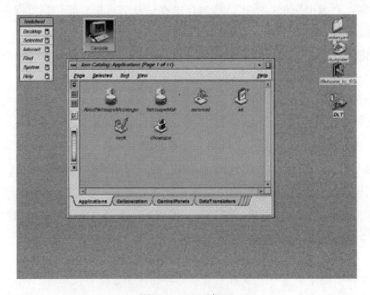

图 3-1　IRIX 桌面

我们再来说一下 JFS。它是 IBM 开发的 64 位日志文件系统，最早（大约在 1990 年）出现在 AIX 操作系统上，即 JFS1（第 1 版）；后来应用在 Linux，OS/2 上使用的其实都是 JFS2（第 2 代 JFS）。不过，在 Linux 社区内，JFS 并不算普及，因为 Ext4 通常能提供更好的效能。

3.2　多线程

谈谈你对互联网服务器的多进程、多线程的了解。

我们通过这个问题先来回顾一下有多少种类型的互联网服务器：

1）串行的：这是最老式、最简单但也是用处最小的一种服务器，一次只能服务一个请求，按排队先后顺序服务。

2）接收（Accept）然后分叉（Fok）：accept() 会处于阻塞状态，直到客户端连接进来；服务器接受连接并且分叉。

3）接受并且多线程：这是一种轻量级解决方案（我们稍后会深入讲解这类解决方案）。

4）多路复用：非阻塞 I/O，如 select()、poll() 等。

5）预先分叉的（Pre-forked）：每一个分叉的子进程分别调用 accept() 来完整处理连接请求，然后回到等待（acept()）状态。

6）预先生成进程的。

下面给出预先分叉和预先生成进程的服务器演示代码：

```
// Pre-forked Perl 演示代码:
for(1..$NUM_OF_PREFORK) {
    next if fork;        # parent
    #Note: fork  returns twice
    do_child($socket);  # child
    exit 0;              # child exit.
}
sub do_child{
    my $socket = @_;
    while(my $c = $socket->accept) {
        handle_connection($c);
        close $c;
    }
} # end do_child()


//Pre-threaded 演示代码:
use Thread;
use IO::Socket;
use Web;
use CONSTANT PRETHREAD => 5;  # num of prethreaded threads
my $socket = IO::Socket::INET->new(
```

```
            LocalPort => $port,
            Listen => SOMAXCONN,
            Reuse = 1) or die "Error encountered: $!";

Thread->new(\&do_thread, $socket) for(1..PRETHREAD);
Sleep;

Sub do_thread {
    My $socket = shift;
    While(1) {
        next unless my $c = socket->accept;
        handle_connection($c);
        Close $c;
    }
}
#-END-
```

请解释下 system() 和 exec() 之间的区别。

这个问题应该算是操作系统（shell 相关）知识的基本功问题，其主要区别在于 system() 会调用 shell，而 exec() 则不会调用 shell。

system() 是在单独的进程中执行命令，执行完毕还会回到程序中；而 exec() 则直接在进程中执行新的程序，新的程序会把原程序覆盖，除非调用出错，否则再也回不到 exec() 函数后面的代码。也就是说，程序变成了 exec() 调用的那个程序了。

看一下下面的例子：

```
system("your_program");
printf("I will be printed out! ");
    vs.
exec("your_program");
printf("You won't find me anymore! ");
```

system() 调用程序执行完毕以后，会执行随后的 printf 语句。而 exec() 用程序 your_program 代替了调用程序本身，因此程序不再会执行 printf 语句。

注意：system() 会产生新的 pid（生成新的 shell），而 exec() 则不会。

说说你对多线程编程中 fork() 函数的了解。

对于任何初学多线程编程（特别是网络编程）的人来说，都需要时间来适应 fork() 函数，因为它返回两次！一次给父进程，一次给子进程。我们来看下面这段 Perl 代码：

```
//fork() returns twice; one for parent,one for child.
if ($pid = fork()) {  # 父进程
    # parent will get child process's pid

} elsif (defined $pid) { # 子进程
        # If $pid = 0, meaning defined child process
```

```
} elsif ($! =~ /Not Enough space/i) { # 出错
     # sth explicitly wrong
} else { # 出错
    # weird fork error
    die "can't fork: $!\n" | croak ....
}
```

3.3 网络

网络知识是程序员必须具备的又一项基础，可以说没搞过网络编程的程序员不能算好程序员。这里，笔者强力推荐程序员一定要读 W. Richard Stevens 编写的 UNIX Network Programming 一书（见图 3-2），绝对经典，不读经典基本上不大会写出好的网络程序。

据笔者当年不完全统计，90% 以上的硅谷程序员的书架上都有这套书或其中的某一卷！可见这套书对程序员的影响之深。

接下来，我们来分析一些与网络和网络编程有关的面试题。

图 3-2　UNP - 1990 年版（第 1 版）

 请解释下 TCP 链接建立与断开机制。

TCP（Transmission Control Protocol，传输控制协议）是为广域网而设计的，经过几十年的发展，我们今天在互联网上传输的绝大多数应用都是基于 TCP 或 UDP 实现的。

HTTP/S、POP3、IMAP、SMTP、FTP、SSH、Telnet 等大家熟知的互联网协议包中的应用层协议都是基于 TCP 实现的。我们知道，TCP 设计的根本理念是在不稳定的底层网络之上通过 TCP 来保证数据传输的可靠性；而 UDP 则无"可靠性"追求，更多是突出低消耗（low overhead）、低延迟（low latency）。一言以蔽之：

❑ TCP：面向连接的

❑ UDP：无连接

所以，在客户端－服务端通信中建立 TCP 通信，通常需要 3 步，如图 3-3 所示。而终止 TCP 连接则需要 4 步，如图 3-4 所示。

描述一下 TCP 或 UDP 的客户端与服务器端函数的调用顺序？

TCP 比 UDP 复杂一些，因为互联网（IP）在设计之初就考虑了很多网络连接不稳定、断网、网络拥塞等因素，所以我们会看到，建立和终止 TCP 连接都有种反复握手（确认）的味道，因此在协议结构设计及程序实现方面 TCP 会相对复杂。

TCP 包头（header）的结构含有以下 10 个必要域（field）以及一个可扩展域，即

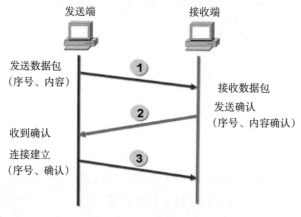

图 3-3　TCP 通信的建立

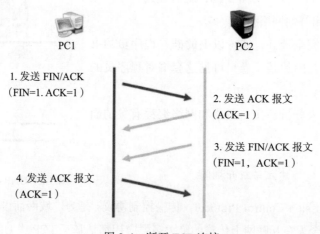

图 3-4　断开 TCP 连接

- 源端口：16 比特
- 目标端口：16 比特
- 顺序号：32 比特
- 确认号：32 比特
- Data Offet：4 比特
- 预留：3 比特
- Flags：9 比特
- 窗口大小：16 比特
- Checksum：16 比特
- 紧急指针：16 比特
- 预留可扩展域

TCP 与 UDP 的函数调用顺序分别如下：

- 对于 TCP

○ 在服务器端，顺序为：

- socket();
- bind();
- listen();
- accept();
- read()/write();
- close()

○ 在客户端，顺序为：

- socket();
- connect();
- write()/read();
- close()

❑ 对于 UDP

○ 在服务器端，顺序为：

- socket();
- bind();
- receive()/send(),
- close();

○ 在端，顺序为：

- socket();
- send()/receive();
- close()

下面图 3-5 和图 3-6 分别说明了 TCP 和 UDP 的网络通信流程图：

UDP 是无连接模式的传输层协议，相对而言，其协议结构比较简单（每个 UDP 包头只有：源端口、目的地端口、长度、校验和几个域）。UDP 追求的是效率，即能高效传输，因此没有 TCP 中对"冗余、拥塞、断网等不确定因素"的考量。

进一步考虑一个问题：什么叫四元组（4-tuple）（或者说如何确定 TCP 连接的唯一性）？

答案就是四元组构成的 socketpair，即本地 IP、本地端口、外部 IP、外部端口（localIP, localPort, foreignIP, foreign-Port）。

🔍 你对 socket 的内核了解多少？

◎ 这个问题是每一个网络程序员应当有所了解的。首先，socket 指的是网络 socket，也常被称作 IPC Socket ⊖或 Unix Domain Socket。最早的 IPC Socket 的实现是 UC Berkeley 在 USD4.2 操作系统中实现的 BSD Socket API。

⊖ IPC 即 Inter-Process Communication，意为进程间的通信；Socket 原意为插座，指的是 IPC 的端点，这个词用的还是蛮形象的。

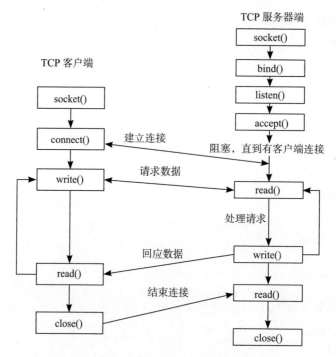

图 3-5　TCP 网络通信流程图

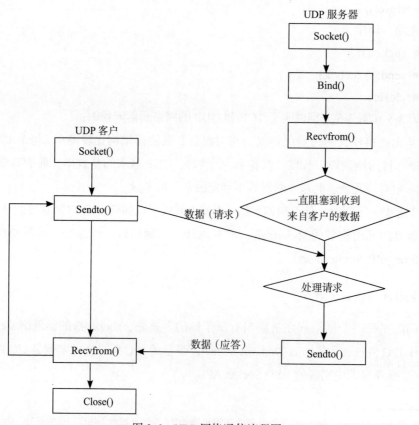

图 3-6　UDP 网络通信流程图

关于 Socket 的内核，你需要了解以下知识点：

知识点 1　一个操作系统是通过 sockets 把它的网络子系统（networking subsystem）暴露给上层应用的。如图 3-7 所示。

知识点 2　Socket 有三大类型：

❏ 面向连接的（Connection-oriented）：这种 Socket 也称作 stream sockets，可以使用 TCP 或 SCTP（Streaming Control Transmission Protocol，是 IETF 在 2000 年定义的一种兼有 UDP 与 TCP 特性的传输层网络协议，在没有操作系统原生支持 SCTP 时，可以通过 UDP 隧道（UDP-tunneling）或 TCP API 调用映射（TCP-API-call-mapping）的方式来实现 SCTP）。

❏ 无连接的（Connectionless）：这种 Socket 又称作 Datagram sockets，使用 UDP。

❏ 原生（Raw-Sockets）：这种 Socket 又称作 Raw IP Sockets，主要在路由器等网络设备中实现，它跨越了传输层，其包头（packet header）可直接被应用程序访问。

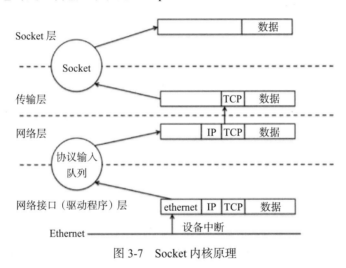

图 3-7　Socket 内核原理

知识点 3　只有一个 listening socket，但是可以有多个 connected socket。

知识点 4　在进程与内核间双向通信时，有如下函数：

❏ 进程→内核：sendto()、bind()、connect()。

❏ 内核→进程：recvfrom()、accept()、getsockname()、getpeername()。

请聊一聊 poll() 与 select()。

select() 函数是用来检查 I/O File Descriptor（文件描述符，简称 FD）状态的，也称作多路 I/O 就绪通知，它和 poll() 的区别主要在于：

❏ select() 有最大 FD 数量限制（不同系统的具体实现有所区别，但是一般不超过 1024，比如用 32 个 4 字节 int 来实现，每个字节代表一个 FD 的状态），这对于很多高并发性互联网应用根本不适合（想象一下一台服务器如何应对成千上万的链接）。

❏ select() 效率较低，系统检查采用遍历全部 FD 的方式。

❑ poll() 的实现无最大 FD 限制。

❑ poll() 的效率类似于 select()，对 FD 的调度也是采用遍历方式，系统开销会随着 FD 的数量上升而线性增加，效率则会线性降低。

注意，我们说 select() 和 poll() 遍历 FD 的方式比较低效的一个基本假设是在所有的链接中活跃链接（active connection）比例不高，鉴于此，Linux 2.5.44 之后的内核中实现了更高效的基于反射唤醒 (callback) 机制的 epoll()，它和 poll() 一样没有最大 FD 数量限制；采用内核直接 callback 来激活 socket 方式（对于 edge-triggered 和 level-triggered 两种 triggering 模式，它们的区别在于：edge-triggered 模式下 epoll_wait 只有在新的时间排入队列时才返回；而 level-triggered 模式下，只要状态被保持就会返回）；最后，epoll() 使用 mmap 来加速内核到用户空间的消息传递。

> 何为非阻塞 I/O？

这个问题在网络编程界出现的频率极高，而且长盛不衰，十几年前硅谷的大大小小公司都喜欢在面试中提这个问题，其实问题很简短：何为异步 I/O？（非阻塞 I/O = 异步 I/O）但是答案用几篇论文也不一定能说清楚。下面的这段笔记是笔者十几年前的内心写照：

This is a fairly broad topic, when interviewer asks you this question, if it's as vague as this, you should tell 2 things: Either he isn't an expert on this or he is a unix network programming nerd (be careful! If he drills, you die, If you drill, you die. So the conclusion here is: don't talk too much, but talk with confidence. Don't outsmart the interviewer.

（遇到这种问题时要小心，面试官要么不懂，要么是大拿。记住一句话，"言多必失"。不要试图比面试官更聪明（如果你需要这份工作）。）

要了解异步 I/O，要先明白为什么会有异步非阻塞 I/O。异步 I/O 是相对于同步 I/O（阻塞 I/O）的，打个比方：在操作系统中，CPU 比内存快 10～100 倍，内存比硬盘快 10 倍，但是当硬盘完成读或写操作时，如果 CPU 处于同步等待状态，这是对计算资源的极大浪费。于是异步 I/O 应运而生（在这之间其实还有一类叫作 I/O Multipluexing，简称 I/O 复用）。

简单而言，绝大多数通用计算硬件对异步 I/O 的实现依赖两类方法（通常两法并用）：

❑ polling（轮询）

❑ interrupts（中断）

下面罗列了不同类型的典型的 I/O 函数调用：

❑ 阻塞 I/O：accept()、read()。

❑ I/O 复用：select()、poll()。

❑ 非阻塞 I/O：反复调用 recvfrom()，内核会给应用进程返回 EWOULDBLOCK。

❑ 信号驱动 I/O：应用 → SIGIO/sigaction() → 内核 → deliver SIGIO/signal handler → recvfrom() app →内核拷贝数据→应用。

❑ PoSIX 异步 I/O：aio_read() 等。

请解释一下 shutdown()。

要回答这个问题，需要了解 socket() 的深层工作机制。

通常来说，socket 是双向的，即数据是双向通信的。但有时候，你想在 socket 上实现单向的 socket，即让数据往一个方向传输。单向的 socket 称为半开放 socket。要实现半开放式 socket 就需要用到 shutdown() 函数。

一般来说，半开放式 socket 适用于以下场合：

1）当你想要确保所有写好的数据已经发送成功时。如果在发送数据的过程中，网络意外断开或者出现异常，系统不一定会返回异常，这时你可能以为对端已经接收到数据了。这就需要用 shutdown() 来确定数据是否发送成功，因为调用 shutdown() 时，只有缓存中的数据全部发送成功后才会返回。

2）捕获程序潜在的错误。这个错误可能是由于向一个不能写的 socket 上写数据造成的，也有可能是在一个不能做读操作的 socket 上读数据造成的。当程序尝试这样做时，将会捕获到一个异常，捕获异常对于程序排错来说是相对简单和省力的。

3）当程序使用 fork() 或者多线程时，想防止其他线程或进程访问该资源，又或者想立刻关闭这个 socket，就可以用 shutdown() 来实现。

shutdown() 的效果是累计的，不可逆转的。也就是说，如果关闭了一个方向的数据传输，那么这个方向将一直会被关闭或直至删除，而不能重新被打开。如果第一次调用了 shutdown(0)，第二次调用了 shutdown(1)，那么这时的效果就相当于 shutdown(2)，也就是双向关闭 socket。

请给出一个 DoS 攻击的例子。

最简单的 DoS（Denial of Service，拒绝服务）攻击可以像下面这样：客户端向服务器端发送 1 个字节后进入睡眠状态，服务器端自动进入阻塞（block）状态。

可能的解决方法有以下几种：

1）使用异步 I/O。

2）每个客户端由分开的控制线程服务。

3）在 I/O 操作上设置 timeout（超时推出）。

再举一个典型的 DoS 的例子。一个虚假 IP（spoofed IP）客户端向服务器发送蓄意组装的 SYN 包，并跟随有大量 ACK 包，结果导致服务器使用大量资源来处理这些虚假的连接，最恶劣的情况下会造成系统完全不能正常工作。

我们称这种攻击为 SYN 洪泛攻击，其应对方案有很多种（但都不完美），比如 SYN Cookies 和 TCPCT（TCP Cookie Transaction）等。但是，整个互联网都构建在一个不完美的基础之上，包括 TCP 协议本身，所以，一切解决方案都是在不完美中权衡利弊、择宜而取。

TFTP 和 FTP 的区别何在？

顾名思义，我们先看一下它们各自代表什么：

❑ TFTP：Trivial FTP

❑ FTP：File Transfer Protocol

TFTP 在很多路由器上（如家用路由器）被普遍使用。它支持两种文件传输模式——netascii 和 octet，这类似于 FTP 的文本（ascii）和二进制（binary）模式。TFTP 不支持用户验证，也不支持目录列表。所以为了弥补这一缺陷，使用目录访问权限来保护相关目录、文件。TFTP 主要用于在只读内存上自举（bootstrap）应用程序。

3.4 编译与内核

为什么 C/C++ 的运行时效率高于 Java？

别误会，这类问题不大可能出自 Java 工程师职位面试。曾经在很久以前，确切地说是上个世纪末，还是在那家著名的公司 NetScreen（Juniper）的面试中，一位美国工程师问了一个类似的问题，遗憾的是，我是一个 C 效率至上主义者，他是坚强的 Java 程序员，最后自然不欢而散。

严格地说，这是计算机语言的基础知识类问题。在 20 年前，当 Java 还比较"稚嫩"的时候，为了追求更高的效率，在 Java 程序里会通过 native method 嵌入 C 程序，当然今天已经很少这样做了。当时 AWT 还在 v0.x 阶段，很多函数尚未实现原生支持，为了实现一个 VPN 的客户端，笔者曾写数千行的 C 程序来实现，包括一大堆库，便于调用，俱往矣！

Java 的生命力其实很强大，EJB、Android、Spring 都是活生生的例子。Java 是现在最流行的编程语言之一（前三甲），同任何其他伟大的语言一样，它的使用者——"码农"（也就是你我）决定了代码的最终效率，而编程语言本身是很难说优劣的，需要具体情况具体分析。尽管如此，在企业级 Java 应用中还是存在相当多的由于技术框架选用不当而造成系统效率低下的反面例子。

因为历史原因，Java 被认为是效率低下的（在 Java 1.1 之前，Java bytecode 相比 C 程序平均有 10 ~ 20 倍的性能下降），因为它运行在 JVM 上而不像 C/C++ 一样直接运行在处理器上。但是，Java 的运行效率随着 JIT（Just-In-Time）编译等技术的引进已经得到了大幅的提高（一些测试表明，JIT 可以将运行效率提高 10 倍，不过，通常由于优化被时间限制，依然会比嵌入 C/C++ 的 native method 慢一些）。确切地说，Java 的效率取决于：JVM 在多大程度上优化管理"编译了的" Java 代码的具体任务；以及 JVM 如何最大限度利用底层的操作系统及硬件特性（来提升性能）。

下面我们来看看哪些情况下 C/C++ 会完胜 Java：

1）需要短启动时间：JVM 需要较长的热身时间。（缺点！）

2）需要小足迹（small-footprint）：尽管有很小的（100KB 量级的）JVM，但对于很多嵌入式应用，JVM 还是太大、太笨重。

3）复杂数据类型：Java 的强大功能是以牺牲效率（时间 + 空间）为代价的。

4）直接机器访问：Java 原生接口（Java-Native-Interface）解决了一部分直接访问机器的问题，但是整体而言 Java 依然没有 C 的效率高。

但在另外一些情形下，Java 的性能会优于 C/C++：

1）超大型的程序：比如，对于百万行以上量级的企业级应用，Java 的工具链显然更完善，优化也更好。

2）运行时分析（Runtime Profiling）：Java 的 profiling 明显优于 C/C++，Java 会在 profiling 后把接口调用转换为直接调用或内联（inline）调用！

3）GC：这也许是 C/C++ 程序员最期待看到的语言内置功能了。

4）多线程支持：必须指出，Java 对并行编程的支持显然好于 C/C++。

最后，语言之争很有趣，话题永恒，不过也很无聊，因为在真实的世界中，大多数情况下你是在已有的系统之上工作，而非从零开始建设一个新的架构（尽管建设一个新的世界有诸多潜在的优点）。单纯比较效率的意义远小于如何更好地应对和优化复杂的设计需求！

编译时与链接时会分别捕捉到哪些错误？

编译时与链接时捕捉到的错误是相当底层的问题，但任何一个 C/C++ 程序员都会遇到，所以应当了然于胸。

简单来说，编译器在编译时主要完成以下工作：

❑ 语法分析

❑ 语义分析：比如类型检查、模板生成等。

❑ 代码生成（比如 bytecode）等。

而链接器（linker）在链接时完成的主要工作是：

❑ 锁定外部引用对象或函数的地址（ext. object/function address fix-up）

❑ 跨模块间依赖性检查

所以，链接器主要捕捉依赖性相关的错误，例如一个函数调用另一个函数，但是另一个函数不存在的错误等。

请解释运行时绑定与编译时绑定的主要区别？

这是上一道题目的进化版本。编译时绑定也称早期绑定（early binding）或静态绑定（static binding），顾名思义，就是在编译阶段所有的变量与表达式已经被锁定了，典型的例子有 function overloading、operator overloading 等。

运行时绑定也称晚绑定（late binding）或动态绑定（dynamic binding），它指目标对象的调用方法在运行时被锁定。最典型的例子就是 OO 三大特性中的多态性体现在虚拟函数中。比如，base class pointer（或 reference）被分配了一个 derived class 的 pointer（或 reference），那么具体的函数调用是在运行时通过动态的虚拟表（vfptr）来指定的。

晚绑定技术出现之初（在 20 世纪 60 年代到 80 年代的 LISP 和 Smalltalk 语言中）被早绑定的拥趸诟病了多年，比如性能较低、复杂性甚至不确定性较高（导致代码可维护性降低）等，但是 OOP 语言的发展表明晚绑定技术势不可挡，绝大多数支持动态类型的语言（如 C++、.NET、Java、COM）都支持晚绑定技术。

🔍 谈一谈动态链接与静态链接。

◎ 对动态链接与静态链接的认知深浅也是考验一个程序员素养的重要问题之一。

静态链接库就是把（lib）文件中用到的函数代码直接链接进目标程序，程序运行的时候不再需要其他库文件。

动态链接则是把调用的函数所在文件模块（DLL）和调用函数在文件中的位置等信息链接进目标程序，程序运行的时候再从 DLL 中寻找相应函数代码，因此需要相应 DLL 文件的支持。顾名思义，动态链接是在运行时通过连接器（linker）来加载启动代码，从而加载所需要的库，对每一个库的调用都要通过一个跳台（jump table）指向该库，唯一的开销是间接引用；动态链接还需要验证 jump table 符号链接（symbols linkage），动态 loader 需要检查共享库，加载入内存并且附加在程序内存段。

静态链接库与动态链接库都是共享代码的方式。如果采用静态链接库，则无论你愿不愿意，lib 中的指令全部被直接包含在最终生成的执行文件中。若使用 DLL，则该 DLL 不必被包含在最终执行文件中，执行文件执行时可以"动态"地引用和卸载这个与执行独立的 DLL 文件。静态链接库和动态链接库的另外一个区别在于静态链接库中不能再包含其他的动态链接库或者静态库，而在动态链接库中还可以包含其他的动态或静态链接库。

静态库和动态库的区别在于：

❑ 静态 lib 将导出声明和实现都放在 lib 中。编译后所有代码都嵌入宿主程序。

❑ 动态 lib 相当于一个 h 文件，是对实现部分（.dll 文件）的导出部分的声明。编译后只是将导出声明部分编译到宿主程序中，运行时需要相应的 dll 文件支持。

🔍 请描述 C 或 C++ 的条件编译。

◎ 在计算机编程中，条件编译的实现是为了让编译器可以依据不同的输入参数来生成不同的可执行文件。这在不同的硬件平台和操作系统上甚至是不同版本的库之间被经常使用的技术。

如果你对下面的这一小段代码很陌生，那么就要好好重温一下 C/C++ 语言编译部分的知识了。我们看看下面这段 pseudo code（伪码）：

```
if "Mac" is defined:
section of code for Macintosh computer only
end if "Mac"

if "PC" is defined:
```

```
section of code for PC computer only
end if "PC"
```

以 C 为例：

```
#ifdef __unix__  /* __unix__ is usually defined by compilers targeting Unix systems */
# include <unistd.h>
#elif defined _WIN32 /* _Win32 is usually defined by compilers targeting 32 or 64
bit Windows systems */
# include <windows.h>
#endif
```

这段代码是在编译时告诉编译器，如果 __unix__ 被定义为 macro（宏），引用 unistd.h ；反之，如果 _WIN32 被定义，则引用 windows.h。

对这个问题有兴趣的读者可以参考 GNU.org 等资源深入了解。

说说互斥（Mutex）与信号量（Semaphore）的区别。

要说明条件变量 Mutex 与 Semiphore 的区别，我们用打比方的方式来阐述效果最好。

❑ Mutex（Mutual exclusion 的缩写）好比是一把钥匙，一个人拿着它就可进入一个房间，出来的时候把钥匙交给队列中的第一个人。一般是用于串行化对 critical section 代码的访问，保证这段代码不会被并行运行。

❑ Semaphore 可以看作能够容纳 N 个人的房间，如果人不满就可以让人再进去。如果人满了，就要等待有人出来。对于 N=1 的情况，称为 Binary Semaphore。一般用于限制对于某一资源的同时访问。

❑ 对于二进制信号量与 Mutex，两者之间存在很多相似之处 。

❑ 在有的系统中，Binary Semaphore 与 Mutex 是没有差异的；而在有的系统中，其差异是 Mutex 一定要由获得锁的进程来释放，而 Semaphore 可以由其他进程释放（这时的 Semaphore 相当于一个原子变量，大家可以加或减），因此 semaphore 可以用于进程间同步。Semaphore 的同步功能是所有系统都支持的，而 Mutex 能否由其他进程释放则未定，因此建议 Mutex 只用于保护临界区域（critical section）。而 Semaphore 则用于保护某变量，或者同步。

通常，Mutex 是一个更大的概念 Monitor 中的一部分。Monitor 是并行编程与计算领域核心的概念，指的是支持多线程的类、对象或模块通过封装 Mutex 来确保多个线程对某一资源（变量、方法等）的安全访问。Monitor 包括两部分：

❑ Mutex（锁）对象。

❑ 条件变量：等待某一条件（发生）的含有多线程的容器。

Monitor 是计算机学界两位负有盛名的老先生 Tony Hoare（于 1974 年提出）和 Per Brinch Hansen（于 1975 年）提出的，前者是 quicksort 算法的发明人，后者是并行 Pascal 语言的发明人。

Mutex 的重要性表现在并发访问控制上，可以避免资源竞争的发生（在此可以引出第三位老先生 Edsger W. Dijkstra，数学和计算机专业的毕业生如果不知道这个名字，说明你已经尽数把知识还给老师了，EWD 是一位算法大师，最短路径算法和调度厂算法都出自其手，他在 1965 年的一篇并发算法的论文中最早提出了使用 Mutex 来解决资源竞争问题，在此之前 2 ~ 3 年，他还提出了 Semaphore 的概念，后面我们会专题介绍 Semaphore）。

我们来看一个实例以说明为什么需要 Mutex。现有一个单向链表，如有两个进程同时对链表上相邻的两个节点 i 和 $i+1$ 进行删除操作，结果一定会出人意料，如图 3-8 所示：

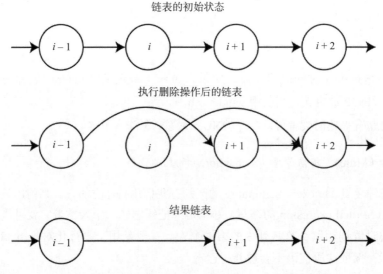

图 3-8   两个进程同时对链表上相邻节点进行删除操作

从上图可见，在两个进程同时操作完成后，$i+1$ 节点并未被如期删除，为什么？因为当一个进程删除 i 指向 $i+1$ 的指针时，另一进程却同时把 $i-1$ 指向了 $i+1$。最简单的解决方案就是使用 Mutex 来确保链表上同一区域的同步更新操作被禁止。

我们这里提到的 Mutex 可以认为是广义上一种互斥机制，而本题一开始的那个开房的比方中的 Mutex 却是一种狭义上的概念。

解释一下什么是 Semaphore。

这个问题是我喜欢的问题，围绕着 Semophore 几乎就是半部近现代计算机发展史。提到计算机 Semaphore 不能不提到前面提到的那位荷兰人（美国科学家）Edsger Dijkstra。如果你没听过这个人，那么你要么不是计算机专业出身的，要么你没好好上过数据结构的课。

著名的最短路径算法（shortest path algorithm）听说过吗？它又叫 Dijksta 算法；还有 Banker's Algorithm（银行家算法）、Shunting-yard Algorithm（调度场算法）、逆波兰表达式算法或中缀表达式转后缀表达式算法），这些都是 Edsger Dijkstra 同志的杰作。

如果继续追溯的话，他在 1968 年发表的论文 "A Case against the GO TO Statement" 在业界影响力极大，确切地说得到了像 Niklaus Wirth 等老同志的称赞，这个新名字也许你根本没听过，不过你一定知道他发明的语言——Pascal！这篇论文中介绍的方法论随后发展成为结构化编程（structured programming）。总之，Dijkstra 强烈反对并抵制 Basic，这又带出了另外一群"大牛"。Basic 是 Bill Gates 和当年的小伙伴 Pual Allen 同学的最爱，他们在 1975 年开发出了 Altair Basic，是 Basic 编程语言的解释器，这也是后来的微软 Basic 的起源，很显然，这两位小同学都没有在辍学前读过 Dijkstra 老先生的论文，汇编语言与 Basic 最大的共同点就是都喜欢使用 GO TO 语句来回跳转，虽然这有时很方便，但是对于结构化编程却是个噩梦。

Dijkstra 老先生另外一个可圈可点的贡献就是在 1962 ～ 1963 年间最先阐述了 Semaphore 机制，它的应用极为广泛，比如生产者与消费者问题（Producer-Consumer Problem）、哲学家就餐（The Dining Philosophers）、读者 – 作者问题（The Readers/Writers Problem）等都用到了这个机制。

Semaphore 可以被理解为一种资源计数器。它一般有两个操作——V 或 P，V 用来增加；P 用来减少（很多年前，我一直不明白为什么不用 I（Increase）或 D（Decrease）；后来才明白，D 老当年的论文用的是荷兰语 V（verhogen = increase）和 P（probeer te verlagen = try to reduce），难怪啊！）

对应于操作系统中的实现，V=signal，P=wait。

上面说过，Semaphore 是对资源计数 [0-N]，当 N 为 1 时，我们称之为 Binary Semaphore，但注意：这和 Mutex 只是相近，却不一样！最关键的区别是：Mutex 只能被资源占用者返还，而 Semaphore 则没有这个限制！

POSIX Semaphores 允许进程和线程同步它们的动作。从 Linux 内核 2.6 开始，支持有名与无名 Semaphores，这之前只支持无名共享进程的 Semaphores。

🔍 如何用 C 或 C++ 代码来实现 Mutex?

◎ 现在已知最早的在并行编程中正确实现 Mutex 的算法是 Dekker's Algorithm，这是前面提到的鼎鼎大名的 Dijkstra 在他早年间发表的一篇论文中引用的另一位来自荷兰的数学家 Theodorus Dekker 在 1958 ～ 1960 发明的算法，该算法允许两个进程共享一块独用资源并仅通过共享内存来保持通信。

我们用下面的 C 代码来说明 Dekker's 算法。

假设数据结构 mutex[] 有两个布尔类型元素，如下：

```
mutex[0] = false;
mutex[1] = false;
```

还有一个整型 flag, my_turn 初始化为 0。

进程 1

```
mutex[0] = true;
while (mutex[1]) {
    if (my_turn != 0) {
        mutex=[0] = false;
        while( my_turn != 0 ) {  //waiting …
            // 做一些无用功，比如 sleep 0.001 秒…
```

```
        }
        mutex[0] = true;
    }
}
// 成功获得 single-use 资源，开始工作…
……
// 工作完毕，重置 flags…
my_turn = 1;
mutex[0] = false;
……
```

进程 2

```
mutex[1] = true;
while (mutex[0]) {
    if (my_turn != 0) {
        mutex=[1] = false;
        while( my_turn != 0 ) {  //waiting …
                // 做一些无用功，比如 sleep 0.001 秒…
        }
        mutex[1] = true;
    }
}
// 成功获得 single-use 资源，开始工作…
……
// 工作完毕，重置 flags…
my_turn = 0;
mutex[1] = false;
```

Dekker's 算法可以保证不出现以下两种情况：

1）不会出现死锁（deadlock）：任何一个 mutex 被设置为 false 后，另一进程可跳出 loop 而不会永远被锁死在循环等待状态。

2）不会出现饿死（starvation）：在循环中检查 my_turn！

另一个非常类似的 mutex 实现是 Peterson's 算法（出现于 1981 年）。该算法在共享通信内存部分与 Dekker's 算法大同小异，但 Dekker's 算法只能用于两个进程，而 Peterson's 算法对于多进程（>2）同样适用。

以上两个算法都是在用户空间中通过纯软件的方法实现 mutex 的，但是可扩展性及效率会受到并发进程数快速增长的影响，比如它们都是采用忙等待（busy-waiting）的方式而不是事件驱动（event-driven）。

事实上，在 X86 架构中，通过硬件辅助的原子操作（atomic RMW, Read, Modify and Write）可以实现基于信号量（semaphore）的轻量级 mutex，下面是一段经典的 C++ Benaphore [⊖] 代码实现：

```
// 下面的代码适用于 Windows 平台
```

⊖　Benaphore 是 1996 年在 BeOS 中实现的一种非常类似于 futex（Fast Userspace Mutex）机制的轻量级 mutex 实现。

```
#include <windows.h>
#include <intrin.h>

class Benaphore
{
    private:
        LONG m_counter;
        HANDLE m_semaphore;

    public:
        Benaphore()
        {
            m_counter = 0;
            m_semaphore = CreateSemaphore(NULL, 0, 1, NULL);
        }

        ~Benaphore()
        {
            CloseHandle(m_semaphore);
        }

        void Lock()
        {
            //// x86/64 guarantees acquire lock
            if (_InterlockedIncrement(&m_counter) > 1)            {
                WaitForSingleObject(m_semaphore, INFINITE);
            }
        }

        void Unlock()
        {
            // x86/64 guarantees release lock
            if (_InterlockedDecrement(&m_counter) > 0)
            {
                ReleaseSemaphore(m_semaphore, 1, NULL);
            }
        }
        bool TryLock()
        {
            long result = _InterlockedCompareExchange(&m_counter, 1, 0);
            return (result == 0);
        }
} // end of class benaphore{}
```

上面代码中最关键的是 _InterlockedIncrement，它是 Win32 平台上的原子 RMW(Read, Modify and Write，读、改和写) 操作，当多个线程试图同时访问同一段数据时，它会确保线程排队并按顺序逐一执行。⊖

⊖ 参考资源：http://preshing.com/20120226/roll-your-own-lightweight-mutex/

如何处理死锁问题?

关于死锁，应该这么说，与其花费精力试图检测到死锁，不如尽量避免死锁发生。原因很残酷：因为死锁检测实在很复杂；而预防死锁发生却相对简单，何乐而不为呢?

所谓死锁（deadlock）指的是两个或更多的线程因互相等待对方放弃"关键资源"并且进入无限期等待的情形。以下四个条件如果同时满足，就会导致死锁的产生：

1）环状等待（Circular Waiting）：A 依赖 B 完成才能前进；B 也在等待 A 完成才能前进，于是形成了一个最小环状的依赖。当然，真实世界的环状等待可能很复杂，更类似我们在数据结构一章讲过的如何检测一个链表中是否有循环，循环的长度可能远远大于 2(A+B)。

2）资源占有（Resource Holding）：也叫作持有并等待（hold and wait），因 A 需要的资源被 B 或 C 占有，A 被迫陷入无限等待状态。

3）无优先权（No Preemption）：当 A 占有资源时，如果它不主动释放资源，其他线程无法得到资源。

4）互斥（Mutual Exclusion）：指的是某资源被占有的模式是独享模式，在任何时刻只有一个进程可以独占该资源，其他进程不能染指。

定义死锁很简单，但检测和避免死锁并不简单。避免死锁发生或破坏死锁状态只需确保以上 4 个条件中至少一个条件不能成立即可（当然多多益善）。

消除死锁产生的条件有很多方法，下面略举一二：

1）所有并发事务按统一顺序访问对象，以降低发生死锁可能性。

2）避免编写包含用户交互的事务，因为用户交互的快慢对资源占用绝对是未知的。

3）保持事务简短，并尽可能放在同一批处理中完成。

4）尽可能在更低的隔离级别上运行事务。

5）其他参考方法。

最早提出死锁发生条件和避免死锁机制的是 Dr. Ed G. Coffman, Jr. 在 1971 年的一篇文章，所以在计算机领域通常把上述死锁四条件称为考夫曼条件（Coffman Conditions）。

请列举不同的 IPC 实现机制。

IPC（Inter-process Communication，进程间通信）是指在多个进程中分享数据的机制。在操作系统中有很多种 IPC 实现方式，例如：

❑ 消息队列

❑ 共享内存

❑ Socket 或 network socket

❑ 文件

❑ 管道

❑ 信号

❑ 信号量

实现 IPC 无外乎出于以下几个原因：

1）信息传递与分享：如典型的客户端 – 服务器架构实现。

2）系统负载分割、分布：分布式系统实现，节点间需要 IPC 保持状态一致性。

3）特权拆分：通常以分层的方式实现来减少一层的负载并提高系统相对安全性。

何为迁移（Relocation）？

很显然，在面试时，肯定不是问你什么叫搬迁，美国不太流行这个，不过也有这样的"成功"案例。比如前些年湾区修轻轨 BART 东湾延长线到南湾的时候，规划路线经过一个牙医刚刚自立门户拼了血本花 100 万买的 office，然后 BART 补偿他 400 万美金，这个故事成为不少附近未搬迁成功的群众茶前饭后的谈资。当时我家房子离那里不足 1 英里（捶胸顿足中）。

言归正传，对迁移的公认的定义是 1999 年 John R. Levine 在他所著的《Linkers & Loaders》这本书中的描述：

Relocation is the process of assigning load addresses to various parts of a program and adjusting the code and data in the program to reflect the assigned addresses.

这段话有三个要点：

1）迁移是一个过程。

2）这个过程是给一个程序的不同部件分配加载地址。

3）调整程序中的代码和数据（来对应加载的地址）。

通常由 linker 来完成迁移工作，附带符号解析（symbol resolution）（在运行程序前找到文件和库，用内存中的真实可用地址来替代符号引用（symbolic references）或库名的过程）。

注意，尽管迁移通常是在链接时通过 linker 来完成的，但是也可能在运行时通过 relocating loader 或者运行程序自身来完成。

通常认为迁移分为两部分：

1）迁移程序（Relocation Procedure）：

❑ 每个 Object 文件有不同的 sections，比如 code、data、bss 等，linker 会将 objects 聚合为一个可执行文件；同时分类聚合相同类型的 sections，然后分配唯一地址给 code（如函数们）与 data（如全局变量们）；

❑ 每个 section 中指向的 symbols 需要基于在 Object 文件中的一个 Relocation Table 中的信息来更改，从而指向正确的运行地址。

2）迁移表（Relocation Table）：一组编译器或汇编程序生成的指针，存于 object 或可执行文件中。

来谈谈 C++ 的 vfpointer 和 vftable。

编译器对每个虚函数的类创建一个表，称为虚函数表，简称 vftable。在 vftable 中，编译器放置特定类的虚函数地址；在每个带有虚函数的类中，编译器布置一个指针，称为虚函数指针（缩写为 vfptr 或 vfpointer）来指向这个对象的 vftable.

通过基类指针进行虚函数调用时，编译器静态取得 vfpointer, 并在 vftable 中查找函数地址代码，从而调用函数并产生动态关联。

🔍 什么是预处理?

◎ 顾名思义，预处理（pre-processor）就是前面的程序产生了一些输出结果给后面的程序处理。在计算机编程中，编译步骤前对源代码的处理就是典型的预处理。最著名的就是 C Preprocessor，我们看看下面几个实例。

比如，你经常用到一年的秒数，那么可以通过 #define 来定义一个 SECONDS_PER_YEAR 方便后面引用。

```
// unsigned long, disregard leap year issue.
#define SECONDS_PER_YEAR ( 86400 * 365)UL
```

下面这个例子就比较绕了，这又引入了宏以外的另一个概念：内联函数。我们稍后会再回来重温本题。总之，宏定义虽然看起来很方便，但是莫要乱用!

```
// NOTE: surrounding parenthesis, side-effect of Macro.
#define MIN(a, b) ((a) <= (b) ? (a) : (b))
value = MIN(*p++, *q++);
```

在上面对 MIN 的调用中，value 的结果会大出所料。但是如果把 MIN 定义为内联函数，就不会有意外的结果。感兴趣的读者可以自己上机实验一下。

🔍 宏与内联函数区别何在?

◎ 这也是一个相当流行的问题，不少公司面试时都喜欢问这个问题。回答的要点无外乎两个：
❑ 数据类型检查
❑ 入口参数评估

内联函数和宏的区别在于内联函数只做一次类型检查与参数评估，而宏可以做多次类型检查与参数评估。换言之，宏不做 type-checking, 也不会保证输入值只被求值（evaluated）一次。

宏和 typedef 相比也有一些区别，例如：

```
#define DS struct s *
typedef struct s * DT;

// 下面会展开如下: struct s * a, b
// a为s*, b为s, 不是我们预期的效果吧?
DS a, b;

// 通过 typedef 的在编译器运行时会完全展开
```

```
// struct s * c, struct s * d; 完全无压力
DT c, d;
```

请解释如下修饰符：Static、Const、Volatile。

这道题考查的是 C++ 的数据类型与编译器相关的基础知识，基本功不能丢。让我们回顾一下这些基本知识。

静态关键字（static）有如下多重类型：

❑ 静态局部变量（staic local variable）：是在函数中被定义为静态的变量，在函数调用后会保持其原值，在下一次函数调用前不会消失或更改赋值。

❑ 静态外部变量：在函数外被定义，限本文件引用，其他文件引用无效。

❑ 静态函数：只能被本文件中的其他函数调用。在类的内部，一般通过 static 属性的函数来访问 static 属性的变量。static 型的类成员函数属于类而不属于具体的对象。

常量关键字（const）有以下两个特点：

❑ 常类型的变量或对象的值是不能被更新的。

❑ 常量的使用通常有定义常量、指针使用常量两种。

解读如下三种常量定义：

```
const int *a;        // 指向只读整型的指针
int * const a;       // 指向整数型的常量指针
Int const *a const;  // 指向只读整型的只读指针（读来辛苦！）
```

易变变量（volatile）有三大特性：

❑ 易变性：顾名思义，在 C/C++ 中被定义为易变类型的变量被多次调用时，寄存器中的变量会被写回内存然后重新自内存中读取出来。

❑ 不可优化性：非 volatile 变量一旦被赋值，从汇编编译器角度上会进行常量替换；而 volatile 类型变量不会被优化。

❑ 顺序性：简而言之，在多线程编程中，顺序性的特点可保证 volatile 变量间的顺序性，编译器不会进行乱序优化。

易变变量通常在下面几种情况会遇到：

❑ 硬件寄存器：状态寄存器等。

❑ 非自动变量：被 ISR 引用的终端服务例程。

❑ 多线程应用程序中的变量。

值得注意的是，Java 语言中的 volatile 同样具有上面的三大特性，但是在顺序性上有所增强，主要是附带了 Acquire 和 Release 语义，简述如下：

❑ Java volatile 变量的写操作带有 Release 语义，所有 volatile 变量在写操作之前的针对其他任何变量的读写操作，都不会被编译器、CPU 优化后，乱序到 volatile 变量的写操作之后执行。

❑ Java volatile 变量的读操作带有 Acquire 语义，所有 volatile 变量读操作之后的针对其他任何变量的读写操作，都不会被编译器、CPU 优化后，乱序到 volatile 变量的读操

作之前进行。

静态变量与函数在 C 语言中的重要性何在？

上面我们已经回顾了静态变量与函数的特性，那么这道题绝对手到擒来了。

> ❏ 一言以蔽之，静态变量或函数中的"静态"其实是定义了一个变量或函数的被访问范畴（scope），比如所谓的静态局部变量和静态外部变量。换言之，在 C 语言中，static 的作用是信息屏蔽。（但在 C++ 中，这么说就意义不大了，因为 class 机制就是为此而生的，比如类中的 private 属性！）

补充一点，在 ELF 文件格式中，未被初始赋值的静态变量会被保留在 .bss 中；初始化的静态变量则会保留在 .data 中。这一特性与全局变量是一致的，可参考下面的代码示例：

```
int x;                     //.bss
int y = 10;                //.data
int main(void)
{
    static int z;          //.bss
    static int i = 20;     //.data
    return 0;
}
// x will be stored in the .bss section, along with z, while
// i will accompany y in the .data section.
```

其中，未被初始赋值的 x 与 z 会存储在 .bss 区域，而 i 和 y 则会存储在 .data 区域。

如何对内存地址 0x5544ABCD 赋值 0x11FF0033？

下面这个问题直接得不能再直接了，在内存地址 ABC 处赋值 XYZ 考验的是你对内存寻址与赋值的熟悉程度。两种解决方案如下：

```
//方法1
    int *P;
    P = (int *) 0x5544ABCD;    // 设定地址
    *P = 0x11FF0033;           // 设值

//方法2
        *(int * const) (0x5544ABCD) = 0x11FF0033;    // 读起来费劲的一行
```

什么是最大吞噬法则（max munch rule）？

最大吞噬也称作最长吞噬（longest munching），顾名思义，这一原则指的是在创建某种结构时最大可能地去消耗输入。

最早提出这一原则的是后来在业界大名鼎鼎的 R. G. G Ricky Cattell，他在 1978 年的博士论文 "Formalization and Automatic Derivation of Code Generators" 中第一次提到这一概念。后来，Dr. Cattell 在 Sun Microsystems 工作了 20 年，成为 JDBC 的创建人，还创建了

Enterprise Java、Java DB、Java Blend、SQL Access（ODBC 的前身）等。而"最大吞噬法则"很好地诠释了 C 语言中这一"贪吃"特性。

下面的例子很好地展示了最大吞噬法则的使用效果：

```
int a = 1, b = 2, C;
C = a+++b;   // interpret this way:  C = (a++) + b;
```

上面的操作完成后：

```
C=3;
a=2;
b=2;
```

使用 typedef 来定义一个函数指针，入口参数为 int 与 float，返回 float *。

这道题要考查两个知识点：

1）typedef 的使用。

2）function pointer（函数指针），它和指针型变量类似，前面加上 * 即可。

定义的函数指针如下：

```
typedef float * (*PF)(int a, float b);//*PF is a ptr to function.
    // 或者
typedef float *(*pf)(int a, float b) tag PF;
```

如何定义空指针？

定义空指针有下面两种方法：

```
void *p;    //  指针 P（有名有姓）指向空类型
void *malloc(size_t num_of_size); // 欲分配的内存空间指向空类型
```

两种定义方式殊途同归，只是第 2 种定义方法更 hard-core，很多人不太适应（不过编译器喜欢这种粗鲁直接的方法）。

在 C++ 中如何调用 C 程序？

笔者之前提过，在 Java 程序中为了完成一些当时通过 C 语言能方便实现的功能，使用了 Native Method 来调用 C 程序。同样，在 C++ 里也能调用 C（反之亦然）。不过，这样的代码对于编译器的兼容性要求很高，在跨平台、编译器移植时可能会出现各种问题。

在 C++ 代码中要通过联系指定 (linkage specification) 的方法来声明对 C 语言的访问。下例在 C++ 中导入多个 C 的库：

```
// extern "C" 会强制 linker 来调用 C 编译器…
extern "C" {
```

```
#include <sys/types.h>
#include <unistd.h>
#include <sys/wait.h>
#include <sys/stat.h>
#include <fcntl.h>
......
};
```

我们再看一个具体的例子。假设有一个 C 共享库 (shared library) librickc.so 文件，由目标文件 rickc.o 生成，源文件为 rickc.c：

```
// 生成 .o 目标文件: gcc -c -Wall rickc.c
// 生成共享库: gcc -shared -o librickc.so rickc.o

#include <stdio.h>

void printclanguage(void)
{
    printf("I'm running as C!\n");
}
```

在 C++ 中可以如下调用 C 函数 printclanguage()：

```
// C++ 文件: mixcandcpp.cpp
// g++ -L/path/to/ -Wall mixcandcpp.cpp -o mixcandcpp -lrickc
// 注意编译时链接 librickc.so 共享库!
#include <iostream>

extern "C" {
    void printclanguage();
}

void printcpplanguage(void)
{
    std::cout<<"I'm spiting C++ code\n";
}

int main(void)
{
    Std:cout << "\n";
    printclanguage();     // 调用 C 函数
    printcpplanguage();
    return 0;
}
```

进一步思考：如何在 C 代码中调用 C++ 函数呢？答案是依然使用 extern 在 C++ 代码与 C 代码中分别声明!

示例如下：

```
// C++ 代码, 函数 iamcpp() 声明为可被 C 程序调用
#include <iostream>
```

```
extern "C" int iamcpp()
{
    //C++ code;
}

// C 程序中声明对 iamcpp() 的引用及在主程序中调用
#include <stdio.h>

extern int iamcpp();

int main()
{
    Imcpp();
}
```

现在有一个嵌入式系统，系统中的设备驱动提供了 API，允许做如下的重置调用：

1）JUMP 到地址：0xfff00100 会导致 CPU COLD 重置。

2）JUMP 到地址：0xfff00200 会导致 CPU WARM 重置。

在不调用任何 C 库的条件下，如何实现该重置功能？

这类问题是嵌入式系统中常见的。关键 1 是指针函数定义，指针函数应赋值为目标内存地址段；关键 2 是直接调用，完成跳转（JUMP）。

前面两个要点分别用一行 C 代码即可实现，以 COLD RESET 为例：

```
// COLD RESET 功能实现
// 定义函数指针，指向地址 0xfff00100
Void (*resetfp)() = 0xfff00100;

// 调用函数指针
*resetfp();
```

如何重建（rebuild）Fedora Linux 内核？请列出主要步骤。

现在越来越多的程序员从事纯应用开发，几乎对系统底层一无所知。不过，真正的 *Nix 系统开发程序员都应该了解如何重建操作系统内核。以 Fedora 为例（其他 Linux 都可触类旁通，只是打包模式不同而已），从 RPM 格式源码重建内核需要 7 步：

1）获取 RPM 格式的源代码。

2）准备源代码树。

3）拷贝源代码树并生成补丁。

4）设置内核选项。

5）准备 build 文件。

6）开始 build 新的内核。

7）安装内核。

完全从源码开始的 Linux 内核的编译、重建步骤如下：

1）从 kernel.org 上下载完整的源码（bz2 压缩格式）。

2）展开源码（如，tar jzxv kernel）。

3）配置（configure）内核：通常有 4 种方式，此处只是简要介绍：

❑ Make oldconfig

❑ Make menuconfig

❑ Make qconfig，make xconfig，make gconfig（注意，qconfig 依赖 QT 库）

❑ 使用现有的内核的配置：

    ○ 拷贝现有内核配置：cp /boot/config-`uname –r` .config

    ○ 别忘了你还有需要一下内核版本号。

4）编译与安装内核。

❑ Make && make modules_install && make install

    ○ 编译内核是个费时的工作，通过并行处理可以大大提高效率，如 make –j 3 – 3 表示可以同时 fork 出来的最大进程数目。

❑ 如果一切顺利，现在安装完毕后，你还需要让内核可以启动：

```
(bootable): mkinitrd -o initrd.img<kernelversion>
```

❑ 把 bootloader 指向新的内核。

❑ 重启。⊖

<hr>

⊖ 参考资源：
- http://blog.csdn.net/eric_jo/article/details/4138548
- http://hedengcheng.com/?p=725
- http://www.cppblog.com/dbkong/archive/2006/12/09/16169.html

## 第 4 章

面 向 对 象

面向对象编程语言的核心就是熟悉和掌握面向对象的核心概念。以 C++ 为例，继承、多态与封装为其为三大核心理念，而这些理念又通过程序中的对象、类和数据结构的互动来体现。本章将从 C++ 基础知识和设计模板及 STL 两个部分来介绍。

重温 C++ 设计模式，最经典、最重要的就是"四人帮"写的这本《Design Patterns: Elements of Reusable Object-Oriented Software》（《设计模式》，如图 4-1 所示），至于为什么叫"四人帮"（Gang of Four），我也一直很奇怪，因为这几个作者来自五湖四海（第一作者来自瑞士，看来瑞士出人才啊，之前我们讲过 Pascal 的发明人 Niklaus E. Wirth 也是瑞士人，其他三个作者都是美国人）只在一起合作过一次；如此说来就只有一种可能了，这本书的影响力实在是太大了！

图 4-1　设计模式

我一直都不太适应面向对象，大抵是因为我这类"单线程人士"不喜欢复杂的设计模式。但是残酷的现实、复杂的形势告诉我们：不 OO 无前途！大型软件如果不能复用（reusable）就会带来极大的浪费，而复用的最佳（终极）体验不外乎在代码实现中运用：

❑ 设计模式
❑ STL（Standard Template Language，标准模板语言）

4.1 C++

🔍 OO 意味着什么或者 OO 的三大原则是什么？

◎ 面向对象的编程（Objected-Oriented Programming，OOP）最主要的部分可归纳为：对象（object）、类（class/struct）、继承（inheritance）。

以 C++ 为代表的 OOP 有三大理念：多态（polymorphism）、继承（inheritance）、封装（encapsulation）。

我们会在以下的内容中对以上原则、理念进行回顾。

🔍 继承的目的是什么？

◎ 在 C++ 中，继承最主要的目的是进行子类型化或子类化（subtyping），从而构建"kind-of"或"Is-A"的关系。

通过继承，我们可以搭建等级（hierarchy）。

但是需要指出的是，子类型化与继承并非在所有的 OOP 中都是一致的。简单来说，继承是对实现的复用，并构成了语法上的父子类间的关系，并为语义上的关系。也就是说，继承并不确保行为子类化。鉴于此，我们通常把子类型化叫作接口继承（interface inheritance），而把继承称作实现继承（implementation inheritance）

🔍 请说说你对纯虚函数和虚函数的认识。

◎ 纯虚函数是在基类中声明的虚函数，它在基类中没有定义，但要求任何派生类都要定义自己的实现方法。在基类中实现纯虚函数的方法是在函数原型后加"=0"。

```
virtual void funtion1()=0
```

定义一个函数为虚函数，不代表函数为不被实现的函数，而是为了允许使用基类的指针来调用子类的这个函数。

定义一个函数为纯虚函数，才代表函数没有被实现。定义纯虚函数是为了实现一个接口，起到一个规范的作用，规范继承这个类的程序员必须实现这个函数。

看下面的代码示例：

```
class B {
  public:
    void mf();
    ...
};

class D: public B {
  public:
    void mf();            // 掩盖了 B::mf();
    ...
```

```
};

D x;                          // x 为 D 类型的对象
B *pB = &x;                   // 指针指向 x
*pD = &x;                     // 同上
pB->mf();                     // 通过指针调用 mf()
pD->mf();                     // 同上

// 解释: 那么上面的两条指令到底绑定哪个 mf() 呢?
// pB->mf() 会绑定 B::mf()
// pD->mf() 会绑定 D::mf()
// 但是, 如果 B::mf() 并定义为 virtual, 动态绑定就会导致以上两个函数调用都指向 D::mf()!
```

🔍 结构与类的区别是什么?

☑ 在 C++ 中, 不清楚结构与类的区别是不可容忍的 (这是程序员安身立命之本)。

一言以蔽之: 它们的区别在于默认的成员访问及基类继承, 结构是公开的, 而类是私有的。

再补充一点: 在结构中被定义为静态成员函数的操作符只能通过一个函数调用来调用 (听起来很拗口对不对? 前面的调用是 function call, 后面的调用是 invoke, 虽然中文都叫调用, 但本意完全不同, 要在上下文中区分。而不能通过操作符原本在被设计之初所支持的中缀语法 (infix syntax) 来调用。

🔍 解释一下你所了解的 C++ 中的类型转换或类型铸造 (type-casting)。

☑ 我们知道, C++ 是强类型 (strong-typed) 语言, 但是在兼容数据类型中还是支持隐式转换的。如下例所示:

```
short x=128;
int y;
y=x; //implicit conversion (隐式转换)
```

注意, 在隐式转换过程中, 可能会损失精度 (编译器会报警, 但如果是显式转换就不会报警)。

对非基础类型, 也支持以下隐式转换:

❑ 空指针可以被转换为任何类型指针。

❑ 任何类型的指针可以被转换为空指针。

❑ 指针向上转换, 指向子类的指针可以被转换为可访问并且无歧义的基类指针, 并且不需要更改其 const 或 volatile 特性。

对于类, 也允许隐式转换, 通常通过如下 3 个成员函数完成:

❑ Single-argument constructor: 单参数构造函数

❑ Assignment operator: 赋值操作符

❑ Type-casting operator: 类型铸造操作符

C++ 中的显式转换 (又称类型铸造) 通常有两种原生 (generic) 类型:

❑ Functional（函数调用型）

❑ C-like（类 C 型）

我们来看一个例子：

```
double a = 3.1415
int b;
b = int (a); //functional
b = (int) a; //c-like
```

对于基础数据类型而言，上面的原生转换（generic type-casting）没有什么问题，但是对于更为复杂的类相关的转换操作符而言，为了避免出现运行时错误，C++ 定义了四种显式转换（类型铸造）操作符：

❑ dynamic_cast <new_type> (expression)

❑ reinterpret_cast <new_type> (expression)

❑ static_cast <new_type> (expression)

❑ const_cast <new_type> (expression)

我们看一些代码实例：

```
// dynamic_cast 和 static_cast 示例
#include <iostream>
#include <exception>
using namespace std;

class Base { virtual void dummy() {} };
class Derived: public Base { int a; };

int main () {
  try {
    Base * ptd = new Derived; //pointer to derived calss
    Base * ptb = new Base; // pointer to base class
    Derived * ptd2;

    //static_cast
    Derived * ptd3 = static_cast<Derived*>(ptb);

    //dynamic_cast 成功
    ptd2 = dynamic_cast<Derived*>(ptd);
    if (ptd2==0) cout << "Null pointer on first type-cast.\n";

    //dynamic_cast 失败
    ptd2 = dynamic_cast<Derived*>(ptb);
    if (ptd2==0) cout << "Null pointer on second type-cast.\n";

  } catch (exception& e) {
    cout << "Exception: " << e.what();
  }

  return 0;
}
```

dynamic_cast 只能用于类的指针或引用，它的作用是确保类型转换指向一个合法的完整的目标指针类型的对象，dynamic_cast 在继承关系中完成安全的类型转换，如果失败的话会返回空指针（casting pointer）或异常（casting reference）。

上面的两个 dynamic_cast 中的第二个会失败的原因是 ptb 指向的是 Base 类的对象。（而非 Derived 类的完整对象！）

相比 dynamic_cast 而言，static_cast 在运行时是不会通过检查来保证被转换的对象是目标类型的完整对象（于是乎所有的检查都留给程序员来完成，也就是说 static_cast 没有 dynamic_cast 的那些 type-safety 检查的额外开销）。

reinterpret_cast 说起来有些暴力，它可以把一个指针类型转换成任意指针类型，甚至可以在毫无关系的类之间转换，这有点像 socket 编程中的 RAW_SOCKET，简单地进行二进制拷贝（binary copy），完全不进行类型检查或内容检查。reinterpret_cast 通常用来进行底层操作。下面是 reinterpret_cast 的一个例子。

```
//reinterpret_cast 示例:
class A { /* ... */ };
class B { /* ... */ };
A * a = new A;
B * b = reinterpret_cast<B*>(a);
```

const_cast() 操作有点像是一个开关，在上例中，c 是 const char* 类型，经过 const_cast() 操作变为 char * 类型，为 print() 所接收（反之亦然，如果 print 接收 const char* 类型，而 c 被定义为 char *，经过 const_cast<char *> 即可被转换）。

```
//const_cast 示例
#include <iostream>
using namespace std;

void print (char * str)
{  cout << str << '\n';  }

int main () {
  const char * c = "some text";
  print ( const_cast<char *> (c) );//const char* char*
  return 0;
}
```

最后我们再介绍一下 explicit 和 typeid。被声明为 explicit 的构造函数不可以再被通过赋值类语法调用；explicit 标明的成员函数也不接受隐式转换：

```
//explicit 示例
class A {
  public:
    explicit A(int);// 构造函数被标明为 explicit
};
```

```
void f(A) {}
void g(){
    A a1 = 37;      // converting constructor, illegal
    A a2 = A(47);   // OK
    A a3(57);       // OK
    a1 = 67;        // illegal
    f(77);          // illegal
}
```

typeid() 操作符允许对表达式进行类型检查。

```
//typeid 示例代码:
int main () {
  int * a,b;
  a=0; b=0;
  if (typeid(a) != typeid(b))
  {
    cout << "a and b are of different types:\n";

    //a is: int *
    cout << "a is: " << typeid(a).name() << '\n';
    //b is: int
    cout << "b is: " << typeid(b).name() << '\n';
  }
  return 0;
}
```

请解释 C++ 中的运算符重载。

简单来说，运算符重载就是使得用户定义的类型具有和预定义类型类似的行为（或者更为深奥甚至奇怪的类型，前提是那真的是你想要的）。重载是 C++ 的一大特性，它可以把功能相似的几个函数合并，让程序更加高效简洁；而且重载不仅仅限于函数，运算符一样可以重载。运算符重载主要是面向对象之间的操作，通常有两种重载方式——成员函数和友元函数。看下面的部分代码：

```
Class ABC {
  Public:
    ABC(int d):data(d){}
    ABC operator+(ABC&);// 成员函数
    friend ABC operator+(ABC&,ABC&);// 友元函数

    private:
    int data;
}

ABC ABC::operator+(ABC &a) {
    return ABC(data+a.data);
}

ABC operator+(ABC &a1,ABC &a2) {
```

```
        return ABC(a1.data+a2.data);
}
```

范畴操作符意义何在?

范畴操作符(scope operator)最主要的作用是从派生类、构造函数或析构函数中调用虚拟成员函数时可以跨过动态绑定(dynamic binding)。

何为访问分类符? C++ 中有违背分类符限制的情况吗?

访问分类符(Access Specifiers)又被称作访问控制符(Access Control Modifiers)。C++的访问控制符有三大类:Public、Protected、Private。

指针类型转换和联合(Union)可能会违反以上三类访问控制符所限定的封装边界(参考前文的类型转换和下文)。

如何从"derived **"转换为"base **"(或者反之)?

关键字指针转型(pointer-cast),更准确地说是向上转型(upcast)。前文提到的 static_cast 可以支持双向转型(casting),即从基类到子类或子类到基类,我们称之为向上转型(upcasting)和向下转型(downcasting)。dynamic_cast 主要用来做向上转型并进行类型安全检查(区别于 static_cast),少数情况下可用作向下转型。

```
// static_cast<>: 向下转型
// 注意下面的操作编译器不会报错,在运行时如果对 d 做去引用操作
// (deference),则会报错(因为 d 指向的是该子类的非完整对象!
class Base{};
class Derived:public Base{};
Base * b = new Base;
Derived * d = static_cast<Derived*>(b);
```

上面提到的是显式转型,C++ 中还有很多隐式转型,如下例所示:

```
struct B{ };
struct D:B{ };

D* d = new D;
B* b = d; // 隐式转换,向上转型
```

谈谈你对 C++ 错误(异常)处理的理解。

　C++ 中异常处理的语法有三个关键字:try {...}、throw、catch。

❑ try 表示定义一个受到监控、保护的程序代码块。

❑ catch 与 try 遥相呼应,定义当 try block(受监控的程序块)出现异常时,错误处理的程序模块,并且每个 catch block 都带一个参数(类似于函数定义时那样),这个参数的数据类型用于异常对象的数据类型进行匹配。

❑ throw 则是检测到一个异常错误发生后向外抛出一个异常事件，通知对应的 catch 程
   序块执行对应的错误处理。

下面这段话很好地揭示了选择异常处理的编程方法的原因：

1）把错误处理和真正的工作分开。

2）代码更易组织、更清晰、复杂的工作任务更容易实现。

3）毫无疑问，更安全了，不至于因一些小的疏忽而使程序意外崩溃。

4）由于 C++ 中的 try catch 可以分层嵌套，所以它提供了一种方法使程序的控制流可以
安全地跳转到上层（或者上上层）的错误处理模块中去（不同于 return 语句，异常处理的控制
流可以安全地跨越一个或多个函数）。

5）由于目前需要开发的软件产品变得越来越复杂、越来越庞大，如果系统中没有一个可
靠的异常处理模型，那必定是一件十分糟糕的事。

如果你觉得前面说的话都在理，那么可以用一句话来总结（相比 C 语言中常用的错误
码）——C++ 的异常处理更强健（robust）。

🔍 复制构造函数何时被调用？ 请写一段相关的 C++ 代码。

◎ 在以下三种情况下复制构造函数（copy constructor）会被调用：

❑ 传值（pass-by-value）

❑ 按值返回（return-by-value）

❑ 明确拷贝（explicit copy）

我们来看一个完整的示例，注意复制构造函数是如何定义的：

```cpp
class Employee {
  public:
    Employee(char *name, int id);          //ctor
    Employee(Employee &rhs);               //copy ctor
    ~Employee();
    char *getName(){return _name;}
    int getId() {return _id;}
    //Other Accessor methods

  private:
    int _id;
    char *_name;
};

// ctor
Employee::Employee(char *name, int id)
{
    _id = id;

    _name = new char[strlen(name) + 1];
    //Allocates an character array object
    strcpy(_name, name);
```

```
}

Employee::~Employee() { // 析构函数
    delete[] _name;
}

// copy ctor
Employee::Employee(Employee &rhs)
{
    _id = rhs.getId();
    _name = new char[strlen(rhs.getName()) + 1];
    strcpy(_name,rhs._name);
}
```

这里可以引入一个概念（题中题）——shallow-copy，即所谓的浅层拷贝。在 C++ 中，复制构造函数适合做的工作是成员拷贝（memberwise/shallow copy）。对于复杂的类，比如有动态分配的内存（Heap）指针，那么标准（默认）的赋值操作符与复制构造函数就不够用了，因为它们只会拷贝指针的地址，而不会自动分配内存或拷贝指针指向的地址的内容！

谈谈你对 C++ 中的 "++" 运算符重置的理解。

C++ 中的运算符重置（operator overriding）中最有特色的大概就是 "++" 了，它还分为前置和后置两种，那么如何区分呢？我们看下面的代码实例：

```
// 为了区分前置和后置 ++，它们在接口定义上故意有所区别，后置 ++ 会有一个多余的输入参数，尽管它并
// 不使用该参数。
Class X {
  Public:
    X() { }
    ~X { cout << "dtor" ; }
    X & (const X &) { cout << "copy" ; }
    // Assignment operator
    X & operator = (const X &) {
        // Assignment operator;    return *this;
    }

    // 前置
    X & operator ++ () {
        //increment 操作然后返回 *this;
    }
    // 后置
    X operator ++ (int) {
        X old = *this; ++(*this);
        return old;
    }   // 或返回 void

} //-END- class X
```

如何区分前置与后置呢？可以用以下方法：

❑ 看声明时是否有参数。后置通常会定义一个参数，而且参数只是为了表明与前置操作符区分而已！

❑ 前置完成的内部操作是 increment，然后返回指向 X 的引用（reference）。

❑ 后置的操作就复杂得多了，包括拷贝、增值、拷贝、析构、析构。

再看一个下面的例子：

```cpp
// 无限精度整数 (unlimited precision int)
class UPInt {
  public:
    UPInt& operator++();         // prefix ++
    const UPInt operator++(int); // postfix ++

    UPInt& operator--();         // prefix --
    const UPInt operator--(int); // postfix --

    UPInt& operator+=(int);      // a += operator for UPInts
                                 // and ints
    ...
};
// prefix form: increment and fetch
UPInt& UPInt::operator++()
{
    *this += 1;              // increment
    return *this;            // fetch
}


// postfix form: fetch and increment
const UPInt UPInt::operator++(int)
{
    UPInt oldValue = *this;  // 预存输入值
    ++(*this);               // increment
    return oldValue;         // 返回输入值!
}
```

🔍 在 C++ 中有哪些不能被重置的操作符？

◎ 下面的 6 种操作符不应被重置！除此以外，C++ 中几乎所有的内置操作符都可以被重置 (overload)！

❑ 成员访问：   .

❑ 条件操作符：   ?:

❑ 对象大小：   sizeof()

❑ 范围解析：   ::

❑ 成员指针：   .*

❑ 对象类型：   typeid

请谈谈 new() 与 malloc() 以及 delete() 与 free() 的异同。

这也是 C++ 面试中的经典问题。准确地说，new 与 delete 是 C++ 的一类运算符，它们与 malloc 和 free 的主要区别是除了分配与释放内存，还会自动调用构造函数与析造函数。

其他区别还有不少：

❑ new 返回的指针带有类型信息（malloc 是 void 类）。

❑ 从内存泄漏角度上看，new 可以跟踪到具体的文件的某一行，而 malloc 不会。

我们看看下面的代码，它们完成同样的工作，但是显然 new() 和 free() 更直观更简洁：

```cpp
// new vs. malloc()
string *sArr1 = static_cast<string*>(
                    malloc(10 * sizeof(string))
                );
string *sArr2 = new string[10];

// delete vs. free()
free(sArr1);
delete [] sArr2;
```

需要指出的是，delete 的操作如果不给出"[]"，它只会删除一个对象而不是整个对象数组！

```cpp
string *stringPtr1 = new string;
string *stringPtr2 = new string[100];
...
delete stringPtr1;          // 删除一个对象
delete [] stringPtr2;       // 删除一个对象数组
```

如何实现 placement new()/delete() 操作符？

C++ 允许程序员来管理对象在内存中的放置。早期，在 C++ 中通过 explicit assignment 来完成，但后面引入的 placement new()/delete() 概念实现了对非数组和数组表达式的内存放置更完美的支持。

我们通过下面的例子来比较一下这两种方式：

```cpp
//Non-placement new() - 非数组 vs. 数组
void *operator new(std::size_t) throw(std::bad_alloc);
void *operator new[](std::size_t) throw(std::bad_alloc);

//Placement new() - 非数组 vs. 数组
void *operator new(std::size_t,const std::nothrow_t &) throw();
void *operator new(std::size_t, void *) throw();
void *operator new[](std::size_t, const std::nothrow_t &) throw();
void *operator new[](std::size_t, void *) throw();

//placement delete() - 非数组 vs. 数组
void operator delete(void *, const std::nothrow_t &) throw();
void operator delete(void *, void *) throw();
```

```
void operator delete[](void *, const std::nothrow_t &) throw();
void operator delete[](void *, void *) throw();
```

我们再看一下下面的示例代码：

```
class X {
  public:
    void f();
    static void * operator new(size_t size, new_handler p);
    static void * operator new(size_t size)   {
        return ::operator new(size);
    }
    static void operator delete(void *p, size_t size);
};

X *px1 =
    new (specialErrorHandler) X; // calls X::operator
                                 // new(size_t, new_handler)

X* px2 = new X;                  // calls X::operator
                                 // new(size_t)
```

何为 BigThree？或称大三元（Rule-of-Three）？

这是 C++ 中的著名"法则"，简单来说，如果你定义了 BigThree（即 Destructor、Copy Ctor、Assignment Operator）中的一个，就应该将这三个全部定义。

当然，随着 C++ 的不断演进，又出现了 Rule-of-5，即加入 move constructor 和 move assignment operator。

当然，BigThree 还有一些例外的情况：

❏ 虚拟析构函数（Virtual Destructor）。

❏ 保护赋值操作符（Protected Assignment operator）。

❏ 记录型创建或析构（Recording creation or destruction）。

什么是 IITO（Uses）关系？

在 C++ 中，表述关系有多种类型：

1）Is-A：最常见的一种关系，比如一辆宝马轿车 Is-A 机动车。Is-A 关系建模通常通过公共继承来实现。

2）Has-A：表达的是一种从属（belongs-to）关系，比如宝马轿车 Has-A 方向盘。当然，我们最熟悉的还是这个：山里有座庙，庙里有群和尚，和尚们有个水桶……多级的 Has-A 关系也可以表达等级（hierarchy），嵌入了一个类型的实例（也称为分层）。

3）Uses：也叫作 Implemnented-In-Terms-Of 关系，它暗示了实现细节（implementation detail），比如真皮的宝马座椅（Car-seat-Uses-Genuine-Leather）、布的宝马座椅、人造革的宝马座椅等。需要指出的是，Has-A 和 Uses 都可以通过包含（containment）或非公开（non-public）

继承的方式建模实现。

　　下面这段极简的代码表述了 Has-A、Was-A、Holds-A 几种关系：

```
Class Tower {};
Class Canon {};
Calss BattleShip {
  Public:
    Tower d_Tower;              //Has-A
    Canon *d_Canon;            //Holds-A
    Canon & d_canon2;          //Holds-A
}

Class MemorialShip : private Battleship { // Was-A
  Public:
    BattleShip::f1; //access declaration
} //-END-
```

我们再看一个稍复杂一点的例子，用 STL 的 list 来实现 STL set。

　　注意：list 可以有重复值，set 则不可以，不过 multiset 可以重复；set 与 list 的关系不是 Is-A，所以公共继承不是正确的关系建模，而应该采用 Uses 关系（比如 set 是通过 list 来实现的）。

```
// 通过 list 来实现 set:
template<class T>
class Set {
  public:
    bool member(const T& item) const;
    void insert(const T& item);
    void remove(const T& item);
    int cardinality() const;
  private:
    list<T> rep;      // representation for a set
};

template<class T>
bool Set<T>::member(const T& item) const
{
    return find(rep.begin(), rep.end(), item)
        !=
        rep.end();
}

template<class T>
void Set<T>::insert(const T& item)
{ if (!member(item)) rep.push_back(item); }

template<class T>
void Set<T>::remove(const T& item)
{
  list<T>::iterator it =
```

```
    find(rep.begin(), rep.end(), item);
  if (it != rep.end()) rep.erase(it);
}

template<class T>
int Set<T>::cardinality() const
{ return rep.size(); }
```

一个类的实现 Fred { }，有构造函数、析造函数、复制构建函数、赋值操作符，那么下面的代码意味着什么？

```
main()
{
    Fred x(5);
    Fred y = 5;
    Fred z = Fred(5);
    Fred z2 = y;
    y = x;
} // end of main()
```

前 3 行都没有调用 copy ctor 或赋值操作符。

第 4 行调用了 copy ctor（从现有的 y 到新的 z2 的拷贝）。

第 5 行调用了赋值操作符（从现有的 x 到现有的 y）。

虚析构函数有什么作用？

虚析构函数最重要的作用是用来释放内存资源。如果指向基类的对象被删除，那么编译器会确保子类中的析构函数会被层层调用（与对象建立过程的顺序正好相反）。

另外，我们需要了解的是，析构函数在两种情况下会被调用：

❑ 对象在正常情况下被销毁，如被删除后或超出寻址空间（scope）后。

❑ 在异常处理过程中随着堆栈回滚（stock-unwinding）被销毁。

下面我们再罗列几个 C++ 中常见的容易被混淆的问题。由于篇幅所限，大多数的问题和答案都力求简洁。请记住：Right is good, smiple is better（答对是好的，简洁更好）。

复制构造函数和被重载的赋值操作符有什么区别？

复制构造函数通过使用参数对象（argument object）的内容来构建新的对象。

被重载的赋值操作符是把现有对象的内容赋值给同类中的另一个已经存在的对象！

何为虚析构函数？

虚析构函数是指被定义为虚属性的析构函数。可以通过指向基类的指针或 reference 来析构（或解构，即 destroy）一个对象。

注意：笔者其实一直对"析构函数"这个叫法感到不解，constructor 翻译为构造函数还有情可原（也有翻译为"建构函数"，似乎更准确一些）。但是 destructor 翻译为"解构函数"更准确，"析构"这个译法背离了英文原意，也不是一个准确的中文词汇。持有这一观点的大有人在，《C++ 程序设计语言》的译者北大教授裴宗燕教授曾经专门写过一篇短文对于 C++ 常见的一些术语的翻译问题进行讨论。他认为"用的人多"并不一定是有"更好的理由"来以讹传讹。笔者倾向于赞同其观点，与其不能信达雅，不如不翻译，徒劳无益。程序员的一个基本修养就是要在原文（英文）的环境中浸泡以达到人机合一。

虚函数的作用是在子类中实现定制的行为。值得注意的是：通过指向基类的指针来试图删除一个子类对象，并且基类中存在非虚解构函数，结果是未知的（undefined）。通常在运行时，子类的解构函数根本不会被调用到。

法则：只有在类中含有至少一个虚函数时才定义虚解构函数。

纯虚函数导致了抽象类，即它不能生成对象实体。通常在类中定义了一个纯虚的解构函数后，它就被视为抽象类。

```
// 抽象类示例如下：
#include <iostream>
class Base
{
  public:
    virtual ~Base()=0; // Pure virtual destructor
};

Base::~Base() //definition
{
    std::cout << "Pure virtual destructor is called";
}

class Derived : public Base
{
  public:
    ~Derived()
    {
        std::cout << "~Derived() is executed\n";
    }
};

int main()
{
    Base *b1 = new Derived();
    delete b1;
    return 0;
}
```

请说明一下赋值操作符（assignment operator）。

C++ 中的赋值操作符的全称为 copy assignment operator。在赋值操作中，源值（source,

right-hand side）和目标值（target，left-hand side）属于同一类型（same class type）。如果
程序中没有定制代码，C++ 编译器会自动生成默认的赋值操作符。

赋值操作符与 copy ctor 的区别在于：赋值操作符需要对目标 (left-hand side) 的数据成员
进行清洗；而 copy ctor 只是对未初始化的数据成员直接赋值。我们看下面的例子：

```
MyArray a;       // 通过 default constructor 初始化
MyArray b(a);   // copy constructor 初始化
MyArray c = a;  // copy constructor 初始化
b = c;           // 通过 copy assignment operator 赋值
```

🔍 构造函数中初始化和赋值的区别？

◉ 简单来说，初始化好于赋值。初始化有显著的优点：

❑ 其速度比赋值快 3 倍。

❑ Const 或引用（reference）类成员只能被初始化而不能被赋值。

下面给出了一个例子。

```
template<class T>
class NamedPtr {
  public:
    NamedPtr(const string& initName, T *initPtr);
    ...

  private:
    const string& name;      // must be initialized via
                             // initializer list
    T * const ptr;           // must be initialized via
                             // initializer list
}; // end of class NamedPtr
```

不过，在有一种情况下赋值会优于初始化：当类中有大量成员为内置数据类型，你希望
它们在每个构造函数中以同样的方式被初始化时，应该使用赋值操作。

```
//   full definition of the ctor.
template<class T>
NamedPtr<T>::NamedPtr(const string& initName, T *initPtr  )
: name(initName), ptr(initPtr)
{}
```

🔍 何为可变成员（mutable variable）？

◉ 使用 mutable 是为了突破 const 的限制，即使在一个 const 函数中，被 mutable 修饰的变
量也可处于可变状态。

🔍 如何从 const 转换为 non-const？

◉ 这道题是对前面的 *_cast 问题的一次重温。我们已经知道：const_cast 像是一个开关键，

比如，如果对象是 const char * 类型，经过 const_cast<char *> 就变成 char * 类型，反之亦然。

下面示例中的知识点不是 const_cast 的使用，而是 Klingon，喜欢《Star Trek》（《星际旅行》？这个翻译好过《星际战舰》，Trek 的准确意思是远足，特别是 backpacking=trekking）的读者应该知道 Klingon 是其中的外星人使用的语言，而"nuqneH"是 Hello 的意思。大概是因为程序员这个群体整体比较内秀，很多程序员喜欢琢磨语言，Klingon 和 Elvish（大名鼎鼎的《Lord of the Rings》的作者 JRR Tokien 创造的语言）在世界范围内都有大量的使用者，他们中绝大多数恐怕都是程序员，所以如果以后读到一段代码里面有匪夷所思的语言，请不要惊慌！

```
const char *klingonGreeting = "nuqneH";
size_t length =
    strlen(const_cast<char*>(klingonGreeting));
```

C++ 中的 ambiguity 指的是什么？

我们用下面的几段代码来解释一下什么叫作"ambiguity"（模棱两可、含糊）：

```
#define NULL 0L                    // NULL is now a long int
void f(int x);
void f(string *p);
f(NULL);                          // error! — ambiguous

void f(int);
void f(char);
double d = 6.02;
f(d);                             // error! — ambiguous

// 解决方法就用到前面提过的 static_cast<>
f(static_cast<int>(d));          // fine, calls f(int)
f(static_cast<char>(d));         // fine, calls f(char)


// 我们再来看看由于 Multiple Inheritance 造成的 ambiguity:
class Base1 {
  public:
    int doIt();
};
class Base2 {
  public:
    void doIt();
};

class Derived: public Base1, // Derived doesn't declare
               public Base2 {// a function called doIt
  ...
};
```

```
Derived d;
d.doIt();     // 编译器会报错 "ambiguity" !

// 解决方案很简单，就是明确指定函数调用的 namespace:
d.Base1::doIt();              // fine, calls Base1::doIt
d.Base2::doIt();              // fine, calls Base2::doIt
```

请通过简单的代码示例来介绍一下命名空间（namespace）。

C++ 中的命名空间可被看作一个容器，在里面定义一段代码，可被后面的程序调用。下面是一个示例：

```
namespace sdm {
  const double BOOK_VERSION = 2.0;
  class Handle { ... };
  Handle& getHandle();
}

void f1()
{
  using namespace sdm;   // 引用命名空间 sdm
  cout << BOOK_VERSION;  // 指向 sdm::BOOK_VERSION
  ...
  Handle h = getHandle();// 指向 sdm::getHandle
}

// 也可以直接通过命名空间标识符来调用，例如:
namespace NS1{
  int NSInt = 1;
}

namespace NS2{
  int NSInt = 2;
}

int main () {
  int NSInt = 3;
  cout << NS1::NSInt << endl;  //outputs 1
  cout << NS2::NSInt << endl;  //output 2
  cout << NSInt << endl;  // output 3
  return 0;
}
```

请说明 C++ 中指针与引用的区别。

首先，引用必须指向一个对象，C++ 要求引用必须被初始化（并且没有 NULL 引用这种概念）。

另一个重要区别是指针可以被重定向指向不同的对象。引用永远指向它初始化指向的对象。

基本上，当你可能会指向空（或什么都不指向）或可能会在不同时间指向不同对象的时候，使用指针！反之，则使用引用。

谈一谈你对虚函数的认识。

虚函数（virtual function 或 virtual method）是面向对象编程中三大概念（继承、封装和多态）之一的多态（polymorphism）的重要组成部分，它指的是一个函数或方法的行为可以在继承类中被具有同样签名的函数或方法重写（overridden）。

虚函数的实现是通过 virtual tables（简称 vtbl）和 virtual table pointers（简称 vtpointers）完成的。vtbl 的实现通常是使用一组指针数组来指向函数（有些编译器使用链表类型数据结构来实现，它们的本质是一样的）。程序中凡有定义或继承了虚函数的每个类都有其自己的 vtbl，在每个 vtbl 中存放的是指向该类的虚函数的实现。

实现 String 类，使其支持直观的字符串连接操作（比如 String c=a+b）。

这个问题的关键在于考查你能否正确使用如下函数：

❑ constructor
❑ copy constructor（通过值来传递和返回对象）
❑ assignment operator (=)
❑ 重置 "+" 操作符
示例代码如下：

```
class String {
  public:
    String(); //default ctor
    String(const char *value);  // constructor!
    String(const String &src);  // copy ctor
    // 重置 "+" 操作符
    String operator+(const String &s1, const String &s2);
    // Assignment ctor
    String& operator=(const String& rhs);
    ~String() {                    //dtor
        delete [] data;
    }
  private:
    char *data;
}; //String{}

// String constructor
String::String(const char *value)
{
  if (value) { // if value ptr isn't null
```

```
    data = new char[strlen(value) + 1];
    strcpy(data,value);
  }
  else { // handle null value ptr3
    data = new char[1];
    *data = '\0';    // add trailing null char
  }
}


// copy ctor
String::String(const String & src) {
  data = new char[strlen(src.data)+1]; //mem alloc
  strcpy(data, src.data);
}


// String assignment operator
String& String::operator=(const String& rhs)
{
  if (this == &rhs) // Check if point to same addr.
    return *this;

  delete [] data;    // delete old memory
  data =             // allocate new memory
    new char[strlen(rhs.data) + 1];
  strcpy(data, rhs.data);

  return *this;
}

const String String::operator+(const String &s1, const String &s2)
{
  String temp;
  delete [] temp.data;
  temp.data =
    new char[strlen(s1.data) + strlen(s2.data) + 1];
  strcpy(temp.data, s1.data);
  strcat(temp.data, s2.data);
  return temp;  //return by value, invoke copy ctor!!
}

// 主程序
void main() {
    String a("Hello");
     String b(" world");
    String c = a + b;    // c = String("Hello world")
}
```

🔍 在 C++ 中你会怎么实现 boolean 类型？

✓ 这个问题相对简单，考查下面两个知识点：

❑ typedef

❑ const

示例代码如下：

```
typedef int bool;
const bool false = 0;
const bool true = 1;
```

在 header 文件中如何定义一个常数类 char * 型字符串？

这个问题考察的也是对 const 的掌握程度：

```
const char * const authorName = "Ricky Y. Sun";
```

如果问题改为如何定义和使用 class-specific 的 const 呢？答案就是使用静态修改符（static modifier），如下所示：

```
// constant declaration
static const int NUM_TURNS = 5;
int scores[NUM_TURNS]; // use of constant
```

在具体实现文件中进行如下引用：

```
// 强制定义
const int SomePlayer::NUM_TURNS;
```

谈谈对模板的看法。

在 C++ 语言中，模板有函数模板与类模板两种。

模板允许定义泛型类和算法，它是独立于被操控的数据的真实类型！

❑ 当对象的类型并不影响类的函数的行为时，模板应该用于生成的类的集合。

❑ 当对象类型影响类的函数的行为时，继承应该用于类的集合。

模板定义用关键字 template 开始，后接模板形参表（template parameter list）。模板形参表是用尖括号括住的一个或者多个模板形参的列表，形参之间以逗号分隔。模板形参可以是表示类型的类型形参，也可以是表示常量表达式的非类型形参。非类型形参跟在类型说明符之后声明，类型形参跟在关键字 class 或 typename 之后声明。

使用模板时，可以在模板名字后面显式给出用尖括号括住的模板实参列表（template argument list）。对模板函数或类的模板成员函数，也可不显式给出模板实参，而是由编译器根据函数调用的上下文推导出模板实参，这称为模板参数推导。

模板是 C++ 程序员绝佳的武器，特别是结合了多重继承与运算符重载之后。

C++ 的标准库提供了许多有用的函数，它们大多结合了模板的概念，如 STL 以及 iostream。

下面来看看示例。[⊖]

```cpp
// 代码示例：通过模板类来实现堆栈：
template <class T>
class Stack {
public:
    Stack();
    ~Stack();
    void push(const T& object);
    T pop();
    bool empty() const;              // 堆栈是否为空？
private:
    struct StackNode {               // 链表节点
        T data;                      // 本节点数据
        StackNode *next;             // 链表中下一节点
        // StackNode constructor 初始化以上两个成员
        StackNode(const T& newData, StackNode *nextNode)
         : data(newData), next(nextNode) {}
    };
    StackNode *top;                  // 栈顶
    Stack(const Stack& rhs);         // 禁止拷贝
    Stack& operator=(const Stack& rhs);// 禁止赋值
};

// implementation:
Stack::Stack(): top(0) {}           // 初始为空
void Stack::push(const T& object)
{
    // 在头部添加新节点
    top = new StackNode(object, top);
}
T Stack::pop()
{
    StackNode *topOfStack = top;    // 头节点
    top = top->next;
    T data = topOfStack->data;      // 节点数据
    delete topOfStack;
    return data;
}
Stack::~Stack()                     // 清空堆栈
{
    while (top) {
        StackNode *toDie = top;     // 指向头节点
        top = top->next;            // 指向下一节点
        delete toDie;               // 删除上一节点 ( 原头 )
    }
}
bool Stack::empty() const
{ return top == 0; }
```

⊖ 参考资源：http://www.stroustrup.com/bs_faq2.html#overload-dot

4.2 软件设计模式

软件设计模式用一句话来总结就是：通过提供经过测试的、行之有效的开发模式来加快软件开发过程。需要指出的是，软件设计模式关注的是软件模块层面的问题，而更高层面、更大范畴的设计模式则属于系统体系架构的设计模式，后者并不是本章节的关注点。

通用软件设计模式分为如下几类：

❏ 结构设计。

❏ 实现策略：如代码组织结构、数据结构等。

❏ 算法策略。

❏ 执行模式：如任务流处理、任务同步等。

❏ 计算设计等。

在具体的应用中又可以变化出很多具体的模式，如：

❏ 安全设计。

❏ 安全可用性。

❏ Web 设计。

❏ 商业模式设计。

❏ UI 设计模式。

❏ 信息可视化等。

前面提到的"四人帮"的那本著名的《设计模式》一书中全面介绍了 23 类通用设计模式，其中大部分都已经被组件化（componentized），以方便调用。下表把 23 类模式分为三大类：

❏ 创造模式（creational）

❏ 结构模式（structural）

❏ 行为模式（behavioral）

具体分类及描述如表 4-1 所示。

表 4-1　通用设计模式的分类及描述

模式分类	模式名称	描　　述
创造模式	抽象工厂模式（Abstract Factory）	为一个产品族提供了统一的创建接口。当需要这个产品族的某一系列的时候，可以从抽象工厂中选出相应的系列创建一个具体的工厂类
创造模式	工厂方法模式（Factory Method）	定义一个接口用于创建对象，但是让子类决定初始化哪个类。工厂方法把一个类的初始化下放到子类
创造模式	生成器模式（Builder）	将一个复杂对象的构建与它的表示分离，使得同样的构建过程可以创建不同的表示
创造模式	原型模式（Prototype）	用原型实例指定创建对象的种类，并且通过拷贝这些原型创建新的对象
创造模式	单例模式（Singleton）	确保一个类只有一个实例，并提供对该实例的全局访问。特征：保护模式的构建函数（protected constructor）；静态实例的操作符及数据成员
结构模式	适配器模式（Adaptor）	将某个类的接口转换成客户端期望的另一个接口表示。适配器模式可以消除由于接口不匹配所造成的类兼容性问题。特征：对适配器接口的多重继承；公开继承接口；私有继承实现 `class TextShape: public Shape, private TextView { //… }`

（续）

模式分类	模式名称	描 述
结构模式	桥接模式 （Bridge）	将一个抽象与实现解耦，以便两者可以独立地变化
结构模式	组合模式 （Composite）	把多个对象组成树状结构来表示局部与整体，这样用户可以一样地对待单个对象和对象的组合
结构模式	修饰模式 （Decoration）	向某个对象动态地添加更多的功能。修饰模式是除类继承外另一种扩展功能的方法
结构模式	外观模式 （Façade）	为子系统中的一组接口提供一个一致的界面，外观模式定义了一个高层接口，这个接口使得这一子系统更加容易使用
结构模式	享元 （Flyweight）	通过共享来极大地提高内存共享，以便有效的支持大量对象
结构模式	代理 （Proxy）	为其他对象提供一个代理，以控制对这个对象的访问
行为模式	责任链 （Chain of Responsibility）	为解除请求的发送者和接收者之间耦合，而使多个对象都有机会处理这个请求。将这些对象连成一条链，并沿着这条链传递该请求，直到有一个对象处理它
行为模式	命令 （Command）	将一个请求封装为一个对象，从而使你可用不同的请求对客户进行参数化；对请求排队或记录请求日志，以及支持可取消的操作
行为模式	解释器 （Interpreter）	给定一个语言，定义它的文法的一种表示，并定义一个解释器，该解释器使用该表示来解释语言中的句子
行为模式	迭代器 （Iterator）	提供一种方法顺序访问一个聚合对象中各个元素，而又不需暴露该对象的内部表示
行为模式	中介者 （Mediator）	包装了一系列对象相互作用的方式，使得这些对象不必相互明显作用，从而使它们可以松散耦合。当某些对象之间的作用发生改变时，不会立即影响其他对象之间的作用，保证这些作用可以彼此独立的变化
行为模式	备忘录 （Memento）	备忘录对象是一个用来存储另外一个对象内部状态的快照的对象。备忘录模式的用意是在不破坏封装的条件下，将一个对象的状态捉住，并外部化，存储起来，从而可以在将来合适的时候把这个对象还原到存储起来的状态
行为模式	观察者模式 （Observer）	在对象间定义一个一对多的联系性，当一个对象改变了状态，所有其他相关的对象会被通知并且自动刷新
行为模式	状态 （State）	让一个对象在其内部状态改变的时候，其行为也随之改变。状态模式需要对每一个系统可能取得的状态创立一个状态类的子类。当系统的状态变化时，系统便改变所选的子类
行为模式	策略 （Strategy）	定义一个算法的系列，将其各个分装，并且使它们有交互性。策略模式使得算法在用户使用的时候能独立改变
行为模式	模板方法 （Template Method）	模板方法模式准备一个抽象类，将部分逻辑以具体方法及具体构造子类的形式实现，然后声明一些抽象方法来迫使子类实现剩余的逻辑。不同的子类可以以不同的方式实现这些抽象方法，从而对剩余的逻辑有不同的实现。先构建一个顶级逻辑框架，而将逻辑的细节留给具体的子类去实现
行为模式	访问者 （Visitor）	封装一些施加于某种数据结构元素之上的操作。一旦这些操作需要修改，接受这个操作的数据结构可以保持不变。访问者模式适用于数据结构相对未定的系统，它把数据结构和作用于结构上的操作之间的耦合解开，使得操作集合可以相对自由地演化

注："四人帮"在《设计模式》一书中使用 C++ 和 SmallTalk 语言来讲解以上设计模式，本节的 Q&A 也主要集中
于 C++。但是在此重申，绝大多数软件设计模式对于任何 OO 类语言都（应该）是通用的。

阅读下面的代码，并解释其应用了何种设计模式?

```cpp
#include <iostream>
#include <cassert>  // assert.h

class Image;
class ImageProcessor
{
  public:
    ImageProcessor(): m_next_processor(nullptr){ }

  public:
    void process(Image &a)
    {
        process_implementation(a);
        if (m_next_processor != nullptr) {
            m_next_processor->process(a);
        }
    }

    virtual ~ImageProcessor(){ }

  protected:
    virtual void process_implementation(Image &a) = 0;

  public:
    void set_next_processor(ImageProcessor *p)
    {
        assert(p != nullptr);
        m_next_processor = p;
    }

  private:
    ImageProcessor *m_next_processor;
};

class ImageRotator:public ImageProcessor
{
  public:
    typedef enum { rotate_0, rotate_90, rotate_180, rotate_270 } Rotation;

  public:
    ImageRotator(Rotation r):m_rotation(r){ }

  private:
    void process_implementation(Image &a)
    {
        std::cout << "按指定角度翻转图片 " << std::endl;
    }

  private:
```

```cpp
        Rotation m_rotation;
};

class RedEyeRemover:public ImageProcessor
{
  private:
    void process_implementation(Image &a)
    {
        std::cout << "检测并移除红眼效果" << std::endl;
    }
};

class ColorAutoAdjuster:public ImageProcessor
{
  private:
    void process_implementation(Image &a)
    {
        std::cout << "自动调整图片颜色";
        std::cout << std::endl;
    }
};

void my_image_processor_func(Image &a)
{
    ImageRotator ir(ImageRotator::rotate_180);
    RedEyeRemover rer;
    ColorAutoAdjuster caa;
    ir.set_next_processor(&rer);
    ir.set_next_processor(&caa);
    ir.process(a);
} /* 测试函数 */
```

◉ 先说结论：这是典型的责任链（Chain of Responsibility）设计模式。

责任链模式中的关键是两类对象：命令对象与处理对象。每个处理对象在程序逻辑中决定它所能处理的命令对象，而它不能处理的对象就传递给下一个处理对象。

上面程序中的 ImageProcessor 类的三个子类 ImageRotator、RedEyeRemover、ColorAuto-Adjuster 的对象实例先后构成了对象处理的"链表"。

◉ 哪个设计模式适合用来做如下操作：当一个网页中显示的某部分数据在后台已经被更新（如实时的商品价格），需要通知网页来实时完成定向更新？

◉ 在上面的 23 个模式中，最适合完成这一操作的是观察者（Observer）模式。被更新数据可以看作是客体（Subject），而受到影响的网页是观察者。

假设数据存在数据库中，网页当然可以不断地请求刷新，但显然这样做效率很低。在一个复杂的、大型的系统中，应当设计一种分布式的信息发放系统，或者说是事件处理系统，把数据更新的指令或提示发给网页（观察者），然后网页做出快速更新，比如通过 AJAX

（XMLHTTPREQUEST）方法等。

在图形化的 Word 处理器中，有几百万字符，假设它们有不同的字体、风格、颜色、格式，用哪种设计模式实现可以保证软件运行效率？

当然是用享元模式（flyweight）。flyweight 的本意是拳击比赛中的特轻量级（又称次最轻量级）。想象一下一个职业拳击手的体重不足 56 公斤，简直可以说是身轻如燕，用 flyweight 再形象不过。在设计模式中这个名词指的是让所有具有同类特质的数据（如字符、文字）共享一个类（元），从而最大限度地节省内存，于是英文形象地称其为 flyweight。⊖

在本题的文本处理器中，不同类型的字符、符号可以被定义为可共享的 glyph（标识符号）对象，重复的字符均是该对象的一个引用，只要存储其各自的位置信息（逻辑地址）即可。这是典型的享元设计模式。

再看一个更有趣的例子。在手游当中，如果你要在通关模式中实现成千上万的"外星人"，外形（纹理、体型、肤色等）都一样，考虑到内存有限，如何实现？

答案：只需要存储一个外星人实体，而所有的成千上万的外星人显示都是对该实体的引用。

这个问题继续下去的话，可能会变成：尽管外形一样，但是要用不同颜色进行渲染（肤色或服装）来表示不同级别的外星人。这就引出了另一个享元的概念：Intrinsic 和 Extrinsic（本质的和非本质的）。外形可以被设计为 Intrinsic 固定不变，肤色则需要被设计为 Extrinsic，从而根据需要进行变化。

我们看下面的示例代码：

```
public class AlienFactory
{
    private Dictionary<int,> list = new Dictionary<int,>();
    public void SaveAlien(int index, GameofAlien alien)
    { list.Add(index, alien); }

    public GameofAlien GetAlien(int index)
    { return list[index]; }
}</int,></int,>

public enum ColorBand{Green, Blue, Red, Black, White}
class ProgramofAlien
{
    static void Main(string[] args)
    {
        //create Aliens and store in factory
        AlienFactory factory = new AlienFactory();
```

⊖　中文则是纯粹的意译，凡是意译就有这么一个明显的问题，如果当时你不知道对应的英文，你几乎没有任何办法在不借助帮助的情况下"翻译"出其对应的英文意思。

```
        factory.SaveAlien(0, new LargeAlien());
        factory.SaveAlien(1, new LittleAlien());

        GameofAlien a = factory.GetAlien(0); // 访问享元对象
        GameofAlien b = factory.GetAlien(1); // 访问享元对象

        // 显示本质状态（内存访问，无需计算）
        Console.WriteLine(" 显示本质状态: ");
        Console.WriteLine("Alien of type 0 is " + a.Shape);
        Console.WriteLine("Alien of type 1 is " + b.Shape);

        // 显示非本质状态（需要计算）
        Console.WriteLine(" 显示非本质状态: ");
        Console.WriteLine(" 外星 00" + a.GetColor(0).ToString());
        Console.WriteLine(" 外星 01" + a.GetColor(1).ToString());
        Console.WriteLine(" 外星 10" + b.GetColor(0).ToString());
        Console.WriteLine(" 外星 11" + b.GetColor(1).ToString());
    }
}


public interface GameofAlien
{
    string Shape { get; }  // 本质状态
    Color GetColor(int madLevel);  // 非本质状态
}

public class LargeAlien : GameofAlien
{
    private string shape = "Large Shape";  // 本质状态
    string GameofAlien.Shape
    { get { return shape; } }

    Color GameofAlien.GetColor(int madLevel) // 非本质状态
    {
        if (madLevel == 0)
            return ColorBand.Green;
        else if (madLevel == 1)
            return ColorBand.Blue;
        else
            return ColorBand.Red;
    }
}

public class LittleAlien:GameofAlien
{
    private string shape = "Little Shape";  // 本质状态
    string GameofAlien.Shape
    { get { return shape; } }

    Color GameofAlien.GetColor(int madLevel) // 非本质状态
    {
```

```
        if (madLevel == 0)
            return ColorBand.Red;
        else if (madLevel == 1)
            return ColorBand.Blue;
        else
            return ColorBand.Green;
    }
}
```

> 如何避免菱形继承关系?

> 菱形继承关系可以用图 4-2 来直观地说明。

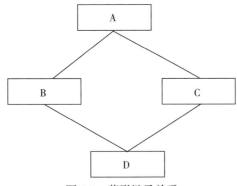

图 4-2　菱形继承关系

如果 D 继承自 B 与 C,而 B 和 C 都分别继承于 A,那么如果 B、C 都重写(override)了 A 中的一个方法,D 如何决定继承或调用哪个方法呢? 菱形关系也常被戏谑为 Dreaded Diamond(可怕的菱形)或者 Deadly Diamond of Death(致命的死亡之钻)。

解决方案其实很简单:不从两个父类那里继承,或尽量使用 scope 操作符。(以避免编译器会"自作聪明"!)

> 了解鸵鸟非鸟问题吗?

> 鸵鸟非鸟问题(Bird-Ostrich)也是 C++ 中由于继承(Is-A)关系存在,但在定义层面处理不善而可能造成的一种常见问题。例如,假设在基类 Bird 中定义了方法 fly(),那么如果 ostrich 作为子类,在调用 fly() 时显然是不正确的。

对这类问题有两种解决方法:

方法 1　通过定义中间类来精细化分类描述,如下例所示:

```
//下面的代码定义了多级子类: FlyingBird()、NonFlyBird(),然后 Ostrich 直接继承于
NonFlyingBird(),而且它们都不会声明 fly() 方法。

//Solution 1:  细分, 设定中间类

class Bird {
```

```
  ...                        // 无 fly() 定义
};
class FlyingBird: public Bird {
  public:
    virtual void fly();
    ...
};
class NonFlyingBird: public Bird {
    ...                      // 无 fly() 定义
};
class ostrich: public NonFlyingBird {
    ...                      // 无 fly() 定义
};
```

方法 2 以企鹅为例，虽然直接继承了 Bird 类，但是在声明 fly() 时，弹出错误，如下代码所示：

```
void error(const string& msg);  // defined elsewhere
class Penguin: public Bird {
public:
  virtual void fly() { error("Penguins can't fly!"); }
  ...
};
```

4.3 STL

标准模板库（Standard Template Library，STL）是 C++ 发展中的一个重要的部分，它的发明在很多方面影响了 C++ 标准库的发展。在 OO 的发展过程中，笔者认为 STL 的贡献最为显著，极大地减少了代码重写率（提高了复用率）。STL 中的一些理念也极为重要，例如，把算法与容器分离，极大降低了库的复杂性；另外，模板的使用也实现了编译时的多态（传统上的多态是运行时多态）；我们今天用到的流行的 C++ 编译器基本上都对 STL 进行了优化（以降低抽象化带来的额外开销）。

STL 的主要部件有哪些？

STL 的发展离不开标准模板库的发明者、首席设计师 Alexander Stepanov，1994 年后 STL 的概念才被 C++ 标准委员会采纳。在早期，STL 有 5 大部件：

❑ 容器（container）

❑ 算法（algorithm）

❑ 迭代器（iterator）

❑ 函数对象（function object，又称作 functor）

❑ 分配器（allocator）

分配器比较命途多舛，最初是希望用它来处理所有的动态内存分配与释放（是对底层的内存模式的一种抽象），但是后来考虑到其可能造成的性能损耗，在新的 STL 中去掉了分配器。

下面来了解一些 STL 的基本部件和它们的一些重要实现：

1）基本容器（Basic Container）：vector、list、deque（Double Ended Queue）。

2）容器适配器（Container Adaptor）：stack、queue、priority queue、string。

3）联合容器（Associative Container）：map、multimap、set、multiset。

4）迭代器（Iterators）：随机访问、双向访问、Forward、input/putput iterators。

5）迭代适配器（Iterator Adaptor）：Reverse、Insert、Raw Storage Iterator。

6）算法（Algorithms）：算法在 STL 中全是模板函数。

另外，为了便于理解，可以做如下的类比：

❏ 迭代器就好比是归纳了的指针（generalization of pointers）。

❏ 函数对象则好比是归纳了的函数（generalization of functions）。

🔍 C++ 中的 STL List 是用单链表还是双链表实现的？

◎ 这个问题是一个典型的电话面试问题。

❏ 标准 C++ STL 的实现是采用双链表实现的。

❏ 但是，SGI 的 STL 实现采用的是单链表（这个回答多少有些炫耀，能用到 SGI 的 STL 的仁兄恐怕不多，十有八九面试官想不到你会知道这么多！很多 80 后的面试官也许都没听说过 SGI！）

🔍 堆栈、队列、链表与矢量的差异有哪些？

◎ 堆栈、队列、列表与矢量的特点分别如下：

1）堆栈可以用如下 STL 实现：List、Vector、Deque。

2）队列可以使用如下 STL 实现：List 和 Deque。

3）Priority Queue 可以通过 Vector 和 Deque 实现。

4）String 也可以通过 Vector 和 Deque 实现。

还有其他一些值得提出的知识点：

❏ 矢量没有 pop_front 或 push_front 操作。

❏ 访问 list 中的元素的时间复杂度为 O(N)。

❏ List 不支持随机访问，因为它没有类似于 vector 或 deque 中的 subscript 或 index 实现。

下面来看一个例子。

```
Stack<const char *, vector <const char *>> S;
Queue<const char *>S;
Priority_queue<obj1, vector<obj1>, task1> task_queue;
Vector<myclass> things;
things.reverse(3000);
while … things.push_back(a_thing); …
```

◎ 来谈谈与容器操作相关的构造函数的调用。

◉ 至少两种情况下 ctor 会被调用：

1）在容器中加入对象：会调用 copy constructor。

2）从容器中删除对象：会调用 copy assignment 和 destructor。

◎ 用 STL 编写一段简单的矢量操作程序代码，需包含从命令行输入、排序、打印等操作。

◉ 示例代码如下：

```cpp
// C++ STL Headers
#include <algorithm>
#include <vector>
#include <iostream>

#ifdef _WIN32
using namespace std;
#endif
int main( int argc, char *argv[] )
{
    int ival, nitems = 0;
    vector v;

    cout << "输入整数，Ctrl-Z 结束:" << endl;

    while( cin >> ival, cin.good() ) {
      v.push_back( ival );
      cout.width(6);
      cout << nitems << ": " << v[nitems++] << endl;
    }

if ( nitems ) {
  // 排序!
    sort( v.begin(), v.end() );
    // 打印内容
    for (vector::const_iterator viter=v.begin(); viter!=v.end(); ++viter)
      cout << *viter << " ";
    cout << endl;
  }

    return( EXIT_SUCCESS );
} // end of main()
```

◎ 写一段简单的函数模板（template function）代码。

◉ 我们用最简单的 mymin() 来举例，对这道题有兴趣的读者可以自行编译运行一遍下面的这段代码，看看当输入为 double 类型时，调用是模板函数还是普通函数？

```cpp
// Template function
```

```
template <class T>
T mymin( T v1, T v2)
{
    return( (v1 < v2) ? v1 : v2 );
}


// 这里定义一个来"搅局"的函数:
double mymin( double v1, double v2)
{
    return( (v1 > v2) ? v1 : v2 );
        //          ^
        //          |
        //    大小故意弄反, 为了证明到底哪个 mymin() 被调用了!
}


int main( int argc, char *argv[] )
{
    string a("yo"); b("boys"), smin;
    int i = 123, j = 456, imin;
    double x = 3.1415926535898, y = 1.6180339887499, fmin;

    imin = mymin( i, j );
    cout << "Minimum of " << i << " and " << j << " is " << imin << endl;

    smin = mymin( a, b );
    cout << "Minimum of " << a << " and " << b << " is " << smin << endl;

    fmin = mymin( x, y );
    cout << "Guess which function will be called?" << endl;
    cout << "Minimum of " << x << " and " << y << " is " << fmin << endl;

    return( EXIT_SUCCESS );
}
```

🔍 请编写一段简单的类模板（template class）代码。

◎ 我们来实现一个 MyVector template class，Vector（矢量）数据类型的操作重点是构造函数、Append() 还有重载 "[]" 操作符。

```
template <class T, int size>
class MyVector
{
  public:
    // 注意下面的默认 ctor 的 parameter 列表为空
    // 因为它直接从 template 的 argument-list 中继承
    MyVector()
    {
      obj_list = new T[ size ];
      nused = 0;
      max_size = size;
```

```
      }
      ~MyVector() { delete [] obj_list; }

    void Append( const T &new_T )
    {
      if ( nused < max_size )
              obj_list[nused++] = new_T;
    }

    T &operator[]( int ndx )
    {
       if ( ndx < 0 || ndx >= nused )
       {
         throw("up"); // barf on error
       }
       return( obj_list[ndx] );
    }

    private:
      int max_size;
      int nused;
      T* obj_list;
};

int main( int argc, char *argv[] )
{
      int i;
      const int max_elements = 10;
      MyVector< int, max_elements > phils_list;

      // 给列表赋值
      for ( i = 0; i < max_elements; i++)
        phils_list.Append( i );

      // 打印列表
      for ( i = 0; i < max_elements; i++)
        cout << phils_list[i] << " ";

      cout << endl;

      return( EXIT_SUCCESS );
}
```

编写一段利用 deque<> 的代码，完成扑克牌中基本的发牌、洗牌等操作。

首先，deque<> 是 double-ended queue 的缩写（发音为 deck），deque 数据类型是一种从头或尾两端都能动态扩展或缩小的顺序容器 (sequence-container)。template class deque 的实现通常都是某种动态数组，并且允许单个元素通过随机访问迭代器来直接访问：

```
template < class T, class Alloc = allocator<T> > class deque;
```

　　下面的示例中有两个类：Card 和 Deck，Card 负责对单张牌的操作；Deck 负责对 52 张牌的顺序 push_back()（发牌）、random_shuffle()（洗牌）、twist()（抽出头牌）等操作。

```cpp
class Card
{
  public:
    Card() { Card(1,1); }
    //initialization list
    Card( int s, int c ): suit(s), card(c) { }
    friend ostream & operator<<(ostream &os, const Card &card);
    int value() { return(card); }

  private:
    int suit, card;
};

ostream & operator << (ostream &os, const Card &card)
{
    static const char *suitname[] = { "Hearts", "Clubs", "Diamonds", "Spades" };
    static const char *cardname[] = {"Ace", "2", "3", . . . , "Jack", "Quene", "King"};
    return(os << cardname[card.card-1] << " of " << suitname[card.suit]);
}

class Deck
{
  public:
Deck() { newpack();};

    void newpack() // 建立一副新牌 52 张，顺序 push_back
    {
      for ( int i = 0; i < 4; ++i )
      {
        for ( int j = 1; j <= 13; ++j )
          cards.push_back( Card( i, j ) );
      }
    }

    //STL sequence modifying algorithm, random_shuffle()
    void shuffle() // 洗牌（打乱）操作
    {
      random_shuffle( cards.begin(), cards.end() );
    }

    bool empty() const // 清空操作
    {
      return( cards.empty() );
    }

    Card twist() //twist 完成的操作是把第一张牌抽出并返回其对象
    {
      Card next = cards.front();
```

```
        cards.pop_front();
        return(next);
    }

  private:
    deque< Card > cards;
};
```

写一段简单地利用 stack<> 来完成 FILO 操作的代码。比如在堆栈中插入如下单词:
order、correct、the、in、is、this,然后访问此堆栈并将它们顺序打印出来。

堆栈的特点是 FILO(First In Last Out)或 LIFO(Last In First Out),无论插入还是弹出都
只能从栈顶访问。在 STL 中, stack<> 的定义如下:

```
template <class T, class Container = deque<T> > class stack;
```

标准容器类(如 vector、deque 和 list)都可以用来实现 stack<>,我们看下面的代码:

```
#include <stack>
#include <vector>
#include <iostream>
using namespace std;

int main( int argc, char *argv[] )
{
    stack< const char *, vector > s;

    //Push on stack in reverse order
    s.push("order");
    s.push("correct"); // Oh no it isn't !
    s.push("the");
    s.push("in");
    s.push("is");
    s.push("This");

    //Pop off stack which reverses the push() order
    while ( !s.empty() )
    {
        cout  << s.top() << " ";
        s.pop(); /// Oh yes it is !
    }
    cout << endl;

    return( EXIT_SUCCESS );
}
```

工 程 篇

## 第 5 章

五花八门的语言

5.1 Perl

Perl 是一门很强大的语言，在 Perl 之前也许你用过 sed、awk 以及各种 shell 脚本语言，甚至 BASIC、FORTRAN，但它们与 Perl 相比都难以望其项背。

今天极为流行的 PHP、Python、Ruby 不是基于 Perl 就是被 Perl 激励而生的，比如 Python 的作者 Guido van Rossum 公开表示 Python 的核心理念是与 Perl 是背道而驰的（Python 认为实现一个目标应当只有一种方法——一种最优的方法；而 Perl 通常允许你用多种方法实现，给你最大的自由，不过 Guido 也承认他设计 Python 受到很多 Perl 的启发）；而 PHP 与 Ruby 都从 Perl 那里继承了很多语言特点。

Perl 应用之广泛从下面这些知名网站的列表中可见一斑：

❑ Slashdot：知乎也许算是 Slashdot 的一个变种。

❑ Craigslist：笔者在上面买过二手货、租过房子，无所不能，国内有 58 同城。

❑ Ticketmaster：美国最大的票务在线网站，中国克隆似乎不明显。

❑ Priceline：中国版有携程、艺龙（业务模式不同）。

❑ LiveJournal：中国版有新浪博客。

❑ IMDb：豆瓣电影也许可以比作 IMDb。

Perl 是解释性（interpreted）语言，但是它的语言的灵活性足以支持人们写出风格迥然不同的程序：C 语言类的、OO 类的（如 C++）、Perl 类的或天书类的（复杂的 awk/sed 会像天书一样，Perl 可以写得比天书还复杂）。

Perl 有很多参考网站，略列二三以飨读者：

❑ www.perl.org：有很多 perl 的入门资源。

❑ www.cpan.org：Comprehensive Perl Archive Network。

❑ www.activestate.com：微软赞助的网站，你懂的！

对于喜欢 Perl 的人来说，Perl 像是一门编程语言的圣经，据说这和 Perl 的作者 Larry Wall 的宗教信仰以及他的学业背景（语言学）有关。显然，Larry 在设计 Perl 之初就把这些东西巧妙地融入到 Perl 之中（比如 Perl 的名字据说来自于马修福音中的一句话："Pearl of Great Price"，Perl 更像一门自然语言，如类 C 语言中的 variable/function/accessor 等在 Perl 中用

noun/verb/toplicalizer 来取代)。

闲言少叙,让我们一起进入 Perl 的神奇世界。

Perl 是什么的缩写?

千万不要低估电话面试时的奇葩问题,这道题是笔者亲历的。还好,我是一个喜欢"考古"的人,知道 Perl = Practical Extraction & Reporting Language。

问这种问题的人通常不是很俏皮就是很严肃,如果答案是前面介绍的 Gospel of Matthew 中的 Pearl of Great Price,那就真的要看提问题的人的性格了。

注意:本题是 Yahoo! 等多家公司的电话面试题目。

Perl 的 Motto 是什么?

如果上面一题只是让你不知所措,那么本题就会让你觉得令人发指了。不过,对于一门语言的基本了解应当包括它的起源、发展历程、它的"哲学"理念,毕竟所有的语言(从人类自然语言到编程语言)都蕴涵发明者的某种信仰或思想在其中。

Perl 尤其如此,前面笔者说过 Python 和 Perl 在理念上的差异。Perl 的"座右铭"是:" *there is more than one way to do it*, damn it",所谓殊途同归是也!(双引号中斜体部分的是答案,正体部分的算是语气辅助修饰。)

这道题是 Sygate 公司电话面试的题目。

CPAN 是什么?你使用过或写过 Perl module 吗?

这种问题通常是电话面试或进入 onsite Perl 面试正题后的一些基础问题。

CPAN 是 Comprehensive Perl Archive Network 的缩写,也可以解释为:Online Perl Module Repository。

本题是典型的一题三问,后面连续 2 个回答 Yes 即可,回答 No 的话,面试可以立刻结束了;回答 Yes 的话,要准备好后面读或写代码的问题了。

请描述如下 Perl 关键字:my、local、scalar、@_、bless、-w、command line flag 和 regular expression。

这种问题不可谓不直截了当,均为基本知识问题。如果用打游戏通关来比喻,到这里,面试才开始变得有趣,时刻准备着后面更多如潮水般涌来的问题吧!

❏ my:用来声明变量。

❏ local:定义变量的使用范畴。

❏ scalar:Perl 中的 generic 简单类型。

❏ @_:把所有的 incoming parameters 包含在一个被调用函数中。

❏ bless:在 Perl 的面向对象编程中用来初始化变量。

❏ -w:告诉 Perl 编译器打印警告信息:perl -w perl_script_filename。

Perl 的正则表达式（regular expression）源自 UNIX 的 awk 和 sed，是 JavaScript 和 PHP 的表达式集的超集。下面看几个简单的示例：

```
s =~ /SOME_PATTERN/i    # ignore case
r =~ /PATTERN1/PAT2/gi; # global replace.
s =~  /acc?ess/;        # 找到 c 后面跟着 0 个或 1 个 c
                        # 等同于 /acc{0,1}ess/
```

说说 Perl 中的数据类型。

Perl 语言的数据类型极为简单，只有三类：

❑ scalar（标量）
❑ array（数组）
❑ hash-table（哈希表）

这其实是对数据结构多样性深刻理解后的一次大胆的简化，没有 C++ 中繁复的 pointer 与 reference、link-list 与 array，STL 中的 deque 与 stack、vector 与 list，而且就数据访问（寻址）的效率而言，array 和 hash-table 都是 $O(1)$，简单之极。

给你一个哈希表，如何根据值而非键排序并打印出来？

这道题可以分 3 部分来解答。

❑ 把键与值互换 (key ⟷ value)
❑ 排序
❑ 打印

互换部分很简单，根据键来循环，然后把值作为新键来建立新的哈希表：

```
foreach my $key ( keys %hash) {
    $value = $hash{$key};
    // 我们假设哈希表允许重复的键值…
    push(@{$new_hash{$value}}, $key);
}
```

第二部分与第三部分可以合二为一：

```
#sort() 可以完成基于 key 的哈希表排序
foreach $key (sort (keys(%new_hash)))
{
    print "key=$key; value=$new_hash{$key}\n";
}
```

你对 Perl 调试器（debugger）了解多少？

如果你没有用过 debugger，那么只能说你 out 了。debugger 有很多种类型，传统的基于命令行的，或是基于图形界面的，Perl 也有很多种 debugger，不过我们这里只介绍一下基于命令行的，调用起来非常简单：

```
perl -d <perl-file>
```

随后进入基于命令行的交互界面，主要操作有：

❏ 查看代码

❏ 设置断点 (breakpoint)

❏ 单步执行、执行到设定的某行

❏ 打印

这是 Yahoo！战略数据分析部门 onsite 面试的一道题。对于像 Yahoo! 这类的典型 LAMP 工厂⊖，考虑到大多数工程师出身于 Linux，所以用 perl –d 足矣，用图形化 IDE 反倒不入流了（这和我们后面接触的 Android/Apple 开发与调试很不相同）。

🔍 如何写 Perl Module？

⊘ 这个问题相当于问如何写一个 C 的程序库，封装好、留好接口并可以被复用？

一个简易的 Perl Module 可以如下所示：

```
#!/usr/bin/perl

package HelloTime;
sub func1 {
    print "Hello $_[0]\n"
}

sub func2 {
    print "Good $_[0]\n"
}
1;  # 返回 TRUE
```

上面的代码可以保存为一个叫 HelloTime.pm 的文件，然后通过 require 或 use 来被引用，如以下代码所示：

```
#!/usr/bin/perl
require HelloTime;  #Load module

HelloTime:func1("Ricky");
HelloTime:funct2("Morning");
```

我们注意到，在调用 func1() 和 func2() 时类似于 C++ 中的 namespace，需要完全限定的子程序名称（fully qualified subroutine names）以便锁定正确的被调用函数。但这样很麻烦，所以 Perl 提供了简化的办法，在定义 module 时可以导出符号列表，完整的代码如下：

⊖ LAMP 最初是 Linux Apache Mysql Perl 的缩写，后来演变为 A 泛指开源的 Web 服务器，比如 Lighttpd；M 泛指开源数据库，包括 PostgreSQL；P 泛指 Perl、PHP、Python 等开源的 Web 语言。LAMP 本身也几乎成为互联网公司的技术框架的同义词，Yahoo!、Google、Facebook 以及 BAT 都不例外。

```
#!/usr/bin/perl
package HelloTime2;

require Exporter;
@ISA = qw(Exporter);
@EXPORT = qw(func1, func2);   # 告诉 Perl 解释器哪些 symbols 可被引用

sub func1 {
    print "Hello $_[0]\n"
}

sub func2 {
    print "Good $_[0]\n"
}

# 注意下面这个函数没有被 exported
Sub func3 {
    # 随便写点什么…
}
1;  # 返回 TRUE
```

如果我们再调用 HelloTime2，代码如下：

```
require HelloTime2;  #Load module

func1("Ricky");
func2("Morning");
func3(); #执行代码会出错，因为 func3() 并没有暴露给外界。
```

Perl Module 还有很多极好的特性，比如 BEGIN{…} END{…}，这类似于 C++ 中的 constructor 和 destructor。

最后介绍一下 Perl Module 的封装，比如，要把你的程序包打包上传给 CPAN.org，Perl 提供了 h2xs 工具：

```
h2xs -AX -n YourModuleName
```

它会自动生成 module tree（多级文件目录，包括 Makefile.PL、README、MANIFEST、测试文件目录等）。

安装生成的 module 只需要运行以下命令即可：

```
perl Makefile.PL && make && make install
```

如果不使用临时变量，如何交换两个变量的值？

这个问题在 Perl 出现以前不大容易完成，Perl 的世界更像使用自然语言，用变量 $var1、$var2 通过如下操作就可以完成置换：

```
($var1, $var2) = ($var2, $var1);
```

后面的题目中将介绍如何在 C 中实现不使用中间变量的两个整数变量的置换，不过仅限

于整数。

🔍 如何打印出 ASCII 字符的数值？反之如何做到？

⊙ Perl 永远会给你至少 2 ~ 3 种方法解决这个问题：

❏ ord() 与 chr()

❏ sprint() 与 printf()

❏ pack() 与 unpack()

代码如下：

```
$num = ord($char);
$char = chr($num);

$char = sprintf( "%c", $num);
printf( "Number %d is character %c\n", $num, $num);

@ASCII_NUM = unpack( "C*"), $string);  # i.e: $string = "sample";
# Now @ASCII_NUM = (115, 97, 109, 112, 108, 101);
$word = pack( "C*", @ASCII_NUM);
# Now, $word = "sample"
```

🔍 如何把字符串按字符拆分？

⊙ 这个问题在 Perl 编程中常常会遇到，至少有两种方法可以解决：

❏ 正则表达式法

❏ Unpack() 方法

代码如下：

```
# split by "null" pattern
@array = split(//, $string);
#               或者：
# ASCII values of each char is stored in @array
@array = unpack( "C*", $string);
```

🔍 浮点数如何四舍五入？

⊙ 我们以 sprint() 为例，基本格式如下：

```
$rounded = sprintf( "%FORMATf", $unrounded);

$a = 12.344545454512;
$b = sprintf( "%.4f", $a);  # $b = 12.3445;
```

🔍 Perl 命令行中的 -w 参数有何作用？你经常使用吗？"use strict"有何作用？常用吗？

⊙ 下面这段英文是 Yahoo! 的面试官当时在提供参考答案时的一段极富个性的点评：

If they don't know this, it's probably time to stop the interview. You're looking for an "of course!" to the two "do you use often?". In this day an age there are few valid reasons for not always using both. (如果候选人不知道答案，也许该立刻终止面试。我们期待的答案是：当然。这年头，没什么理由不使用 -w 和 use strict!)

笔者对此深有同感，-w（print warning）与 use strict 可被看做是鞭策程序员写出高质量代码的重要手段。

读下面的 C 代码，然后写出完成同样功能的 Perl 代码：

```
char *text;
    .
    .
    .
for (i = 0; text[i]; i++)
{
    if (isascii(text[i]) && isupper(text[i]))
      text[i] = tolower(text[i]);
}
```

这恐怕是 Perl（弱类型语言）完败 C（强类型语言）的最完美的例子了，笔者随手给出 3 种答案（殊途同归）：

```
$rounded = sprintf("%FORMATf", $unrounded);
$a = 12.344545454512;
$b = sprintf("%.4f", $a);  # $b = 12.3445;
```

下面两个正则表达式有何区别？

```
$var = m/regex/;
  $var =~ m/regex/;
```

有哪些变量被访问和设值了？

这道题有如下两个知识点：

❑ $var = m/regex/; 和 $_ =~ m/regex/ 是一回事儿，$_ 是 Perl 系统定义的一个特殊变量（special variable），用来表示 default 或 implict 变量，在这里用来做正则表达操作后赋值给 $var。

❑ 如果操作成功（找到匹配），两个操作都会对 $`、$&、$' 这三个特殊变量设值（$&= 匹配的那段字串；$` 是前置匹配（prematch）；$' 是后置匹配（postmatch）！ ⊖

Scalar 变量可以存放哪些数据类型？

一串字符、数字或一个引用（reference）。

⊖ 回答到这里可以考虑额外加分。

就下面这段代码，依靠你的直觉 + 自由发挥（touch-feely）对其做出评价。

```perl
sub RemoveLeadingWhitespace($)
{
    my $text = shift;

    $text = $1 if $text =~ m/^\s*(.*)$/;
    return $text;
}
```

其优点（pros）在于：

❑ 使用 my 定义变量。

❑ 函数命名很直观。

❑ 使用了显式返回（explicit return）。

而其缺点（cons）在于：

❑ 对于 Perl 如此简单的工作竟然要用一个函数来完成。（杀鸡用牛刀！）

❑ 剥离首空格的方式有如下问题：

　　○ 正则表达式对于没有首空格的情况一样会成功返回（低效）。

　　○ 如果 $text 中含有换行符号，则操作会失败。

　　○ 用 $text =~ s/^\s+//; 可以完美完成工作，无需函数。

❑ 代码没有注释。（这是不能忍的缺点！）

现在有 $text, 如何把首空格与尾空格去掉？

这道题的答案有很多种，但最优的应该是如下这种：

```perl
$text =~ s/^\s+//;
$text =~ s/\s+$//;
```

假设 @nums 是数字数组，如何对其按数值排序？

 在 Perl 中，sort 是一个神奇的系统函数，可用它对数值型数组排序：

```perl
@nums = sort { $a <=> $b } @nums; # 升序
@nums = sort { $b <=> $a } @nums; # 降序
```

也可用来对字符串型数组排序：

```perl
@nums = sort { $a cmp $b } @nums; # 升序
@nums = sort { $b cmp $a } @nums; # 降序
```

还可以对字符串型数组的不区分大小写进行排序：

```perl
@nums = sort { lc($a) cmp lc($b) } @nums;
```

不正确（但接近）的答案是：

```perl
@nums = sort @nums;
```

sort 的默认排序是按 ASCII 值而非数值排序。

当然，我们更不希望看到下面这种"多此一举"型的回答：

```
@nums = sort &function, @nums;
```

再次声明，对于 Perl 这么强大的语言，实现数组排序这么基础的功能不需要再定制函数来实现。

在 Yahoo! 的内部面试题集指南中，有的面试官对于这道题的评价是：

> If interviewee asks what package you're in, and wants to qualify $a and $b, end interview and pass them with flying colors.（英文修养时间：pass with flying colors 意即 pass with flying flags。这句俗语的历史可以追溯到 16 ~ 18 世纪的大航海时代（Age-of-Discovery），当舰船回港的时候用升旗还是不升旗来表示是凯旋而归还是铩羽而归。后来这句话被广泛用来表示轻松胜利或完成工作。在面试后，面试官如果说这句话，通常表示这不是我们想要的人，并在愉快轻松的气氛中做出了这样的决定。）

经过下面的操作后，数组 @array1-5 中的值是什么？

```
@array1 = ('this', 'is', 'a', 'list', 'of', 'words');
@array2 = qq<this is a list of words>;
@array3 = qw<this is a list of words>;
@array4 = 'this', 'is', 'a', 'list', 'of', 'words';
@tmp = ('a', 'list');
@array5 = ('this', 'is', @tmp, 'of', 'words');
```

以上所有操作均为赋值操作：

❑ @array1：6 个元素的顺序数组赋值。

❑ @array2：1 个字符串元素，字符串内容为 'this is a list of words'。

❑ @array3：与 @array1 殊途同归。

❑ @array4：只有一个字符串元素，值为 'this'。

❑ @array5：与 @array1 殊途同归。

本题中最难的是 @array4，笔者自己也会迟疑到底最终的赋值是 'this' 还是 'words'。区分 qq 与 qw 是 Perl 的基本功之一，应该熟练掌握。@array5 类的应用在 CPAN 中比比皆是，一个熟练的 Perl 程序员没有理由不知道正确答案。

请通过一些实例来说明为什么了解 scalar 和 list 上下文很重要。

Perl 的操作符与函数经常会根据它们所处的上下文来决定它们的行为，比如做什么与返回什么，示例如下：

❑ localtime：在 list 上下文会返回秒、分钟、小时等；在 scalar 上下文中会返回人可读的日期时间字符串。

❑ @array：在 list 上下文会返回数组 list；在 scalar 上下文中会返回整数值（数组中的元素个数）。

❑ grep：在 list 上下文中返回通过正则表达式的元素（可能有多个）；在 scalar 上下文返回元素个数。

❑ keys %hash：在 list 上下文中返回键的列表；在 scalar 上下文中返回键的数目。

如果还能提及 wantarray，那就更棒了。看下面的代码：

```
my @a = complex_calculation(); #

# 如果上下文为 list, 返回 @a;scalar 返回" @a"
return wantarray ? @a : "@a";
```

🔍 如何知道 @array 有多大？

根据前面的介绍，我们知道，在 Perl 中检测数组大小可以直接通过上下文操作的方式得到：

```
# 告诉 @array 返回数值型（元素个数多少）
my $count = @array;
# 相当于显式的获得元素个数。
$count = scalar(@array);
```

如果回答为：

```
$count = length (@array);
```

则谬以千里，length 会对 scala 数值进行 eval。

回答如果是：

```
$#array + 1
```

则也是不尽准确的，注意 $#array 只是数组中最后一个元素的序数（ordinal），序数不一定等同于数组元素的个数值减一。

关于 $#array+1，在笔者的原答案注释中有这么一段英文评论：

they likely have a lot of exposure to a very limited amount of Perl (that is, they probably started using Perl 10 years ago, but never really learned very much since).（也许候选人经常使用 Perl，但却了解有限。比如，他可能 10 年前开始使用 Perl，不过一直没有学什么新东西！）

简单来说，至少有两种情况 $#array+1 是不正确的：

❑ 数组起始的脚注（subscript）如果不从默认的 0 开始（Perl 允许这样操作）。

❑ 对于关联数组（associative array，后都成为 hash）数据类型，获得数组元素数量要通过 scalar (keys %hash_array)。

🔍 下面两行代码的区别何在？

```
my $foo = @array;
my ($foo) = @array;
```

◉ 第一行返回的是数组的元素数目。第二行是把 @array 的第一个元素赋值给 $foo（如果数组为空，返回 undef）。

◉ 用一句话说明 'eq' 与 '==' 的区别？

◉ 'eq' 是对文本字符串进行比较的操作；'==' 是对数值类型进行比较的操作。

◉ 下面的代码的打印结果是什么？

```
$_ = "Subject: Re: Hi there\n";
if (m/^Subject: (Re:)?(.*)$/) {
  print "value is [$2]\n";
}
```

◉ 本题的知识点是 match variables ($1, $2⋯ ⋯)，中文叫做匹配变量，$1-9 指向上一次正则表达式操作成功返回的第 1 个 ~ 第 9 个在括号中的匹配字串。

打印出来的语句如下：

```
value is [ Hi there]\n
```

注意，换行符也要标识出来。

没多少人喜欢在面试时被逼着读代码，不过考验程序员在压力（众目睽睽）之下的表现也是面试时需要检验的方面之一。当然，对细节的关注也是必不可少的，比如 [之后的 1 个空格以及换行符。

◉ 下面的代码会打印出什么？

```
$_ = "Subject: Re: Hi there\n";
if (m/^Subject: (Re:)??(.*)$/) {
  print "value is [$2]\n";
}
```

◉ 本题与上一题的代码的唯一区别在于有两个问号，结果就是 $1 返回为空（? 表示有零个或一个匹配），$2 表示把 Re: 包含在其中：

```
value is [Re: Hi there]\n
```

如果我们把 '(Re:)' 换作 '(?:Re:)'，结果会如何呢？

```
$1='Re: Hi there'
```

$2 因为没有匹配成功，Perl 会报警，其值为未初始化。

如果我们把代码改为下面这样：

```
$_ = "Subject: Re: Hi there\n\n";
if (m/^Subject: (Re:)?(.*)$/) {
    print "value is [$1]\n";
```

```
} else {
    Print "Nothing matched\n";
}
```

结果也许会让你大吃一惊：Nothing matched！原因是 '$' 在正则表达式中会停在第一个 \n 后，而 .* 不会匹配控制字符 \n，因此正则表达式 m/^…/ 就不会成功返回。

上面介绍了 Perl 中的一些语言细节，初学者不可不察。

my 与 local 有何区别？

my 在 Perl 中使用很广泛，local 则使用较少，下面给出它们的"定义"。

❏ 'my'：定义了一个新的变量，只能通过此定义的变量名来访问，变量的适用范围为定义所在的文件或代码区间（block）。

❏ 'local'：会为全局变量保存一份拷贝，并会在其定义的代码区间执行完成后自动恢复被保存的值。

local 用的很少，不过下面的代码中用 local 最合适：

```
if (open IN, $file) {
    local($/) = undef;  # file-slurp mode
        :
        :
```

'||' 与 'or' 的区别是什么？

二者最关键的区别是 'or' 的优先级极低，甚至比 '=' 还低，比如在下面的代码中：

```
$foo = bar() or die "...";
```

上面这行代码翻译成中文大意是：不醉生即梦死。

评论下面三种访问 arguments 的方式的异同。

```
1)  sub func($$)
    {
        my $self = shift;
        my $data = shift;
      :
      :
```

```
2)  sub func($$)
    {
        my ($self) = $_[0];
        my ($data) = $_[1];
      :
      :
```

```
3)  sub func($$)
```

```
        {
            my ($self, $data) = @_;
            :
            :
```

🔘 第 1 种和第 3 种方法几乎是一样的（笔者更喜欢第 3 种方法，但 OO 出身的程序员更喜欢第 1 种方法）。但第 1 种方法实际上在 shift 操作后改变了环境变量 @_！，第 2 种方法则显得蠢笨（silly）。

🔍 下面两条语句的区别是什么？

- `$ref->{Item}`
- `${$ref}{Item}`

🔘 这两条语句实际上完全一样，在 Perl 的引用中，它们是一回事儿！

🔍 下面两条语句的区别是什么？

```
$ref = \@array;
$ref = [ @array ];
```

🔘 初学 Perl 的人的确会混淆上面的语句。不过 Perl 的强大之处在于支持对数据结构随心所欲的转换（能不能用好就是程序员的问题了。很多人抱怨 Java 效率低下，殊不知，再好的武器在用不好它的人手里也只能是根烧火棍而已）。

第一条语句是生成了 @array 的一个新的引用并赋值给 $ref。第二条语句是生成了一个匿名数组，并把 @array 的成员拷贝到其中，把 $ref 设为指向该匿名数组的引用。

对于面试官而言，这是一道典型的可衍生出"题中题"的问题。如果回答是一回事儿，那么第二个问题来了：如果 $ref->[0] 被更改后，@array 在两种情况下会如何变化？反之如何？

🔍 描述一下下面的程序在做什么？

```
while (@array) {



}
```

🔘 很多人会把 foreach @array 与 while 混淆。因此稍不留神，就会在这道题上犯错误。笔者认为此题几乎就是个脑筋急转弯问题。此程序只是在 @array 不为空的情况下继续循环而已。

🔍 好的 Perl 程序员都会在命令行使用 -w 参数，但是某些警告信息很难关掉，你如何告诉 Perl 在运行时关闭某段代码的警告信息？

◉ 传统的做法如下：

```
{
    local($^W) = 0;
        :
    warnings disabled here
        :
}
```

新派的做法则是：

```
{
    no warnings; # 更加像自然语言，不是吗？
        :
    warnings disabled here
        :
}
```

◉ 下面这行语句在做什么？

```
$item = Get Some::Thing $var;
```

◉ 这是面向对象 Perl 的一种用法，调用 Some::Thing 中的构造函数 Get，并传递参数 $var。
它完全等同于：

```
$item = Some::Thing->Get($var);
```

◉ use My::Package 和 require My::Package 的区别是什么？

◉ use 会在编译时加载 My/Package.pm；require 则是在运行时加载。另外，use 还会自动运行 import My::Package。

◉ 下面两条语句的区别是什么？

```
print STDERR "deep doo-doo!";
warn "deep doo-doo";
```

◉ warn 显然比 print 更强大，它会自动添加 location 与 filehand 信息（得一分）；不过 warn 还有一个 print 不具有的重要特性是：warn 可以在 eval 中使用（得二分）。

◉ 请解释一下最小匹配和最大匹配的区别。（这个问题也可以换做：请解释懒匹配（ungreedy/lazy）与贪婪（greedy/normal）匹配的区别。）

◉ 在正则表达式中，一个正常的（贪婪的）最大匹配的 metacharacter，比如 '*'，它表示现在就匹配越多越好，但是在正则表达式后面部分遇到的一些东西可能会让你不得不有所放弃。

反之，*? 是典型的最小匹配代表，它意味着，现在不去匹配任何东西，除非后面的正则表达式没有匹配到任何东西，那么我们回过头来开始做最小匹配。

举例如下：m/^Subject: (.*)/:(.*) 会匹配这一行剩余所有的内容。

m{<i>(.*?)</i>} 中的 .*，会匹配在第一个 <i> 与随后的 </i> 中间的字串。如果这里使用 .*，那么结果是去匹配第一个 <i> 与最后一个 </i> 之间的字串。这个区别一定要搞清楚！

🔍 return undef; 和 return (); 的区别是什么？

✅ 这个问题和对 Perl 数据类型的了解息息相关。以 scalar 与 list 两种类型来说：
- ❏ 在 Scalar 上下文中，它们完全一样。
- ❏ 在 List 上下文中，它们就很不一样了，示例如下：

```
sub FOO() { return ()    }
sub BAR() { return undef }

my @foo = FOO(); #@foo 为空！
my @bar = BAR(); #@bar 有一个元素'undef'
```

🔍 如何判断哈希表 %hash 中是否存在某个 key $key ？

✅ 要做出判断，调用函数 exists($hash{$key}) 即可。调用 defined 并不正确，因为可能会有 key 存在但是没有被 defined 的情形。

🔍 假设你在写一段 foo 函数的代码，需要对下面的输入参数的情形进行区分，如何实现？

```
foo(undef);   # case 1
foo(0)        # case 2
foo();        # case 3
foo(1);       # case 4 (something true)
```

✅ 示例代码如下：

```
sub foo
{
    if (not @_) {   #没有输入参数
        return "case 3";
    }

    my $arg = shift; #获取参数
    if (not defined $arg) { #undef
        return "case 1";
    } elsif ($arg) { #1
        return "case 4";
    } else { #0
        return "case 2";
    }
}
```

相信读者还可以设计出其他方法，可以比较一下不同方法的优劣。

下面这段代码在做什么？有什么问题吗？

```perl
my $flag = 0;

BEGIN {
    eval {
        require Foo;
    };
    $flag = 1 if not $@;
}
```

第一眼看上去，这段代码貌似是给 $flag 赋值为 1，如果 package Foo 存在的话（注：$@ 是 Perl 中的 Error Variables 之一，当 eval 失败的时候它被设值）。

这段代码表面上看没有问题，但关键在于对 BEGIN{} 的理解。注意，BEGIN 会在 $flag=0 前被执行，这段代码中的 $flag=1 虽然有可能会被赋值为 1，但是最终结果一定是 0。

解决的办法就是在初始化 $flag 时不要赋值为 1！

为什么选 Perl 而不是 C、C++、Java 或 PHP，甚至是 awe 或 sed？

C/C++/Java 在正则表达式（RegExp）和模式匹配（pattern-matching）方面与 Perl 相比，那就是小巫见大巫了。同时 Perl 也是一门可以很好地处理前端（client-side）与后端（server-side）需求的语言。

PHP 是门很酷的语言，和 Perl 很像。不过对于 OO PHP，笔者颇不以为然，一言以蔽之——语言的执行效率低下。

据说在 Perl 界有个特点，如果面试你的人提到 Perl，那么笔者建议最好准备在随后的谈话中拥抱 Perl。使用 Java 的人很少用 Perl(两个不同的世界)，使用 C/C++ 的人早晚都会用腻，然后开始研究 Perl，然后 Perl 会变成他们的圣经、他们的神，所以最好不要招惹这些 Perl 的 "神圣的奴仆"（Holy servants of Perl）。

5.2 PHP

PHP 大概是全世界最流行的服务器端 Web 开发语言了，虽然它原来的名字 Personal Home Page 听起来不是那么风光，但是有数以百万计的 Web 服务器以及数以亿计的网站是基于 PHP 开发的，所以现在它也有了一个更 "高端" 的名字——PHP: Hypertext Preprocessor。其实这是个典型的递归式首字母缩写

（Backronym）拼凑而成原名的例子，这类逆向英文造词在英文语境中几乎已经成为一种文化。

一个最显著的例子是美国司法部在 1996 年发生过一个叫 Amber 的 9 岁女孩在 Texas 州被绑架杀害后启动的一个全国范围内对失踪儿童进行实时报警通告的 Amber Alert 计划，为了让民众记住该计划的名字，创造出了：America's Missing: Broadcast Emergency Response，首字母缩写就是 AMBER。

关于 Backronym 再来一个有趣的例子，福特车 Ford 本来是其创始人 Henry Ford 的姓，喜欢 Ford 品牌的就会说 Ford 代表 First on Race Day（赛车第一名），而讨厌它的就会说 FORD=Found on Roadside Dead（熄火在路边）。笔者的第一辆车也恰好是 Ford Mustang，记得第一次沿着 5 号公路南下去洛杉矶经过落基山脉的时候真的领悟了什么叫 FORD=Fast on Rolling Down（下坡很快）。

PHP 的最大特点是与 HTML 代码可以轻松混搭（mixed），PHP 解释器（interpreter）通常会以 Web 服务器的内置模块或 CGI 可执行文件的形式存在。

PHP 最常见的版本是 PHP 5.x，最新的版本是 5.6，它在 2014 年 8 月发布。PHP 被人诟病最多的是其语言原生的对 unicode 的支持，本来 PHP 6 计划来完成这一支持，不过一直没有实现，现在看来要等到 PHP 7 ⊖才有可能实现了。

🔍　PHP 代码与 HTML 代码混合的方式有几种？

✔　接触过 PHP 代码的读者可能看到过 PHP 可以以多种方式与 HTML 结合。我们下面就给出 4 种示例：

❑ 最标准的嵌入方式

```
<?php echo("if you want to serve XHTML or XML documents, do like this\n"); ?>
```

❑ 略去 php 字样的缩写方式：这种方式可以在 php.ini 配置文件中通过 short_open_tag 开关来打开或禁用：

```
<? echo ("this is the simplest, an SGML processing instruction\n"); ?>
<?= expression ?> This is a shortcut for "<? echo expression ?>"
```

❑ 传统的 HTML 嵌入方式：

```
<script language="php">
    echo ("some editors (like FrontPage) don't
        like processing instructions");
</script>
```

❑ ASP 风格嵌入：在 php.ini 中也可以通过 asp_tags 选项来打开或关闭：

```
<% echo ("You may optionally use ASP-style tags"); %>
<%= $variable; # This is a shortcut for "<% echo . . ." %>
```

上面所列四种嵌入方式中，最好的是第一种，其次是第三种，第二种和第四种更多是出于与其他编程语言习惯靠拢或与 XML 结合而设置的可选项。

⊖　PHP 7 据悉会于 2015 年内发布，不过除了号称速度快过 PHP 5 外，unicode 似乎还没有解决。

前面的题目中给出了通过 PHP 语句打印到 HTML 并输出的例子，那么有比其中的方法 1 效率更高的方式吗？

假设我们需要在一个条件判断情况下针对不同条件向标准输出打印字符串，下面的代码比 echo 语句调用效率要高：

```php
<?php
if ($expression) {
?>
    <strong>This is true.</strong>
<?php
} else {
?>
    <strong>This is false.</strong>
<?php
}
?>
```

其原理很简单，不需要调用 PHP 解释器的地方就由 Web 服务器直接输出，效率最高！当然，这么做的缺点是代码阅读性被降低。没办法，两全其美通常都很难做到，正所谓"鱼与熊掌不可兼得"。

谈谈你对 PHP 中数据类型相关的操作的了解。

PHP 的原始数据类型有 8 种：

（1）4 种标量类型

❑ Boolean（布尔）

❑ Integer（整数）

❑ Float（浮点）

❑ String（字串）

（2）复合类型

❑ Array（数组）

❑ Object（对象）

（3）特殊类型

❑ Resource（资源）

❑ NULL（空）

下面的代码示例中调用了 gettype() 函数，用来返回入口参数的数据类型，is_int() 与 is_string() 函数用来对输入数据类型做布尔型判断。

```php
<?php
$bool = TRUE;   // a boolean
$str  = "foo";  // a string
$int  = 12;     // an integer
```

```
echo gettype($bool); // prints out "boolean"
echo gettype($str);  // prints out "string"
// If this is an integer, increment it by four
if (is_int($int)) {
    $int += 4;
}

// If $bool is a string, print it out
// (does not print out anything)
if (is_string($bool)) {
    echo "String: $bool";
}
?>
```

如果要将一个变量强制转换为某类型，可以使用强制转换或者 settype() 函数，示例如下：

```
<?php
$a1 = "8pho"; // string
$b1 = true;   // boolean

settype($a1, "integer"); // $a1 现在是 8
settype($b1, "string");  // $b1 现在是 "1"
?>
```

打印变量的相关信息可调用 var_dump() 函数来完成：

```
<?php
$a = array (1, 2, array ("a", "b", "c"));
var_dump ($a);
/* 输出:
array(3) {
  [0]=>
  int(1)
  [1]=>
  int(2)
  [2]=>
  array(3) {
   [0]=>
   string(1) "a"
   [1]=>
   string(1) "b"
   [2]=>
   string(1) "c"
  }
}
*/
$b = 3.1;
$c = TRUE;
var_dump($b,$c);
/* 输出:
```

```
float(3.1)
bool(true)
*/
?>
```

说说 PHP3、PHP4 与 PHP5 这几个 PHP 版本的异同。

现在几乎没有人使用 PHP3，自 2008 年开始，越来越多的 PHP4 系统也陆续升级为 PHP5，但是了解它们之间的重要区别还是大有益处的。

PHP3 到 PHP4 的一个巨大变化就是 PHP4 中加入了传址（pass-by-address），比如 pass-by-reference 或 pass-by-pointer，说起来更像 C++ 中的引用（reference）。PHP3 中只支持传值（pass-by-value）。

我们看下面的代码示例：

```
# Sample code
<?php
$foo = 'Bob';          // Assign the value 'Bob' to $foo
$bar = &$foo;          // Reference $foo via $bar.
$bar = "My name is $bar";  // Alter $bar...
echo $bar;
echo $foo;             // $foo is altered too.
?>
```

需要注意的是，只有命名变量才可以传地址赋值，这一点非常重要。

```
<?php
$bar = &$foo;       // This is a valid assignment.
$bar = &(24 * 7);   // Invalid; references an unnamed expression.

function test()
{
    return 25;
}
$bar = &test();     // Invalid.
?>
```

PHP3 开始支持面向对象编程，PHP4 做了一些功能提升，但是到 PHP5 才把面向对象的很多特性具体实现，并且在性能上做出了大幅提升，包括：

❏ Abstract 类的定义。

❏ 静态方法。

❏ 支持定义一个类或方法为 Final。

❏ 支持 3 种不同的可见性（visibility）：public、private、protected。

除此以外还增加了新的功能，包括：

❏ 新的错误级别，如 E_STRICT。

❏ 降低 RAM 使用。

❑ SQLite 的捆绑。

提升的内容管理系统支持等。

◉ 在 PHP 与 Perl 中如何定义常量?

◎ 在 PHP 中使用 define() 定义常量:

```php
<?php
define("CONSTANT", "Hello world.");
echo CONSTANT; // outputs "Hello world."
echo Constant; // outputs "Constant" and issues a notice.
?>
```

在 Perl 中则使用 use constant 来定义常量。

```perl
use constant AVARIABLE => "whatever";
```

◉ 写一段 PHP 连接 MySQL 数据库的代码。

◎ 我们说过,PHP 实际上是面向 Web 的编程语言,它是服务器端的脚本语言;与 Perl 语言在语法、正则表达式、函数与变量名的命名规则等方面有很多类似之处。

下面的代码示例演示了如何生成数据库,进行连接然后执行一个 SELECT 操作的过程。

```php
<html>
<body>
<?php
$db = mysql_connect("localhost", "root");
mysql_select_db("mydb",$db);
$result = mysql_query("SELECT * FROM employees",$db);
printf("First Name: %s<br>\n", mysql_result($result,0,"first"));
printf("Last Name: %s<br>\n", mysql_result($result,0,"last"));
printf("Address: %s<br>\n", mysql_result($result,0,"address"));
printf("Position: %s<br>\n", mysql_result($result,0,"position"));
?>
</body>
</html>
```

其中,引用的 employees 数据库表的生成通过下面的 SQL 语句实现:

```sql
CREATE TABLE employees (
    id tinyint(4) DEFAULT '0' NOT NULL AUTO_INCREMENT,
    first varchar(20),
    last varchar(20),
    address varchar(255),
    position varchar(50),
    PRIMARY KEY (id),  UNIQUE id (id)
);
```

注意,我们前面的 PHP 代码中,mysql_result() 只是对第一行 (0) 的结果进行打印,如果要打印所有表中的数据列表应如何操作呢？

下面的代码实例中使用了 mysql_fetch_row() 函数，每次取 1 行，在循环中完成操作：

```php
<?php
echo "<table border=1>\n";
echo "<tr><td>Name</td><td>Position</tr>\n";
while ($myrow = mysql_fetch_row($result)) {
    printf("<tr><td>%s %s</td><td>%s</td><td>%s</td></tr>\n",
    $myrow[1], $myrow[2], $myrow[3], $myrow[4]);
}
echo "</table>\n";
?>
```

不过，mysql_fetch_row() 中对下标使用整数的限制并不理想，好在 PHP 中还有 mysql_fetch_array() 函数，它允许按照表中的列名来索引，比如 $myrow["first"]，这样代码的可读性就提高很多。代码示例如下：

```php
<?php
if ($myrow = mysql_fetch_array($result)) {
    echo "<table border=1>\n";
    echo "<tr><td>Name</td><td>Position</td></tr>\n";
    do {
        printf("<tr><td>%s %s</td><td>%s</tr>\n", $myrow["first"],
$myrow["last"], $myrow["address"]);
    } while ($myrow = mysql_fetch_array($result));
    echo "</table>\n";
} else {
    echo "Sorry, no records were found!";
}
?>
```

谈一谈 include() 与 require()。

确切地说，require() 更加严格，如果使用 require()，那么它指定的文件如果不存在，PHP 程序会终止，然后会抛出错误；使用 include() 的话，如果指定的文件不存在，那么 PHP 程序只会生成一个警告信息，不会终止。

有兴趣的读者可以分别运行下面的两段代码来观察 include() 与 require() 的区别：

```php
<?php
include("emptyfile.inc");
echo "Hello World";
?>
```

```php
<?php
require("emptyfile.inc");
echo "Hello World";
?>
```

◎　PHP 中的正则表达式应如何使用？

◎　PHP 中对正则表达式的支持有 3 类，都属于它的语言核心部分：

❑ POSIX Regex 函数

❑ Perl Compatible（与 Perl 兼容类）

❑ 支持 shell 的 wildcard pattern（应用范围较小）

第一类中的函数包括：ereg()、eregi()、ereg_replace()、gregi_replace()、split()、spliti() 等。下面的代码完成的操作是检测一个字符串的长度是否为 4 ~ 6 个字母。

```php
<?php
ereg("^[[:alpha:]]{4,6}$", $some_string);
?>
```

第二类中的函数都符合 preg_*() 特征，比如 preg_grep()、preg_match_all()、preg_replace() 等。

下面的代码的功能是对 $the_array() 中的元素进行匹配，返回数组 $floating_array，并以原数组中的 keys 作为返回数组的下标：

```php
<?php
$floating_array = preg_grep("/^(\d+)?\.\d+$/",
$the_array);
?>
```

第三类中其实就只有 fnmatch() 一个函数：

```php
<?php
if (fnmatch("*love[23]ly", $thestring)) {
    echo "it's either love2ly or love3ly ...";
}
?>
```

◎　在 PHP 中如何实现对 E-mail 地址的验证？

◎　在 PHP 5.2 之前对 E-mail 做基于 RegExp 的验证是比较复杂的，下面的代码可见一斑：

```php
<?php
if (!ereg('^[-!#$%&\'*+\\./0-9=?A-Z^_`a-z{|}~]+'.
'@'.
'[-!#$%&\'*+\\/0-9=?A-Z^_`a-z{|}~]+\.'.
'[-!#$%&\'*+\\./0-9=?A-Z^_`a-z{|}~]+$', $the_email))
{
    #…
}
?>
```

PHP5.2.0 开始提供 filter_var() 函数，可以轻松调用该函数进行验证，无需再为 RegExp 烦恼了：

```php
<?php
$the_email = 'ricky@TIQ.com';

if (filter_var($the_email, FILTER_VALIDATE_EMAIL)) {
    echo "This ($the_email) is a valid email-address!";
}
?>
```

🔍 如何发现一个被访问的 URL 指向的页面的大小？

✓ 这个问题的核心是得到 URL 所指向的页面的可下载内容的字节数。之前讲过的 HTTP 协议中，Web 服务器返回的 Content-length header 中含有我们想要的信息。但是，Content-length 并不一定会在 headers 中被定义，那应该如何解决？

我们可以使用 libcurl（一个支持多种协议文件传输的开源库）调用 PHP 绑定 (binding) 的 curl_*() 函数，取到该 URL 所指向页面的大小，示例代码如下⊖：

```php
<?php
// 下面实现了一个函数，输入参数为 URL，返回为页面长度的字节数！
function get_URL_content_size($the_url) {

 $headers = get_headers($the_url, 1);

    if (isset($headers['Content-Length']))
        return $headers['Content-Length'];

    //checks for Content-length:
    if (isset($headers['Content-length']))
        return $headers['Content-length'];

    // 如果没有发现 content_legnth 被定义，运行下面的 cURL 部分:

    $c = curl_init();
    curl_setopt_array($c, array(
        CURLOPT_URL => $url,
        CURLOPT_RETURNTRANSFER => true,
        CURLOPT_HTTPHEADER => array('User-Agent: Mozilla/5.0 ···'
        ));
    curl_exec($c);

    $size = curl_getinfo($c, CURLINFO_SIZE_DOWNLOAD);
    curl_close($c);

    return $size;
}
?>
```

⊖ 参考资源：PHP Manual Online: http://us3.php.net/manual/zh/index.php

5.3 Java

据统计，全球大约有超过 900 万程序员在使用 Java 语言，如果把 Android 应用开发程序员也算进来的话，则有数以千万计程序员在使用 Java，从这个角度来看，Java 毫无疑问可称为第一大语言。

Java 的流行程度用下面几组具体的数据说明更容易令人信服（见图 5-1）：

❑ 每年 JRE（Java Runtime Environment）的下载量在 10 亿左右，全球有超过 30 亿手机运行 Java 环境。

❑ IEEE Spectrum 杂志在 2014 年 7 月的一份报告中对 10 大语言进行了综合排名（据悉排名算法颇为全面，从 12 个方向对编程语言进行统计排序），Java 名列第一。

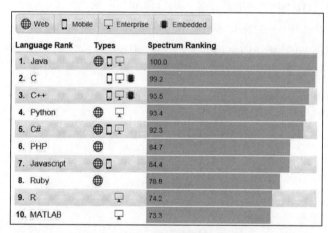

图 5-1　Java 与其他语言的对比

❑ 在另一份最受欢迎美国网站的排名中，排名前 10 的网站中，有 60% 的后端实现使用了 Java。

❑ 找工作网站（Dice.com）上，按编程语言需求排名的职位数量中，Java 也位列榜首（见图 5-2）。

Java 的核心设计理念是 WORA（Write Once，Run Anywhere），也就是所谓的平台中立性（Java 源代码在编译为 bytecode 后可以在任何 Java 虚拟机上运行而不需要担心底层的计算机架构）[⊖]。

聊到 Java，不得不提一个人、一种咖啡还有两家公司。

❑ 人：这个人就是 Java 语言的创始人，Java 之父 (Father of Java)——James Gosling，他在 Sun Microsystems 工作期间（1984 ~ 2010）领导开发了 Java 语言（1994 年）。

❑ 咖啡：大家都知道，Java 的 logo 是一杯咖啡。这种 Java Coffee Beans 是印尼爪哇岛生产的一种咖啡豆，据说 Gosling 博士和他的同事在"发明"Java 的日日夜夜里，可是磨了不少 Java 咖啡豆。

❑ 公司 1：说到 Java，不得不提的是 Sun Microsystems 公司。1995 年发布了 Java 1.0，

⊖　这段话本身也是 Java 程序员的常用"暖场"面试题。

2006 年 11 月宣布 Java 完全开源，随后在 12 月发布了 Java SE 6。2008 年，用 10 亿美金收购了 MySQL AB。（以 MySQL 的受众之广，特别是在互联网领域，笔者以为这完全是白菜价！）但是，Sun 公司在 2010 年被 Oracle 公司收购，一家曾经伟大的以强大技术驱动的公司就此不复存在，令人唏嘘。回顾 Sun 公司的知名技术创新及产品：Solaris、SPARC 工作站、NFS、XML、Java、MySQL、VirtualBox、StarOffice、StorageTrek 存储系统、Constellation HPC 系统都曾风靡一时，有的甚至影响至今（hackathon 据说也是 Sun 公司市场部门创造出来的词汇，即 hack+marathon，今天的很多 IT 企业还是喜欢用 hackathon 活动的形式来激励可持续创新）。

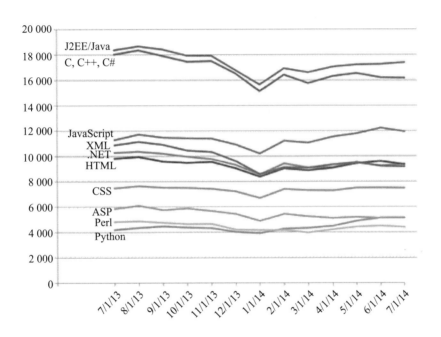

图 5-2　Dice.com 网站的语言需求排名

关于 Sun 的故事很多，甚至可以写一本传记文学，不过笔者最喜欢分享给大家的是两件事情：

1）记住，Sun 是 Stanford University Network（斯坦福大学计算机网络）的缩写，是以它的第一名员工（第一创始人）Andy Bechtolsheim 在斯坦福电子工程系读博士的时候设计的工作站的名字命名的。而 Andy 是整个天使创投领域最负盛名之人，在他一系列成功的投资中，最令人称道的是在 Google 创立之前他就开出了 10 万美金支票给 Larry Page 与 Sergey Brin——一笔回报率为 1 700 000% 的投资。后来他成为了笔者的同事（EMC 于 2014 年收购了 Andy 的 DSSD），虽然已是亿万富翁，但还是喜欢创业写代码！

2）Sun Solaris 如果在 20 世纪 90 年代中期意识到 Linux 的快速普及的深刻含义，能尽早转型，或许今天就是 Sun 收购 Oracle 了。类似的故事在业界几乎年年都在上演，当巨无霸般的跨国企业风生水起的时候，危机通常都已悄然而至，而危机通常都是以一种颠覆式的创新形式存在，颠覆的不仅仅是企业的霸主地位，对程序员而言更多的是技术版图上的疆域的重新划分：做好准备每 1 ~ 2 年学习一门新的技能（比如编程语言）。

❑ 公司 2：在笔者看来，Oracle 是数据库领域排名非常靠前的公司，首当其冲的当然是它的充满传奇与争议色彩的创始人 Larry Ellison，一个读过 UIUC 却从来没有毕业的逃学生、一个读了一篇 Edgar F. Codd 关于关系型数据库论文后受到启发从而 40 年投身数据库行业的创业者、一个喜欢收购公司的家伙。作为一个程序员，想不与 Oracle 产生交集几乎不可能，随着 2010 年对 SUN 的兼并，不用 Java，不用 MySQL、Oracle 或 BerkeleyDB 的程序员只能说是少数派（minority）了。而把 Oracle 推向风口浪尖的还有在收购 Sun 公司之后，Oracle 一度对于 Google 在 Android 系统中使用 Java 大为不满，双方前后对峙公堂数个回合，不过好在 Larry Ellison 没有把 Android 扼杀在摇篮之中，否则今天就没有小米、华为、联想、魅族、三星这些以手机为主营业务的公司的事情了。

闲言少叙，我们赶快进入 Java 的世界。

🔍 说说过程化语言与面向对象语言的区别。

🕐 在过程化语言中，每一个编程任务被分解为变量、数据结构和子程序（subroutine）的集合，程序逻辑是遵循一定的程序（procedures），指令的执行是顺序化的。典型的过程化语言有 Basic、C、Fortran、Pascal、Go 等。

而在面向对象的语言（OOP）中，编程任务（programming task）的单元是"对象"，对象是由代码与数据构成的，对象通过接口（interfaces）暴露它的行为（方法，methods）和数据（成员及属性）。典型的 OO 语言有 C++、Java、Objective-C、C# 等。

在过程化语言中，数据是暴露给整个程序的；但在 OOP 中，数据是在对象中被访问的，并以此来确保代码的安全性。

两种语言的对比如表 5-1 所示。

表 5-1 过程化语言与面向对象语言的对比

过程化编程语言	面向对象的编程语言
程序（procedure）	方法（method）
模块（module）	类（class）
记录（record）	对象（object）
程序调用（call）	消息（message）

🔍 谈谈你对 JDK、JRE 和 JVM 的了解？

🕐 JDK（Java Development Kit）是 Oracle 公司发布的面向 Java 程序员的跨平台的 Java SE、EE 或 ME 平台的二进制实现。JDK 主要包含如下编程工具包：

❑ java 解释器（解释 javac 生成的 class 文件）。

❑ javac 编译器（负责把源码转换为 bytecode）。

❑ jar 存档工具，用来打包生成 JAR 文件。

❑ jdb，Java 调试工具。

❑ javadoc，文档生成工具。

❑ 其他辅助开发工具。

JVM（Java Virtual Machine）实际上是一个抽象化的计算机器，它包含三个概念：规范（specification）、实现（implementation）与实例 (instance)。规范用来定义抽象化的 JVM；实现指的是基于规范而实现出来的 JVM "产品"，比如 Oracle 的 HotSpot。一个 JVM 的实体则可以运行编译为 Java bytecode 程序。

畅销书《Inside the Java Virtual Machine》⊖的作者 Bill Venners 在书中用一句话总结了 JVM 的规范、实现与实例的关系：

Any Java application can be run only inside a run-time instance of some concrete implementation of the abstract specification of the Java virtual machine.

笔者想不出能比这句话更准确地描述 JVM 的定义了：任何 Java 的应用程序只能被运行在一个抽象规范定义的 Java 虚拟机的具体实现的运行时实例之上。

JVM 的最大卖点是它的可跨平台性。

JRE 即 Java Runtime Environment，顾名思义，指的是 Java 程序的运行时环境。

请谈一谈 JVM 的运行时内存类型（Memory Type）或数据区域（Data Area）。

JVM 定义了多重运行时的数据区域，大概分为 6 类：

❑ Program counter register (PC register)：针对每个线程。

❑ Stacks：针对每个线程。

❑ Heap：所有线程间共享。

❑ Method Area：所有线程间共享。

❑ 运行时常量池（constant pool）。

❑ Native Mehthod stacks：比如 C 堆栈。

归纳一下，可以分为三大类，如图 5-3 所示：

图 5-3　数据区域的分类

以下面的代码为例：

```
String s = new String("Welcome");
```

⊖　该书的中文翻译版由机械工业出版社出版，书号 7-111-12805-2。——编辑注。

会生成两个两个对象（objects）。一个对象在 string 常量池中，另一个在 heap(non-pool) 中。

何为 JIT 编译器？

JIT 编译器（即 Just-in-time Compilation）指的是编译在程序运行时完成。JIT 是动态编译的一种。

JIT 通常由两部分组成：AOT（Ahead-of-Time Compilantion）和 Interpretation，它主要的设计目标是结合了编译代码的速度与解释代码的灵活性。

典型的 JIT 编译实现是：先通过 AOT 把源代码编译为 bytecode（也叫做 VM code），然后再通过 JIT 编译为机器码（动态编译）。JIT 编译器在不断做动态编译，并缓存已编译过的代码来降低延迟。（类似于数据库的 Query Cache!）

最早的 JIT 编译器可以追溯到 20 世纪 60 年代出现的 LISP 语言，以及 20 世纪 80 年代初期出现的 IBM Smalltalk。Smalltalk 直接启迪了 Sun 的 Self 语言（一种 Smalltalk 系统实现），也就是 Java 的前身。今天典型 JIT 编译语言 / 架构有：Java、Microsoft .Net 等。

在 Java 中，constructor（构造函数）和 method（方法）有何区别？

在 Java 中，构造函数是在对象生成时被自动调用的，而 method 需要被显式调用（explicitly called）。

除此以外，它们还有两个区别：

1）Constructor 永远不会有显式（explicit）的返回类型。

2）Constructor 不可以被同步（synchronized）、终结化（final）、抽象化（abstract）、静态化（static）或本地化（native）。

在 Java 中，Constructor 按如下顺序执行：

1）初始化类的变量到默认值。

2）如果没有定义构造函数，则调用 superclass（父类）中的默认构造函数。

3）初始化成员变量为指定值。

4）执行构造函数主体（body）。

在 Java 中，可以用多少种方法给子程序（subroutine）传递参数（argument）？

这个问题在编程语言中属于"Evaluation Strategy"的范畴，所谓 Evaluation Strategy 指的是一种编程语言使用何种策略在何时给被调用的函数或被操作体传递何种值。

简而言之，Java 的 Evaluatoin Strategy 属于严格求值（Strict Evaluation，也称为及早求值，Eager Evaluation），它支持三种求值方式：

❏ Call by Value：我们最熟悉的传值！

❏ Call by Reference：引用调用，也称作 Call-by-address（传址）。

❏ Call by Sharing：共享调用。

值得指出的是，在传值方式中，Java 对于函数的参数求值是自左向右的；而 C 恰恰相反，是由右向左对函数参数求值的。

Call-by-Value 与 Call-by-Reference/Sharing 的最大区别在于：前者中被调用的方法会拷贝参数值到本地；而后者是指向对象的引用（地址），如果是一个大的数据结构，毫无疑问后者的效率更高。 但是，从另一个角度看，Call-by-Reference/Sharing 会增加程序调试难度，因为被引用调用的数据结构可能会在被调用的函数中被改动。

说说 Java 的访问控制修饰符（access modifiers）。

Java 提供了 3 种访问控制修饰符：

❑ Public（公用）

❑ Protected（保护）

❑ Private（私有）

另外，还有一种特殊的情况：如果没有访问控制修饰符前缀，则默认表示 package-private（区别于 private 修饰符的：class-private）。

下面的表 5-2 说明了访问限制的四个层级：

❑ Class：只能在本类中访问。

❑ Package：能在被定义类的 package（可能含多个 classes）中访问。

❑ Subclass：可以在其他 package 中定义的 subclass 中访问。

❑ World：从任何地方皆可访问。

表 5-2 访问限制的 4 个层级

访问控制 修饰符	Class	Package	Subclass	World
public	Y	Y	Y	Y
protected	Y	Y	Y	N
空	Y	Y	N	N
private	Y	N	N	N

说说 Java 中 final、finaly 和 finalize 这三个关键字。

这三个关键字在 Java 中作用颇为重要。

❑ final：用来定义和修饰一个变量、方法或类不可以被更改！（想想 C++ 的 const。）

❑ finally：一段代码，在异常发生时用来清除代码。

❑ finalize：一个方法，在 gc 之前用来清除对象（object cleanup）。

它们各自的应用场景如下：

1）Final：

❑ 如果用来定义变量，则声明该变量为常数（const）。

❑ 如果用来定义方法，则该方法不可以被重载（overridden）。

❑ 如果用来定义类，则该类不可以被重载。

2）finally：

在 try{}...catch{} 代码中如果发生异常，则在 try{} 当中可能不会执行清除工作，而 finally{} 就是用于这种情况的，代码示例如下：

```
class ricky_class
{
    static void ricky_method()
    {
        try
        {
            System.out.println("ricky_method()");
            Throw new runtimeexception("rickys demo");
            // 这里的代码在异常发生后不会被执行到!
        }
        catch( Exception e)
        {
            System.out.println("Exception caught");
        }
        finally
        {
            System.out.println("ricky_method() 的 finally 部分 ");
            // 清除工作在这里执行!
        }
    }
}
```

3）finalize:

finalize() 是类中的一个方法，在垃圾回收任何对象的时候，它会被首先调用。需要注意的是，finalize() 必须是 protected 类型，以保证它只能被同类或子类调用！ 示例代码如下：

```
public class ricky_classB
{
    protected void finalize()
    {
        System.out.println("In finalize block");
        super.finalize();

    }
}
```

需要指出的是，finalize() 的执行不一定会得到保障，比如 GC 线程并没有获得足够多的执行时间；它对性能有较大的负面影响；如果在 finalize 中再抛出异常，GC 线程会直接忽略，并且不会传播该异常。

重载（Overloading）与重写（Overriding）的定义与区别是什么？请给出代码实例。

重载与重写的定义如下：

❑ 重载：在一个类中的多个方法有同样的名字和不同的参数，即称为重载。

❑ 重写：两个方法有同样的名字和参数，在子类中可以对父类中已经实现的一个方法做
   不同的实现，即所谓重写。

它们的重要区别如下：

❑ 多态（polymorphism）是对重写而言的，而非针对重载。

❑ 重写是运行时概念，而重载是编译时概念。

参考下面的代码示例：

```java
class Aircraft{
    public void fly(){
        System.out.println("Fly for free!");
    }

    // overloading method
    public void fly(int times){
        for(int a=1; a<= times; a++)
            System.out.println("I'm flying Again!");
    }

}
class Bomber extends Aircraft{
    // overriding method
    public void fly(){
        System.out.println("Fly with bombs!");
    }
}

public class RickysOverriding{
    public static void main(String [] args){
        Aircraft ricksplane = new Bomber();
        rickysplane.fly(); // 猜猜哪个 fly() 会被调用？
    }
}
```

🔍 抽象类（abstract class）与接口（interface）有哪些区别？写出示例代码并解释。

🕐 可以从定义入手来回答这个问题：

当一个类中有抽象的 method 时，该类必须被定义为抽象类。而抽象方法的特征是只有 heading，而 body 为空。

抽象类是相对于具体类而言的，非抽象的类皆为具体类（concrete class）。

为什么需要抽象类呢？在面向对象建模中这样的例子很多，比如"图形"是一个抽象的概念，而正方形和圆是两个具体一些的概念；图形可以被定义为抽象基类，此类中可以有一个抽象的方法，如面积，在图形中面积方法因抽象而无法计算，但在正方形和圆中就可以具体定义面积的公式了。示例代码如下：

```java
public abstract class RicksContour
```

```
{
    public abstract float caclArea();
}

public class Rectangle extends RicksContour
{
    private float length, width;

    public float calcArea()
    {
        return length * width;
    }
}

public class Circle extends RicksContour
{
    private float radius;

    public float caclArea()
    {
        return (3.1415926 * (radius * radius));
    }
}
```

C++ 中没有接口这个概念，但是 Java 引入了接口的概念，原因也许令人诧异：我们前面在关于 C++ 的章节中讲过 the dreaded diamond（多重继承）问题，Java 不允许多重继承，于是引入了接口来实现：一个类只能从一个抽象的类继承，但是可以实现多个接口！（以此来实现与多重继承的殊途同归。）

确切地说，接口不是一个类而是一种"抽象的数据类型"。任何一个实现接口的类必须满足两个条件：

1）必须实现接口中列出的所有方法。

2）实现类必须声明"implements <the-name-of-the-interface>"。

代码示例如下：

```
ublic interface iContour
{
    public boolean theLine();
    public boolean theColor();
    public boolean theShade();
}

public class ConcreteContour implements iContour
{
    public boolean theLine(bool dashLine){
    // 具体的实现
    }
```

```
public boolean theColor(int Color){
// 具体的实现
}

public boolean theShade(bool hasShade){
// 具体的实现
}
}
```

什么是 Java Collections?

在 James Gosling 发明 Java 时，大概为了和 C++ 有所区分，把 container 叫做 collection，所以一个 collection 其实就是一个把多个元素放到一个单元中的对象，该 collcetion 可以用来存储、获取、操控或表达整合了的数据。

和 C++ 中的 containers 类似，Java Collections Framework 包含如下部分：

❏ Interface（接口）

❏ Implemnetation（实现）

❏ Algorightm（算法）

显然，Java Collections Framework 有如下的优点：

❏ 可以减少编程工作。

❏ 提高程序速度与质量：插一句题外话，Java 原生 sort() 效率之高，可以说几乎没有排序算法能与之比肩。在后面的真题实战一章中会提到 flashsort()，这是一种时间、空间复杂度都为 O(N) 的新型排序算法，在 Java 上实现都无法超越 sort()。当然，这和 JVM 的内核构造及实现相关，Java 会根据数据类型及大小来动态调整是使用经过高度优化的 mege sort 或 quick sort，甚至是 insertion sort，不过这又是另一个可以写半本书的一个话题了。

❏ 能够提高软件可复用度（reuseability）。

❏ 能够实现 API 间的互操作性。

Java Collections Framework 有如下接口：

❏ Collection：根接口

❏ Set → SortedSet：Set 是一种无重复元素的 collection；SortedSet 是一种排序的 Set。

❏ List：又称作 sequence，一种排序的 collection。

❏ Queue：通常（但不必须）采用 FIFO 方式放置元素；队列头一定可以通过 remove 或 poll 来移除。

❏ Deque：支持 FIFO 或者 LIFO，所有的新元素可以在队列的任何一端被插入、获取或移除。

❏ Map → SortedMap：典型的键值数据类型，不允许重复的 key，并且每个 key 最多只有一个对应的 value。

Java Collections Framework Interface 类似于 C++ STL！

Java Collections Framework 主要有如下的对接口的实现：

❏ 通用实现（general purpose implementations）

❏ 特殊实现

❏ 高并发实现（如 java.util.concurrent）

❏ Wrapper 实现

❏ 抽象实现

我们在这里主要介绍一下通用实现，如表 5-3 所示：

表 5-3　JCF 的实现

JCF 接口	Hash table 实现	Resizable Array 实现	Tree 实现	Linked list 实现	Hash table + Linked list 实现
Set	HashSet		TreeSet		LinkedHashSet
List		ArrayList		LinkedList	
Queue					
Deque		ArrayDeque		LinkedList	
Map	HashMap		TreeMap		LinkedHashMap

由上表可以看到：Set、List 和 Map 接口可以用来实现 hash table、linked list 以及 Tree，任何一种具体的数据结构实现可以由不止一种接口来完成。

还需要指出的是：在真实的世界中，绝大多数问题在被数学抽象描述后，都可以套用到 list 数据结构（接口），参照上表，大抵是因为它可以被用来实现链表和可变数组，而且在它们之上的操作也要丰富于 Dqeue 或其他数据类型接口。

JCF 的算法是典型的多态算法（polymorphic algorithms），Java 原生的算法实现多数面向 List，主要有如下几大类：

❏ 排序（sorting）：默认为 list 的升序排列。

❏ 乱序（shuffling）：类似于洗牌的效果（打乱现有 list 中的任何有序性）。

❏ 常规操作：reverse、fill、copy、swap、addAll。

❏ 搜索：在 list 中搜索输入的元素。

❏ Min/Max 值、频率计算等。

从多线程安全的角度看，Vector、Hashtable、Array 和 Enumeration 是同步的吗？

在早期的 Java 平台中，Vector、Array、Hashtable 以及 Enumeration 都是被设计为 syncrhonized（同步的）。也就是说，在并发操作的情况下是多线程安全的。但是在新的 Java Collections Framework 中，默认的通用目的 collection interfaces 的实现有如下特点：

❏ 非同步：其主要考量是在绝大多数情况下，多线程同步并不是主要应用场景，而且不必要的同步可能会造成死锁。从 API 设计角度出发，Java 立足于满足更常见的单线程、只读、部分数据同步应用场景。

❏ Fail-fast iterators。

❏ Serializable。

❑ 支持 clone 方法。

如果需要多线程安全，可以通过 Wrapper Implementations（封套实现）把任何现有的 collection 转换为同步 collectoin。

另外，java.util.concurrent 包提供了 Queue 和 Map 的多线程安全高并发实现：BlockingQueue 和 ConcurrentMap。

在新的 Java Collections Framework 实现中，还保证了向上兼容性（upward compatibility）和向后兼容性（backward compatibility）。

向上兼容体现在：

❑ vector 被翻新为实现了 List：任何调用 collection 或 list 的方法可直接调用 vector。

❑ Hashtable 被翻新为实现了 Map：任何调用 Map 的方法可直接调用 Hashtable。

❑ 一个 Enumeration 可以通过 Collections.list() 转换为一个 Collection。

示例代码如下：

```
Vector rickV = legacyMethod(in_arg);
newMethod(rickV);

Hashtable rickHT = legacyMethod(in_arg);
newMethod(rickyHT);

Enumeration rickE = legacyMethod(in_arg);
newMethod(Collections.list(rickyE));
```

向后兼容体现在：

❑ Collection → Vector: new Vector()。

❑ Map → Hashtable: new Hashtable()。

❑ Collection → Array: toArray()。

❑ Collection → Enumeration: Collections.enumeration()。

示例代码如下：

```
Collection c1 = newMethod();
legacyMethod(new Vector(c1));

Map rickM = newMethod();
legacyMethod(new Hashtable(rickyM));

Collection c2 = newMethod();
legacyMethod(c2.toArray());

Collection c3 = newMethod();
legacyMethod(Collections.enumeration(c3));
```

🔍 你对 Java 的 String 类了解多少？

◎ 所有现代程序语言都能很好地支持字符串类型处理，Java 也不例外。Java String 类是

Java Object 类的延伸:

```
Public final class String
    extends Object
    implements Serializable, Comparable<String>, CharSequence
```

String 类有 15 个构造函数, 也有说 13 个的, 因为有 2 个是现在不太常用的。

比如下面的两个生成 string object 的语句是一样的:

```
String msg = "Hello TIQ!";
// 等同于:
Char[] arr = {'H','e','l','l','o',' ','T','I','Q','!'};
String msg2 = new String(arr);
```

值得指出的是, String 类的特点是不可更改, 也就是说, 一旦生成就不能改动。所有的 String 类的方法如果看似在改动字符串, 其实都是生成了新的字符串对象, 然后把操作结果存入该对象之中。

以 substring() 为例, 在 Java 7 之前, substring 操作都是在原有的字符串数组上增加引用 (reference), 这种引用导致即使只是在一个巨大的 String 上获取 1 个字节也会使得原 String 无法被垃圾回收, 这是典型的内存泄漏风险问题。从 Java 7 开始, 为了解决这一问题, 不再使用 reference, 而采用牺牲空间 (复制子串) 的方式来换取高效的垃圾回收。

从这个角度看, 某些情况下 Java 的效率不高就不难理解了。不过, Java 的设计人员显然意识到了效率问题, 于是他们设计了 StringBuilder 类, 允许对字符串进行更改操作, 比如 append 和 insert。类似的还有 StringBuffer 类, 不过 StringBuffer 保证同步性, 因而更多地用于多线程并发应用场景, 效率上应该是 StringBuilder 最高。

从上面的分析, 我们可以得到一个结论——就是不要过早下结论。比如, 对于 Java 效率不高这个结论, 笔者早年也是这么看待 Java 的, 不过牺牲了一点效率换取整体架构的丰富性及对更多应用场景的支持, 在真实世界无处不在。以 Java 生态体系之丰富, 当你觉得它效率低下的时候, 十有八九是因为没有找到最适合你的 Java 实现 (类、方法、接口, 不一而足)。

🔍 请解释 Java 的同步机制。

✅ 同步 (synchronization) 在 Java 中是针对多线程安全而言的概念。简单而言, 就是在多线程环境中, 当一个线程在对某数据结构操作时 (特别是写相关操作), 其他线程应当或者排队等待或保持同步 (比如能读取到最新的更新过的数据结构); 或者是设立某种机制避免一个线程对某资源占用过久。

在 Java 提供了 synchronized() 关键字来对共享资源进行多线程环境下的保护。我们来看下面的代码示例:

```
# 在 netMessage() 与 getMessage() 中的 msg 是需要被 synchronized 的数据结构!
# 在任何时刻只有一个线程可以对被监控的对象, msg, 进行操作!
```

```
class Sync_with_Ricky {
    private String msg = null;
    private final Object lock = new Object();

    public void newMessage(String im) {
        synchronized (lock) {
            msg = im;
        }
    }

    public String getMessage() {
        synchronized (lock) {
            String tmp = msg;
            msg = null;
            return temp;
        }
    }
}
```

注意：synchronized() 适用于四种情况：

❑ Instance method。

❑ Satic method。

❑ Instance method 中的一段代码（上面的代码属于此种情形）。

❑ Static method 中的一段代码。

Java 内置的同步机制有一些限制，比如当前获得 lock 的线程陷入无限循环时，等待的线程会被迫无限制等待。对于需要更精细控制同步机制的情形，Java 还提供了 explicit lock objects。不论使用何种方式，原则都是所有需要访问共享资源的线程间的代码应同步，更明确地说是确保数据访问的有序性。

很多人对于多线程安全的理解局限于数据访问竞争（data race），但实际上还有一种情形是数据的可见性（visibility）。Java 提供了另外两个关键字：volatile 和 final 来确保多线程访问环境下的数据的可见性。

❑ final：如果对象被定义为 final，所有线程不需要同步即可访问。

❑ volatile：可在被多线程访问的情况下保证可见性。

解释一下 Java 的 deadlock、starvation 以及 livelock，并用代码演示说明 deadlock，以及防止 deadlock 的方式。

大多数 JVM 的实现都是让 JVM 以一个单进程运行。尽管一个 Java 应用（进程）可以通过 ProcessBuilder 对象来建立额外的进程，不过多进程程序之间的通信问题是 IPC 的范畴（比如 sockets、pipes 等），我们在这里主要关注的是多线程间的通信问题：多线程可共享一个进程的资源，显然更高效，但是也可能会造成例如死锁之类的问题。

我们在数据结构一章介绍过死锁产生的原因和理论上预防、消除死锁的机制（Coffman's Conditions），下面介绍一下 Java 中是如何应对死锁问题的。

检测死锁的过程如下：

1）代码审查（Code Review）：如果有嵌套的同步块（synchronized block）或者同步方法间相互调用并且试图锁定不同的对象，那么发生死锁的几率就会很高。

2）属性检查或者模式检查（Property Checking or Model Checking）：一些软件可以对JVM进行有限状态建模，从而发现哪些状态对应着死锁或者宕机。JPF（Java Pathfinder）就是典型的这样的一款软件实现。

3）JDK中JConsole组件（图形化界面）可以提供Java平台上的应用的性能和资源信息，包括哪个线程被锁定在哪个对象之上等。

4）Thread dump是另一种方式，比如在Linux上可以在应用的日志文件中通过"kill -3"得到线程的状态信息，比如线程被锁定在哪个对象上。

以代码审查为例，下面的代码演示了当两个线程同时依赖于调用对方的方法返回后才能继续执行时，就会陷入死锁状态：

```java
//Deadlock Demo Code
public class DLDemo{

    static class ConcurrentStuff {
        private final String name;
        public ConcurrentStuff(String name) {
            this.name = name;
        }

        // 进程获得资源成功后会运行本方法
        public String getGoing() {
            return this.name;
        }

        //
        public synchronized void resourceA(ConcurrentStuff aWorker) {
            System.out.format("%s: %s has resourceA for me!%n",
                this.name, aWorker.getGoing());
            aWorker.resourceB(this);
        }

        public synchronized void resourceB(ConcurrentStuff aWorker) {
            System.out.format("%s: %s has resourceAe for me!%n",
                this.name, aWorker.getGoing());
        }
    }

    public static void main(String[] args) {
        final ConcurrentStuff threadA = new ConcurrentStuff("ThreadA");
        final ConcurrentStuff threadB = new ConcurrentStuff("ThreadB");

        // 同时启动两个进程：threadA 和 threadB
        new Thread(new Runnable() {
            public void run() { threadA.resourceA(threadB); }
```

```
            }).start();

            new Thread(new Runnable() {
                public void run() { threadB.resourceA(threadA); }
            }).start();
        }
    }
```

上面的例子中，resourceA() 和 resourceB() 都会被两个进程调用，进程 A 锁定 resourceA 时，进程 B 锁定了 resourceB，它们都等待对方先放弃锁定资源（返回）才能继续执行，但是实际上出现死锁的几率很高。

需要指出的是，造成死锁的原因并非多线程，而是多线程访问 lock 的方式"不恰当"。

在 web.archive.org 上，有一篇著名的介绍甲骨文数据库 Locking 机制的文章《Oracle Locking Survival Guide》，文中提出了最简单的避免死锁的原则：

Application developers can eliminate all risk of enqueue deadlocks by ensuring that transactions requiring multiple resources always lock them in the same order.（应用开发人员可以完全避免发生死锁的机制：确保需要多个资源的交易总是用同样的顺序锁定资源。）

虽然文章是介绍 Oracle DB 的资源锁定机制，但是其对于通用死锁问题同样适用。所以，上面的例子中的问题是 threadA 与 threadB 在对 resourceA 与 resourceB 调用和访问时，只要确保按固定的、一致的顺序就可以避免死锁发生。

在现实世界中，死锁往往不能被预先检测到，大抵是因为不是所有的系统状态都可以实现预知，也无法准确判断资源间的相互依赖的原因；而避免死锁往往也非常困难，理论上除非事先得到以下的信息方可避免死锁：

❏ 信息 1：系统当前分配给每个进程的资源。
❏ 信息 2：系统会在未来分配给各进程的资源。
❏ 信息 3：系统的当前剩余资源。

信息 1 和 3 很容易获得，但是信息 2 几乎没有办法在不消耗大量系统资源的情况下进行准确预测。

著名的银行家算法（Banker's Algorithm）是大名鼎鼎的 Edsger Dijkstra 设计的一个解决资源分配与避免死锁发生的算法。不过，多数系统因为无法得到信息 2，也注定了不能完全避免死锁。

另外一类避免死锁的方法就是避免阻塞发生，比如非阻塞同步或 RCU(Read-Copy-update) 机制。

RCU（Read-Copy-Update）是一种实现了互斥（mutual exclusion）的同步机制，在 Linux 内核中被广泛用来做网络堆栈管理、内存管理等。在一些特定的应用场合下，RCU 在实现上保证了极低开锁、无需等待并发读操作，不过它的缺点是老的（可能为多个）数据结构版本要被保留以确保并发读操作，直到所有现存读操作都完成后才能回收老版本的数据结构。

非阻塞同步（Non-blocking Synchronization）也常称为无锁（Lock-free）同步，相对于传统的多线程编程中对于共享资源的同步要通过 Locks（比如 mutex、semaphore 或者是 critical section）来保证某些段落的代码不能同步执行，非阻塞同步可以保证不会因为互斥而无限期地拖延执行对该共享资源存在竞争的线程，也就是说，挂起一个或几个进程并不会导致剩余进程无法继续执行。非阻塞同步的具体算法与实现在计算机科学领域是比较高难度的问题，也远未成熟，在此仅作为知识点抛出。

最后，介绍一下在并发软件设计中还可能会出现的 starvation 和 livelock，虽然它们没有deadlock 那么常用，但是了解它们也有备无患。

Starvation（挨饿）可算作是极为逼近 deadlock 的一种情形，通常在多线程编程的同步环境中，因某些线程频繁占用一些资源，导致其他进程因被阻塞而无法获取足够的资源或执行时间。

Livelock 是一种特殊的 starvation（resource starvation），是两个或多个进程互相忙于根据对方的状态而调整自身状态时而导致的死循环（事实上等同于相互死锁）。一个经典且极端的例子就是两个人在仅容两人并排通过的楼梯上相遇，一人上一人下，他们起始位置都在扶手一侧，两人同时移向墙壁一侧以方便对方通过，于是两人又同时移向另一侧，如此反复操作，结果就会造成 Livelock（Live 是直播、实时的意思，所以 Livelock 就是实时锁定，即一种不断在运动中锁定的现象）。

🔍 关于 JDBC、JDBC Driver 你了解多少？

🕐 JDBC（Java Data Base Connectivity）就是 Java 数据库连接，通过 JDBC API，Java 应用程序可以：

❑ 连接到数据源（例如：数据库）。

❑ 给数据源（库）发送请求或更新语句。

❑ 处理数据源返回的数据结果。

JDBC 有 4 个主要部件：

❑ API：在 Java Standard Edition、Java Enterprise Edition 中都包含构成 JDBC API 的两个软件包：java.sql 和 javax.sql。

❑ Driver Manager：通过 DeviceManager 类来定义连接到 JDBC 驱动的对象。

❑ JDBC-ODBC Bridge：通过桥接 ODBC 驱动提供的 JDBC 访问，ODBC 最常用的场景是在客户端可以安装 ODBC 驱动或是应用服务器代码为三层 Java 架构。

❑ Test Suite（测试集）：JDBC 驱动测试集，帮助测试 JDBC 驱动是否可以成功运行程序。

JDBC API 需要通过驱动程序来访问数据库，有四大类驱动：

❑ Native API 驱动：使用数据库客户端库实现的驱动来把 JDBC 调用转为数据库 native

calls。

- 中间件驱动：是网络协议驱动，也被称为数据库中间件的纯 Java 驱动，是一种依赖于数据库与调用程序间的中间件应用服务器的驱动实现。
- 纯 Java 驱动：是一种数据库协议驱动，直接把 JDBC 命令转换为供应商自定义（vendor-specific）的数据库协议。
- JDBC-ODBC 桥接驱动：通过 JDBC-ODBC Bridge 把 JDBC 命令转为 ODBC 命令。

以上四类驱动各有优缺点，需要根据使用场景来决定使用哪种驱动。比如：

- Native API 比 JDBC-ODBC 桥接要快，但是需要在客户端安装客户端库，驱动依赖平台并且不支持 Applets。
- 中间件驱动的主要优点是主要的工作都在中间件应用服务器层完成，驱动本身保持平台中立，客户端也不需要任何供应商库。
- 纯 Java 驱动的优点是平台中立，也没有任何中间件或中间状态转换，但是实现上却是高度依赖数据库。
- JDBC-ODBC 桥接驱动：支持任何安装有 ODBC 驱动的数据库，不过在客户端也需要安装 ODBC 驱动，效率相对第一类和第三类驱动低下，也常为人诟病，和 Native API 一样不支持 Applets。

4 类 JDBC 驱动的区别用示意图如图 5-4 所示：

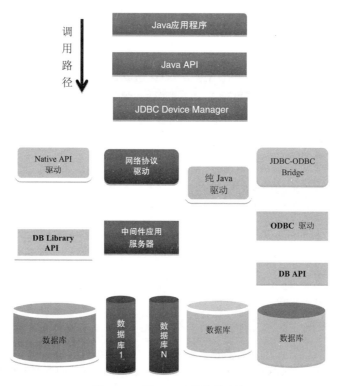

图 5-4　4 类 JDBC 驱动的对比

从 Java 编程的角度说明在一个 JDBC 连接的生命周期中有哪些步骤?

从客户端连接到数据库端并进行操作，总共有 8 步[⊖]:

1）导入 JDBC packages。

2）注册 JDBC 驱动。

3）开启数据库连接。

4）建立 SQL 语句对象。

5）执行 SQL 命令及返回结果（集合）。

6）处理结果集合。

7）关闭结果集合及语句对象。

8）关闭数据库连接。

我们以 Oracle 的 JDBC 连接为例说明上述 8 个步骤:

```
// 1. 导入 JDBC packages
import java.sql.*;
import java.io.*;
// 取决于具体的功能需求，Oracle 还有扩展的功能包可以导入
import oracle.jdbc.driver.*;
import oracle.sql.*;


class RicksJDBCCode {

    public static void main (String args []) throws SQLException {
        // 2. 加载 Oracle 驱动 (register the Oracle JDBC driver)
        //    下面的 DeviceManager.registerDriver() 也可以换作
        //    Class.forName( "oracle.jdbc.driver.OracleDriver" );
        //    不过 forName() 只支持 JDK 兼容性 JVM, 不支持微软 JVM!
        DriverManager.registerDriver (new
            oracle.jdbc.driver.OracleDriver());


        // 3. 连接 Oracle 数据库
        //    我们给出 2 个实例: thin 和 OCI 驱动
        //    thin-driver 方式:
        //    使用 service name: 推荐使用 JDBC 连接方式!
        //        jdbc:oracle:thin:@//<host>:<port>/<service_name>
        //            或
        //    使用 SID: 此类方式 Oracle 不再推荐使用
        //        jdbc:oracle:thin:@<host>:<port>:<SID>
```

⊖ 参考资源:
　• Inside the Java Virtual Machine, http://www.artima.com/insidejvm/ed2/index.html
　• Oracle JDBC Developer's Guide and Reference, http://docs.oracle.com/cd/F49540_01/DOC/java.815/a64685/basic1.htm
　• Java SE7 文档, http://docs.oracle.com/javase/specs/jvms/se7/html/jvms-2.html
　• http://docs.oracle.com/cd/B19306_01/java.102/b14355/instclnt.htm#JJDBC20000
　• http://www.javatpoint.com/examaccess

```
//                  或
//       使用 TNSNames: Oracle JDBC v10.2.0+ 开始支持
//           jdbc:oracle:thin:@<TNSName>
Connection conn01 = DriverManager.getConnection
        ("jdbc:oracle:thin:@//192.168.31.100:1521/Oracle01",
          "username", "password");
// OCI-driver 方式:
// 格式:    jdbc:oracle:oci:@<database_name>
// 其中 oracle.world 是定义在配置文件 tnsames.ora 中 SERVICE_NAME
//Connection conn01 = DriverManager.getConnection
        ("jdbc:oracle:oci:@//192.168.31.100:5521:
          oracle.world",
          "username", "password");

// 4-5. 建立语句对象并执行, 返回结果在
Statement stmt01 = conn01.createStatement ();
ResultSet rset01 = stmt01.executeQuery
        ("SELECT ename FROM emp");

// 6 处理结果: 打印
while (rset01.next ())
    System.out.println (rset01.getString (1));

//7-8. 关闭结果、SQL 对象及数据库连接
rset01.close();
stmt01.close();
conn01.close();
    } // end of main()
} // end of RicksJDBCCode{}
```

 扫一扫，学习本章相关课程

PHP 程序设计　　　　Java 面向对象程序设计

第6章

数　据　库

　　数据库可以算作计算机软件系统中最为复杂的，其最核心的部分是数据库管理系统（DataBase Management System，DBMS），从时间发展的角度上看，数据库大体可分为三大类：

- ❑ 导航型数据库（Navigational Database）
- ❑ 关系型数据库（Relational Database）
- ❑ 后关系型数据库（Post-relational Database）

　　导航型数据库是 20 世纪 60 年代随着计算机技术的快速发展而兴起的，主要关联了两种数据库接口模式：网络模式（Network Model）和分层模式（Hierarchical Model）。前者在大数据技术广泛应用的今天已经演变为图数据库（Graph Database），简而言之，每个数据节点可以有多个父节点也可以有多个子节点；而后者描述的是一种树状的分层、分级模式，每个数据节点可以有多个子节点，但是只能有一个父节点。不难看出，树状结构对于数据类型及关系的建模有较大限制（后续大数据相关章节会详细介绍图数据库）。

　　关系型数据库自 20 世纪 70 年代诞生以来，在过去 40 多年中方兴未艾，也是我们今天最为熟知的数据库系统类型。关系型数据库的起源离不开英国人 Edgar Frank Codd，在 IBM 的硅谷研发中心工作期间，他对 CODASYL Approach（20 世纪 60 年代中期 ~ 70 年代初期的导航型数据库的事实标准）并不满意（比如缺少搜索支持），于是那篇业界与学界著名的论文横空出世——A Relational Model of Data for Large Shared Data Banks（大规模共享数据银行的关系模型描述），随之还有 Codd 发表于 1971 年的另一篇重量级论文——A Data Base Sublanguage Founded on the Relational Calculus（基于关系计算的数据库子语言）。后者描述了 Alpha 语言，这个名字相当霸气，要知道 C 语言是受到贝尔实验室发明的 B 语言的启发而生的，而 Alapha 语言（A 语言）意图排在它们之前，由此可见 Codd 老先生对 Alpha 语言寄予的厚望。不过回顾数据库的发展历史，Alpha 的确直接影响了数据库查询语言（Query Language，QUEL），而 QUEL 是 Ingres 数据库的核心组件，也是 Codd 与加州 Berkeley 大学合作开发的最重要的早期数据库管理系统，今天我们大量使用的很多 RDBMS 都源自 Ingres DBMS，比如 Microsoft SQL Server、Sybase 以及 PostgreSQL（Postgre = Post Ingres），QUEL 最终在 20 世纪 80 年代初被 SQL 所取代，而随之兴起的是 Oracle、DB2 这些赫赫有名的商业 RDBMS。

　　后关系型数据库也称作面向对象型数据库（Object Database），对象数据库的兴起滞后于关系数据库 10 年，它的核心是面向对象（OO），借鉴面向对象编程语言的 OO 特性来对复杂的数据类型及数据之间的关系进行建模，对象之间的关系是多对多，访问通过指针或引用来实现。通常，OO 类语言与 OO 型数据库结合得更完美，以医疗行业为例，面向对象型数据库的使用使得工作效率更高（例如 InterSystems Cache 数据库）。

随着近些年的云计算、大数据等技术的高速发展，围绕 SQL 的关系型与后关系型数据库已经逐步演进到了 NoSQL（Not Only SQL）、NewSQL 等各种各样更为丰富的技术与产品形态，这些内容在大数据相关章节中将展开讨论。

本章着重讨论传统的基于 SQL 的关系型数据库中的常见问题及答案。

6.1 基础知识

何为数据库索引（Index）？

数据库索引是一种数据结构，可以实现加速的数据搜索与访问。所谓加速的搜索是相对于线性搜索的，对于大型数据库而言，线性搜索效率太低。举个例子，拿到一本英文字典，查询单词 Zimbra，如果没有索引的话，就要从 A 顺序（不跳跃）查到 Z，那么从 A 到 Y 之间翻过的几百页都是浪费时间的行为，而索引可以实现更快速的精准定位。

数据库如何存储数据是个复杂的问题，用最简单的语言来描述这个问题，就是数据（包含表数据和索引）在存储介质（硬盘、闪存或内存）上的存储方式，可分为两大类：

- 有序的（ordered）：插入效率低（要排序），检索读取高效（排序过）。
- 无序的（unordered）：插入效率高（复杂度 O(1)），检索低效（通常为 O(n)，在索引帮助下可达到 O(log n) 甚至 O(1)）。

从具体的数据结构实现上看有 4 种数据存储方式：

- 堆（heap）文件：插入高效，检索低效（需要线性搜索），排序费时。
- 哈希（Hash）表：精准检索高效，不适合范围检索，需预防冲突检测和恢复。
- B+ 树（B+ Tree）：使用最为广泛的数据结构；支持顺序与随机检索（访问任何数据记录的时间是一样的）。
- ISAM：ISAM 是 Indexed Sequential Access Method 的缩写，最早是 IBM 为大型机（Mainframe Computer）开发的数据索引方法。基于 ISAM 风格实现的数据库不计其数，包括 Berkeley DB、dBase、Foxpro、Microsoft Access 和 Mysql。

LAMP 原始的定义为 Linux-Apache-Mysql-Perl，后来泛指依托开源项目搭建的 IT 体系架构，互联网公司绝大多数采用 LAMP。以 LAMP 架构中的 MySQL 数据库为例，如果不定义任何索引，那么做表查询时 MySQL 要从第一行（row record）开始顺序读整张表（table）以找到相关的行，效率之低下可想而知。于是 MySQL 提供了多重索引类型：

- PRIMARY KEY：主索引，一个表只能有一个主索引。
- UNIQUE：用来表明数据记录的唯一性（uniqueness）。
- INDEX：普通索引及复合索引（多列构成）。

❑ FULLTEXT：全文检索。

以上 4 类索引数据类型都通过 B 树来实现。例外的是，空间数据类型采用 R 树实现索引，此外，Memory 表也支持哈希索引。

索引的使用是个颇为复杂的问题，简单来说，最重要的是清楚在何处建立索引以提高检索效率。索引的建立是为了在 WHERE 语句中充分发挥索引的效用，理论上当然可以为所有能索引的列全部建立索引，但事实上这样会浪费空间与时间，索引的建立永远是个"权衡"的过程，最终目标是通过最优的索引组合来实现快询问（fast query）。

还是以 MySQL 为例，MySQL 主要在下面几种情况下使用索引：

❑ 为 WHERE 语句快速找到匹配的行。

❑ 去掉不必要的行：MySQL 会使用指向最小行集合的索引。

❑ 多行索引中自动进行左前缀组合（leftmost prefix）：比如（c1, c2, c3）这类组合索引，（c1）和（c1, c2）也会被自动匹配使用。

❑ 在为表排序（sort）或组合（group）时。

❑ 在使用表连接（table-join）时。

需要指出的是，在检索小表或是大表但是几乎需要处理所有行的数据记录时，几乎不使用检索。

还有一种有趣的情况，当查询的所需数据都包含在索引中时（称为 covering-index），数据库会直接从 covering-index 的数据结构中快速获得数据。

最后提一下外键（Foreign Key），这与数据库设计理念及其优化相关。数据库开发中经常会面临选择，是建立一个巨无霸（很多列）的表，还是建立多个小表（列少）并以外键提供关系指向（比如表关系为 1→N）。我们通常采用后者，主要原因在于，具体的数据库实现中，查询从磁盘中读出的数据块越少则效率越高，而列数少的小表可以在一个数据块中存放更多的行数据来尽快完成操作。

🔍 *MySQL 的主要存储引擎有哪些？*

✓ MySQL 一开始只有一种数据库引擎——MyISAM，是 ISAM 的实现与延伸，今天 MySQL 大概支持 10 种存储引擎（前 5 种比较常见）：

❑ MyISAM

❑ InnoDB：支持 ACID（安全交易、强一致性）的新的默认引擎。

❑ NDBCluster：支持高在线及高可用性的引擎。

❑ Archive：顾名思义，适合备份（冷数据）存储。

❑ Memory（Heap）：基于内存的堆引擎。

❑ Merge：适合 VLDB（超大规模数据仓库）。

❑ CSV（comma-separated-values）：用于便捷的跨程序交换。

❑ Federated：适合分布式数据集市应用。

❑ Blackhole：用于分布式数据自动复制。

❑ Example：仅用于开发人员实现新的数据库类型测试。

下面对前 5 种常见的 MySQL 存储引擎进行比较，见表 6-1。

表 6-1 5 种常见的 MySQL 存储引擎数据比较

引擎功能和特性	MyISAM	InnoDB	NDB	Memory	Archive
存储上限	256TB	64TB	384EB	RAM	None
交易支持	No	Yes	Yes	No	No
锁颗粒度（locking granularity）	Table	Row	Row	Table	Table
B-tree 索引	Yes	Yes	No	Yes	No
T-tree 索引	No	No	Yes	No	No
Hash 索引	No	No	Yes	Yes	No
全文搜索索引（Fulltext）	Yes	Yes	No	No	No
集群索引（Clustered）	No	Yes	No	No	No
数据缓存	No	Yes	Yes	N/A	No
索引缓存	Yes	Yes	Yes	N/A	No
数据压缩	Yes	Yes	No	No	Yes
加密数据	Yes	Yes	Yes	Yes	Yes
复制支持	Yes	Yes	Yes	Yes	Yes
外键支持	No	Yes	No	No	No
备份 / 恢复	Yes	Yes	Yes	Yes	Yes
Query 缓存支持	Yes	Yes	Yes	Yes	Yes
MVCC（多版本并行控制）	No	Yes	No	No	No

从表中不难看出为什么 MySQL v5.5 之后的默认数据库存储引擎从 MyISAM 改为了 InnoDB，InnoDB 除了存储上限 64TB 略逊一筹外（这个限制很容易理解，我们前面提到过 ACID=Atomicity+Consistency+Isolation+Durability，它其实指的是数据库事务、交易处理的四要素，同时支持这四项必然会限制了扩展性，后面的大数据相关章节将引入 CAP 理论，在此不再赘述），其他各项指标均完胜 MySQL ISAM。

NDB 支持的存储上限是惊人的 384EB，这个大小是 256TB 的一百万倍还要多，如果一个单硬盘为 1TB，384EB 就是 3 亿 8 千 4 百万块硬盘，这些硬盘连在一起的长度几乎是从地球到月球的距离！ ⊖

Archive 类型引擎没有存储上限，不过，在真实的工业界应用中鲜有完全依赖 MySQL Archive 来实现数据的存档，大抵是因为它的效率并不够高。

Memory 类型的存储只是受限于内存的大小，让人禁不住想到学神 vs 学霸的笑话，学神对学霸说："你能考 98 分是因为你就是 98 分的水平，而我考 100 分是因为试卷满分只有 100 分。"窃以为这句话同样适用于 Memory 引擎。

 PRIMARY KEY 与 UNIQUE 限制之间的区别是什么？

 PRIMARY KEY 与 UNIQUE KEY 都是用来强制完整性的（entity integrity），不过 PRIMARY

⊖ 不过这里给出的只是理论值，在实践中笔者发现 NDB 依然存在诸多限制，比如网络带宽、延迟同步等。

KEY 不允许 NULL 值出现。

在建表时，PRIMARY KEY 总是最先放置，随后是 UNIQUE 索引，然后是其他非 UNIQUE 索引。这样放置的主要目的是方便 MySQL 优化器对索引的使用优先排序。

一般而言 PRIMARY KEY 越简短越好，这样更容易对每一行进行定位。

UNIQUE 与 PRIMARY KEY 的主要区别当然是它允许 NULL 值出现，除此以外，它和 PRIMARY KEY 一样要求列中的值不允许重复。

🔍 MySQL 与 Oracle 在索引使用方面的差异何在？

✅ 简而言之，MySQL 大体上只用了三种索引：

❑ Hash
❑ R-/R+ Tree
❑ Fulltext

但是 Oracle 还支持很多其他类型的索引：

❑ Bitmap
❑ Expression
❑ Partial
❑ Reverse

另外，MySQL 使用 left-most 索引，举个例子，假设数据库表 employee 有很多列，我们选择其中的 3 列作为一个复合索引（composite index）：

```
ALTER table employee ADD INDEX(surname, firstname, middlename);
```

出于简化起见，用 (A, B, C) 表示这个索引，那么 MySQL 会在检索过程中自动使用（A）、(A, B) 或 (A, B, C) 来智能地进行优化，但是不会使用（B）、(C) 或者（B, C）。

MySQL 相对 Oracle 而言还是比较简单（在新的 v5.7 中可以看到越来越多复杂的面向大型应用的功能），不过市场份额已经快速跃升至紧随其后了，而且随着 Oracle 对 SUN Micro 的收购，MySQL 与 Oracle 已然成为一家公司的两个流派了。

🔍 有一个文本数据文件，里面存储了企业员工的基本信息，如何将其导入数据库表？请写出实现代码。

✅ 这里给出两种实现方案。

方案 1 读文件，每行顺序插入数据库表。

```php
<?php
// open the file for reading
if (!($fp = fopen("datafile.txt","r"))) {
  print "\nUnable to open datafile.txt for writing";
  exit();
}
```

```
// loop through the file line by line
while (!feof ($fp)) {
  // put the data into the variable $sline
  $sline = fgets($fp, 4096);
  $sline = chop($sline); // remove the newline

  // split the line on "|",
  list($eno,$fname,$sname,$telno,$salary)
      = split("|",$code);
$db->query("insert into employee
                 (employee_number,firstname,surname,
                  tel_no, salary values($eno,'$fname',
              '$sname','$tel_no', $salary)");
} // end while loop
?>
```

很显然，上面的方法虽然可以完成工作，但是实现效率很低。

方案 2   使用 LOAD DATA INFILE。

```
# optimized using load data infile ....
$db->query("LOAD DATA INFILE 'datafile.txt' INTO TABLE employee (employee_
number,firstname,surname,tel_no,salary) FIELDS TERMINATED BY '|'");
    LOAD DATA INFILE has defaults of: FIELDS TERMINATED BY '\t' ENCLOSED BY ''
ESCAPED BY '\\'
```

此方法只需要进行一次 SQL query 操作就可以让 MySQL 自动完成批量数据导入，是更理想的解决方案。

数据库表记录的删除操作如何优化？

数据库的删除操作是比较昂贵的（就单行的操作复杂性而言仅次于 UPDATE 操作）。对于表记录的全删除操作，与其运行

```
DELETE FROM mytable;
```

不如运行

```
TRUNCATE TABLE classifieds;
```

它们的核心区别在于：DELETE 操作是一行行进行记录删除的，效率很低；而 TRUNCATE 操作是 DROP & RECREATE table，效率高很多。当然，TRUNCATE 操作也有一些限制，比如不可以 ROLLBACK，不支持有 FOREIGN KEY 限制的 InnoDB 表。

另一种情形是如果删除的量超过了 table 的一半以上，可以考虑把不需要删除的行记录拷贝到另一新的 table 中，然后直接 DROP 或 TRUNCATE 原 table，再对新的 table 重命名或拷贝记录回原 table。

记住：在所有删除操作中，提高效率的最基本的原则是尽量使用索引对被删除记录进行精准的定位。

谈谈你对 MySQL Query Cache 的了解。

Query Cache = 查询缓存，它存储了 SELECT 语句以及相应的查询结果。如果完全一致的语句（identical statement）再次出现，服务器会直接从返回 Query Cache 中返回结果，而不需要解释（parsing）后执行该查询语句。

Query Cache 在多个会话（session）中可共享，在多客户端环境中（如互联网应用），相同的查询只需要执行一次，其后的操作都可以直接从缓存中返回给其他客户端。

Query Cache 也不会返回"过期数据"（Stale Data），当表中数据改动后，相应缓存中的数据会被清空。

MySQL 自 v4.0 开始支持查询缓存。假设设置缓存大小为 4MB（MySQL 会自动设置缓存边界为就近的 1KB）：

```
mysql> SET GLOBAL query_cache_size = 4198400;
```

在 32 位平台上缓存大小上限为 4GB，64 位平台上的上限为 1.6EB（基本可以认为是无限的），两类平台的默认缓存大小都是 1MB（一个相对保守的默认值）。

如果要禁用 Query Cache，可以设置该全局参数为 0。

对于频繁变更的数据库表而言，Query Cache 可能会被频繁清空，这种情况下应该考虑禁用查询缓存。

请解释数据库复制。

Data Replication= 数据复制，目的是提高可靠性、容错性及数据的可访问性（Reliability, Fault-tolerance and Accessibility）。

数据库的数据复制无外乎两种实现方式：

❑ 单主多从结构（Single Master and Multiple Slaves）
❑ 多主多从结构（Multiple Masters and Multiple Slaves）

前者比较容易实现，主节点可读可写，而从节点从主节点得到复制数据后主要用于只读操作。而对于多主多从结构，最关键的是确保主从、主主节点间数据的状态一致性，通常需要通过分布式的并发控制机制（Distributed Concurrency Control）来实现，比如 DLM（Distributed Lock Manager）就是一种保证共享资源同步（synchronization）的软件方法。

早期 MySQL v4.x-5.0 使用单主多从的简单数据复制架构，v5.1.18 开始支持更为复杂的多主多从复制架构，甚至是环形复制架构，如图 6-1 所示。

以 NDB Cluster 为例，三个集群中的 6 个 mysqld 实体（instance）有如下关系：

❑ Cluster 1 中的 A 与 Cluster 2 中的 C 互为主从关系。
❑ Cluster 2 中的 D 与 Cluster 3 中的 F 互为主从关系。
❑ Cluster 3 中的 E 与 Cluster 1 中的 B 互为主从关系。

大型（P）分布式数据库系统的数据复制是个非常复杂的过程，特别是在实时性、事务一致性（C）、可用性（A）要求强的系统中，后面的大数据相关章节中将介绍 CAP 理论及新型的 NewSQL/NoSQL 系统是如何应对数据复制要求的。

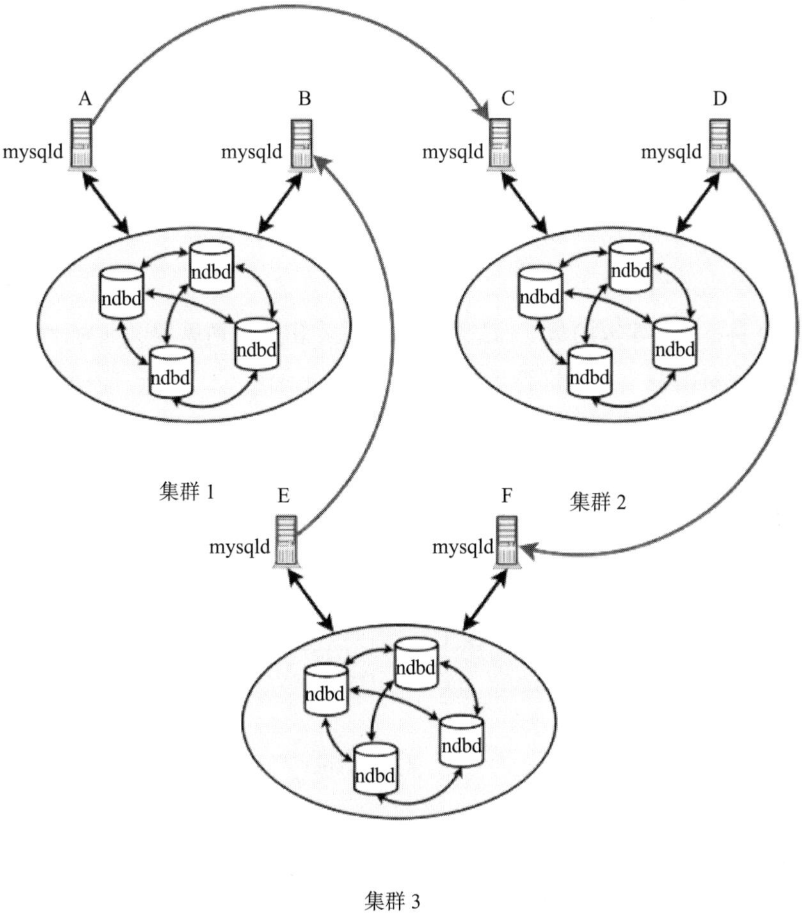

集群 3

图 6-1　环形复制架构

🔍 解释 LEFT JOIN/RIGHT JOIN、INNER JOIN 和 OUTER JOIN 的区别。

✅ 在标准的 SQL 中，JOIN、CROSS JOIN 和 INNER JOIN 是不同的，不过 MySQL 中这三个 JOIN 在语义上是相同的，可以混用。

INNER JOIN 的目的是把两个或多个表捆绑在一起，从中找到匹配的记录。

LEFT JOIN 顾名思义，允许把两张表捆绑在一起，第一张（左）表中的记录第二张（右）表可能没有，依据具体检索条件快速做出取舍（保留左表中的所有数据＋右表中的匹配数据）。

例子 1　INNER JOIN。假设有表 employee 和表 department，在表 employee 中有 dept_id 信息指向 department 表中的 id。如何打印出员工姓名与部门名称?

```
SELECT employee.name, department.name
    FROM  employee INNER JOIN department
ON employee.dept_id = department.id;
```

例子 2　假设上例中还有一个表 family，用来存储员工的家人信息，其中 eid 指向

employee 表中的 id，如何找到所有员工及其家人？

```
SELECT employee.name, family.name
    FROM employee LEFT JOIN family
ON employee.id = family.eid;
```

如果使用 INNER JOIN：

```
SELECT employee.name, family.name
    FROM employee INNER JOIN family
ON employee.id = family.eid;
```

结果将会出人意料，没有家人的员工信息将无法被检索出来！请思考这是为什么。

例子 3 继续对前两个例子进行延伸，假设有表 award，通过 eid 与 employee 表的 id 列关联，记录了员工的历年获奖情况。奖项有两大类，patent 或 paper 各由一张对应的表存储相关记录，注意，每一行的 award 记录或者是 patent 类型或者是 paper 类型（通过 patent_id 或 paper_id 指向 patent 与 paper），但不能兼而有之。如何找到某一员工（id=9527）的所有两个奖项？

```
SELECT * FROM employee
    INNER JOIN award on (award.eid = employee.id)
    LEFT JOIN patent on (patent.id = award.patent_id)
    LEFT JOIN paper on (paper.id = award.paper_id)
WHERE employee.id = 9527;
```

注意，INNER JOIN 连接表 award，但是对表 paper 与 patent 使用了 LEFT JOIN。如果都使用 INNER JOIN，结果会出乎意料：

```
SELECT * FROM employee
    INNER JOIN award on (award.eid = employee.id)
    INNER JOIN patent on (patent.id = award.patent_id)
    INNER JOIN paper on (paper.id = award.paper_id)
WHERE employee.id = 9527;
```

INNER JOIN 类似于 AND 操作，而 LEFT JOIN 相当于 OR 操作，结果不言而喻。

小结：

```
LEFT JOIN = LEFT OUTER JOIN
RIGHT JOIN = OUTER JOIN
```

在 MySQL 中 LEFT JOIN 与 RIGHT JOIN 很近似，只是表的左右角色互换了一下而已，为了保证跨数据库的可移植性，建议使用 LEFT JOIN。

另外，下面的两条语句是等同的：

```
Select * from atable LEFT JOIN btable USING (id);
Select * from atable LEFT JOIN btable ON (atable.id = btable.id);
```

何为 SubQuery？

SubQuery（子查询、嵌套查询）指的是在一个 SQL 语句中嵌套着另一个语句。

例如：

```
select id from atable where id IN (select id from btable);
```

事实上它等同于下面的语句：

```
select a.id from atable AS a, btable AS b where a.id = b.id;
```

或者

```
select a.id from atable
    INNER JOIN btable
    ON atble.id = btable.id
```

简而言之，绝大多数的 SubQuery 都可以通过 INNER JOIN 来表述。

数据库通常都会对 SubQuery 做一些优化，比如：

❑ 半连接（Semi-join）

❑ 具体化（Materialization）

❑ 引申表（Derived Tables）

❑ 存在策略（Exists strategy）

由于篇幅所限，在此不再赘述。有兴趣深究的读者可参考相关资料。

🔍 继续前面的表 employee 和表 department 示例，如何找到所有超过 10 个员工的部门 id 并打印员工数？

✅ 这道题具有一定的欺骗性，用 JOIN 或者 SubQuery 是很多人的第一选择，实际上用数据库自带的统计函数可以方便地实现。

```
SELECT dept_id, count(employee_name)
    FROM employee GROUP BY dept_id
    HAVING count(employee_name) > 10;
```

本题与后面一题为 Yahoo! Personal 部门的现场面试题。当年 Yahoo! Personl 为了提升品牌，把 Yahoo! 双虎之一的 David Filo（另一虎是赫赫有名的杨致远）的征婚信息放在了 Personal 的首页之上，据说创造了历史上单一男用户得到女生求爱请求的最高纪录，一天内超过 100 000 次求爱。

🔍 继续前题，如何找到所有的员工和他们的经理？ 需要包括没有任何经理的员工（比如 CEO）。

✅ 这道题的关键在于对一个表自身进行 LEFT OUTER JOIN，有点类似于面向对象语言中的多态（polymorphism）理念，唯一需要注意的是在 WHERE 语句中加上 CEO 类员工的特例。

```
SELECT a.employee_name, b.employee_name
        FROM employee AS a LEFT OUTER JOIN employee AS b
```

```
        WHERE a.manager_number = b.employee_number OR
        (a.manager_number = NULL AND
         a.employee_number = b.employee_num
        );
```

6.2　数据库设计与优化

🔍 解释 EXPLAIN、ANALYZE 和 OPTIMIZE。

✅ 先说 EXPLAIN，EXPLAIN 是用来获取 SQL 语句的执行信息的。EXPLAIN 可以作用于 SELECT、DELETE、INSERT、REPLACE 以及 UPDATE 类 SQL 语句。

确切地说，MySQL 会通过 OPTIMIZER 获取 EXPLAIN 所指向的 SQL 语句的执行计划（execution plan），即如何处理 SQL 语句，比如多个表之间如何连接、以何种顺序连接等。

ANALYZE TABLE 操作分析并存储一个表的索引 (key) 分布。MySQL 使用索引的分布信息来决定在进行连接操作时表之间的连接顺序以及如何使用索引。

EXPLAIN 最有价值的地方在于，通过分析 EXPLAIN 的输出可以调整表的结构，从而完成对 SQL 的执行效率的优化，包括列定义的调整和索引定义的调整。

下面举一个例子，假如有表 employee，如果 firstname 没有被定义为索引，那么语句

```
EXPLAIN SELECT overtime_rate FROM employee WHERE firstname = "ricky";
```

会显示没有任何索引被使用（意味着这一操作将进行低效率的全表扫描）：

```
+----+-------------+----------+------+---------------+------+---------+------+------+-------------+
| id | select_type | table    | type | possible_keys | key  | key_len | ref  | rows | Extra       |
+----+-------------+----------+------+---------------+------+---------+------+------+-------------+
|  1 | SIMPLE      | employee | ALL  | NULL          | NULL | NULL    | NULL |    4 | Using where |
+----+-------------+----------+------+---------------+------+---------+------+------+-------------+
```

解决方法是更改表，把 firstname 定义为索引。

再举一个例子，在更为复杂的多表连接操作中，EXPLAIN 还可以用来分析每个表有多少行记录会参与操作。假设 table1、table2、table3 各有 3000 行、2000 行和 4000 行，在未经优化的操作中所有行都要参与运行，这种极端情况下查询结果是 $3000 \times 2000 \times 4000 = 24000000000$（240 亿行），MySQL 恐怕永远无法完成这一操作，我们称这种连接操作为笛卡尔乘积（Cartesian Product，Rene Descartes 是法国 18 世纪上半叶最伟大的数学家、物理学家和哲学家，近现代哲学体系奠基人。Cartesian 是他的拉丁文名字。我们熟知的"我思故我在"就出自于笛卡尔老先生，这句话精准地浓缩了笛卡尔的哲学思想：唯心 + 唯物）。

MySQL 对于连接操作的优化取决于各个表中索引定义的有无及一致性，比如 table1 中有 column1 varchar(10)，table2 中有 column2 varchar(15)，table3 中有 column3 char(20)，它们在检索条件中相互指向对方，那么至少有两层优化：

❑ 定义 column[1-3] 为索引。

❑ 可能的话，把三列的数据类型统一为 char(20) 或 varchar(20)。

上述操作可大幅提高连接效率，从检索 240 亿行降低到几百万行甚至几千行！而代价只是略微增大了其中两个表中列的大小外加索引。

从 MySQL v5.6 开始引入了"plan stability"的概念，作为 Query Execution Plan 的重要一环，它的目的是确保复杂而重要的 SQL 操作能稳定且可预知地返回操作结果，其中最重要的是，MySQL 优化器（optimizer）可使用系统维护的统计信息，比如 mysql.innodb_table_stats 和 mysql.innodb_index_stats 两个系统表。两张表中都有列 last_update，用于标注 InnoDB 最后更新索引统计信息的时间。

ANALYZE TABLE 操作对于 InnoDB 表而言，相当于立刻更新上两个系统表中的统计信息，以确保优化器可以得到最新的表结构、索引分布信息。

举个例子，假设在数据库 ricky 中有表 employee，包含 primary key、unique key 以及 combo index，在完成多行插入后执行：

```
mysql> analyze table ricky.employee;
+----------------+---------+----------+-----------------------------+
| Table          | Op      | Msg_type | Msg_text                    |
+----------------+---------+----------+-----------------------------+
| ricky.employee | analyze | status   | Table is already up to date |
+----------------+---------+----------+-----------------------------+
1 row in set (0.00 sec)
```

随后查看 innodb_table_stats 内容的即刻更新（注意 last_update 值）：

```
mysql> SELECT * FROM mysql.innodb_table_stats WHERE table_name like 'employee'\G
*************************** 1. row ***************************
           database_name: ricky
              table_name: employee
             last_update: 2014-12-18 18:56:28
                  n_rows: 26
    clustered_index_size: 1 //PK 的大小 (in pages)
sum_of_other_index_sizes: 2 // 非 PK 索引的大小 (in pages)
1 row in set (0.00 sec)
```

在 mysql.innodb_table_stats 中，MySQL 数据库中的每一张表都有一行对应的记录（如上面 SELECT 语句的返回结果所示）。

Mysql.innodb_index_stats 更为复杂一些，主要是存储各个表中的索引统计信息（一表对应多行），比如一个索引的页数、子页数（# of leaf pages，还记得 B-tree/R-tree 这些数据结构概念吗？）、索引第一页的 distinct 值等，在此不再赘述。

OPTIMIZE TABLE 的主要工作是重构（reorganize）数据库表的数据与索引的存储，以减少存储空间并提高 I/O 效率。

由于数据库引擎类型不同，所以 OPTIMIZE 的具体操作也不同：

MyISAM：

❑ 如果有被删除的行，则自动修复。

❑ 如果索引页（index pages）未排序，则排序。

❑ 如果表的统计信息没有更新，则更新。

InnoDB：

❑ OPTIMIZE TABLE 等同于 ALTER TABLE … FORCE，重建表以更新索引统计信息和释放集群化索引（clustered index）中未用的空间。

❑ InnoDB 中使用的 page-allocation 方法不会导致传统的 MyISAM 类引擎的碎片（fragmentation），比如 InnoDB 会保留 7% 的页空间用来支持更新操作，但是删除类操作可能会造成页空白变大（也就是说，优化操作需要执行），高并发负载情况下可能会造成索引间缝隙变大（如 MVCC=Multi-Version Concurency Control…）。

如何把 MyISAM table 转为 InnoDB 类型？

这是一系列问题当中的第一个，最简单的答案当然是类似下面的语句：

```
ALTER TABLE foo ENGINE=InnoDB;
```

记住：MySQL 的系统表 (system tables) 必须是 MyISAM 类型，上面的语句作用在系统表上是无效的。

其他方法还有：

❑ 克隆现有 MyISAM 的表结构，然后设置数据库引擎为 InnoDB。

❑ 建立新的 InnoDB 类型表，把旧表数据插入新表。当然，对于大表而言，有很多方法可提高插入速度，比如 set unique_checks=0（关闭 UNIQUE key 检索）、分段插入或者提高 InnoDB buffer pool 来降低磁盘 I/O，等等。

如果面试到了这一步，那么面试官下面十之八九会有一系列的追问，所以要做好准备。

从 MyISAM 到 InnoDB 的转换中会出现哪些问题（包含潜在效率等问题）？

在 MySQL v5.5 及之后的版本中，建表时默认的数据库引擎从 MyISAM 改为 InnoDB。前面我们看到过，InnoDB 在绝大多数指标上完胜 MyISAM，其中最重要的是行锁支持与可靠性（row-level locking granularity and reliability）。

在转换过程中，有下面几个问题需要注意：

❑ MySQL 设置中相应降低 MyISAM 的内存配额，而增加 InnoDB 的配额。

❑ MyISAM 并不原生支持事务交易，因此在 SQL 代码中要对含有 COMMIT、ROLLBACK 关键词的操作格外小心，目的是节省内存与磁盘空间使用及降低 I/O 操作。

❑ 从存储格局（storage layout）考量，为达到最优的 InnoDB 性能，有几个系统参数可以相应调整：innodb_file_per_table（允许 InnoDB 为每个表单独设置存储文件、压缩、更高效的空间回收及利用率），innodb_file_format（Antelope 或 Barracuda 文件类型的支持，前者为默认 InnoDB 文件格式，支持 Redundant 与 Compact 行格式，后者支持 Dynamic 及 Compressed 行格式），以及 innodb_page_size（默认为最大 16KB，对于一些 OLTP 类型的多小写操作的系统，考虑使用较小的值，如 4K 或 8K）。

- ❑ 从应用性能角度考虑：InnoDB 需要使用更多的磁盘存储空间以达到额外的稳定性及可扩展性，对于同样结构的表，InnoDB 要大于 MyISAM，所以在生成新的 MyISAM 表时要尽可能优化表结构定义：
  - ❍ 适当更改列与索引的定义以优化空间使用、降低 I/O 及内存消耗、高效且充分地利用索引等。
  - ❍ 在 CREATE TABLE 时定义 Primary Key，最好是整型且 auto_increment。
  - ❍ 在有连接操作时，优化为两个单独的 SQL 语句效率可能会高于单个的连接。

了解索引如何工作对于 InnoDB 的性能调优非常重要。

原则 1 每一个 InnoDB 表都有 Primary Key（PK），如果默认的表定义没有提供，那么第一个 NON-NULL 的 UNIQUE Key 会被当作 PK，如果没有 UNIQUE Key，那么将提供一个 6 字节的隐藏的整型 PK（这也是为什么我们通常在定义表结构时喜欢整型的 auto-increment 的 PK，如果没有这样的 PK，万一需要扫描整个表，如何做到呢？）。

原则 2 Pirmary Key 中的行会自动包含在其他索引中（Secondary Key）。

例如，检查是否有重复（多余）的索引：

PRIMARY KEY(id)

INDEX(b)——等同于 INDEX(b, id)

INDEX(b, id)——等同于 INDEX(b)

上面的两个索引只需要保留一个。

类似地，隐含的索引如被重复定义则应当果断删除：

INDEX(a)——毫无意义，因为下面的复合索引已经包含对 a 的索引了

INDEX(a,b)

原则 3 保持 PK 简短，如果有其他索引，那么长的 PK 会导致其他索引更加臃肿。

- ❑ 如果 MEDIUMINT 够用，就可以不用 INT。
- ❑ 使用 BIGINT 会导致每行比 INT 多占用 4 个字节。
- ❑ 尽量使用 UNSIGNED 和 NOT NULL。
- ❑ 记住 left-most 原则，PRIMARY KEY(x,y,z) 与 INDEX(z,y,x) 并不冲突。

另外，垂直分区（vertical partitioning）也是个有趣的问题，就是把大的（bulky）列（比如 BLOB 类型的列）拆分到另一个表中。BLOB、TEXT、VARCHAR 类型存储与其他数据类型很不相同，这取决于 InnoDB 的文件类型定义，Antelope vs. Barracuda 代表 REDUNDANT/COMPACT vs. DYNAMIC/COMPRESSED。前 768 个字节可能会与 PK 一起存储，另外 20 个字节存储指向存放在其他页的数据的指针，也可能表中只存有 20B 的指针（后一种情形对应 Barracuda 文件类型）。需要注意的是 InnoDB 的行的长度是有限制的（比如 8KB），这 768 字

节是算入限制之内的。

原则 4   InnoDB 中 PK 是与表数据共同存放的，对于通过 PK 的精准匹配（point-query），InnoDB 比 MyISAM 快；而对于区间扫描类的检索理论应该更快，因为不需要在索引文件与数据文件间来回切换。

InnoDB 还有一些限制和注意事项，在做转换时需要注意：

❑ 一个表最多定义 1017 列（v5.5 时是 1000 列）。

❑ 一个表最多定义 64 个二级索引（非 PK）。

❑ 面向一列的单个索引最长 767 个字节。

❑ 复合索引的最大长度为 3072 字节。

❑ 行最长为 8KB（不包含 VARCHAR、BLOB/TEXT、VARBINARY 类型，这些类型可以让每行的实际长度达到 4GB，不过存储是分开的）。

❑ 表大小上限为 64TB（等于 40 亿数据库页）。

❑ 默认页大小为 16KB。

❑ 全部的日志文件大小不能超过 512GB（v5.5 前是 4GB）。

❑ 支持 Fulltext 索引（v5.5 之前还不支持）。

❑ 支持空间数据类型，不过不支持索引（v5.7）。

❑ 不要在 NFS 卷上面存放 InnoDB 的数据或日志文件。

下面是一些常用的 *nix 的命令行指令，在做表类型转换前可方便检查：

```
mysqldump --no-data --all-databases > my_schema
      egrep 'CREATE|PRIMARY' my_schedma  # 查看 PK
      egrep 'CREATE|KEY' my_schema       # 查看索引
      egrep 'CREATE|FULLTEXT' my_schema  # 查看 Fulltext
```

下面，我们再来看看 Non-Index 相关的问题。在 MySQL 系统中最重要的两个与内存使用相关的配置参数需要做出调整：

❑ key_buffer_size 需要调小，不过不是 0，比如 10MB。

❑ innodb_buffer_pool_size 可以设为系统 RAM 的 1/2 ~ 3/4。

MyISAM 类型的数据库表文件可以通过拷贝文件（3 个文件）的方式来备份，但是 InnoDB 没有类似的方法，需要使用 mysqldump，或者建立新表并重新插入老表内容，再删除老表，最后重命名新表为老表。

在 InnoDB 中一般建议禁止自动提交，主要的考量是大量同时间的自动提交对于磁盘 I/O 压力过大，可以在代码中明确表明 START TRANSACTION 以及 COMMIT 或 ROLLBACK 表示结束。

另外，InnoDB 是基于行锁 (row level locking) 的，所以可能会在某些情况下导致死锁（deadlocking），然后 InnoDB 引擎会自动 ROLLBACK 到 BEGIN 状态。SELECT ... FOR UPDATE 是 InnoDB 专门为了高效的行级锁定而设计的，支持在交易中锁定选定的行，直到可以对其操作（如 UPDATE）为止。

上面讲到的是数据库优化相关的问题，下面我们来几个实战派的问题，也许你很快会在工作中用上，我们就叫它 Big Deletes（大删除或大数据删除）吧，还是以 MySQL 数据库为例。

对于大型 InnoDB 数据库表（百万行以上，多列，每行数据量较大），如何进行大批量删除？

回答其实可以很简单，比如删除一张表中过去 30 天之前的数据：

```
DELETE FROM tbl WHERE ts < DATE_SUB(CURRENT_DATE(), INTERVAL 30 DAY)
```

但如果这是个每天新增几万行数据的表，那么 30 天前的数据也有几百万行，这个操作不花费几分钟甚至几小时恐怕完不成，如果是在线运营服务器，更不能如此粗鲁地执行这样的操作，那么该如何提高效率并保证安全呢？

首先，要了解为什么上面的 SQL 删除语句会是个大问题：

❑ MyISAM 类型的表的锁死（locking granularity）是表级的，进行删除操作时，其他操作都会被锁死。

❑ InnoDB 的锁死是行级的，但是删除操作会占用大量系统资源，导致效率降低。

❑ InnoDB 是 ACID 事务 – 交易处理类型的，所以需要写交易日志及回滚信息，大批量操作会显著提高 I/O 的需求。

❑ 复制（replicatoin）是异步的，当 DELETE 执行时，复制到 Slaves 的操作会有延时（数据不能实时同步）。

当然，我们的问题就是如何在这个巨大的 InnoDB 表中完成任务，让我们了解一下 InnoDB 及其回滚操作。前面介绍过 InnoDB 是 transaction-safe（支持交易安全，及 ACID 强事务一致性）的数据库引擎，它会通过日志文件记录操作历史。出于效率考量，日志文件是顺序写（sequentially written）的。如果删除操作影响的行的数量很大，则会导致日志文件快速增长，并直接导致更多磁盘 I/O 操作。

分段删除（deleting in chunks）会有效降低"大删除"带来的潜在超额费用。分段删除的时间效率通常是一个正交分布模型：

❑ 当分段的每段（chunk）大小在几百行以下时，效率并不高，原因是数据库锁定每段的起止时开销相对较大；

❑ 但是如果每段超过一万行，删除总时间又会成倍增长，因为写回滚日志将造成大量 I/O 操作。

后面一题会给出实例，说明为什么分段删除选择每段几千行是最好的实践（效率最高）。

解决方案可分为两类：分区（partition）删除：（对于有时间序列的数据库非常合适）和按段删除（Delete in Chunks，适用于 MyISAM 和 InnoDB）。

分区删除

分区删除的核心思想是把数据库表分为多个滑动窗口式（sliding window）的分区，使用分区键（partition key）来删除早于某一时间点的分区或某一时间段内的数据，分区键用来指定日期和时间（或时间戳）。在具体操作上，可通过定时作业生成新分区并删除旧分区。

删除（dropping）分区是瞬间完成的，比删除很多行快很多，但是，表的设计中必须允许删除整个分区而不会造成任何副作用。

表分区（table partitioning）的限制如下：

1）如果表中有 unique key 或 primary key，那么 partition key 必须包含其中，否则就不能有 unique keys 或 primary key。MySQL 的官方说明这样描述："every unique key on the table must use every column in the table's partitioning expression."在 Mysql v5.1 中还有更多的限制：如果 partition key 是 datetime 类型，那么它不能是 primary key 的第一部分（leftmost part）。这一系统规定实在令人费解，大概是出于删除后重构索引效率的考虑，不过在 v5.7 中已经看不到这样的限制了。

2）分区操作不支持 InnoDB 的 foreign keys（MySQL 5.7 及之前版本）。

对于 MySQL 分区有更深兴趣的读者可以参考 MySQL 在线手册。

分段删除

分段删除的要旨在于：避免扫描全表（table scan），最好能依托某个 unique key（或 primary key）来进行分段删除，下面的伪码展示了如何在循环中每次删除 0 ~ 1000 行。

假设有表结构如下：

```
CREATE TABLE rickys_test
    id INT UNSIGNED NOT NULL AUTO_INCREMENT, // 主键
    ts TIMESTAMP, //timeseries, 不过并不 unique
    ...
    PRIMARY KEY(id)
```

下面的伪码依赖主键 id 的赋值及 timeseries 列 ts 给出具体的行范围，在循环中每次试图删除最多 1000 行记录：

```
@a = 0
LOOP
    DELETE FROM rickys_test
        WHERE id BETWEEN @a AND @a+999
          AND ts < DATE_SUB(CURRENT_DATE(), INTERVAL 30 DAY)
    SET @a = @a + 1000
    sleep 1   // 休息一下，不要占用全部 CPU
UNTIL end of table
```

点评：

❑ 使用 primary key 能有效提高磁盘检索的"命中率"，特别是对于 InnoDB。

❑ 一次 1000 行是个需要随时调整的值，一般而言每次批量删除操作不应该超过 1 秒钟。

❑ 上面的代码如果 id 不是整型则无法正常工作。

❑ 如果 primary key 是复合键（多列构成），则代码会变复杂。

❑ 上面的代码浪费了不少循环在最近 30 天的记录内，如何提高效率？

❑ 最后,也是最重要的一点:如果 id 中出现了大的空缺,那么重新运行此代码时它的效率就会更为低下,如何提高?

针对以上几个问题,下面的伪码逐一进行处理,无论 id 是整型还是字符型,即便 id 不是 UNIQUE 也依然可以工作。

```
@a = SELECT MIN(id) FROM rickys_test
LOOP
    // 找到当前 id 所在行之后的第 1000 行的 id
    SELECT @z := id FROM rickys_test WHERE id >= @a ORDER BY id LIMIT 1000,1
    If @z is null
        exit LOOP  -- last chunk
    DELETE FROM rickys_test
        WHERE id >= @a
          AND id <  @z
          AND ts < DATE_SUB(CURRENT_DATE(), INTERVAL 30 DAY)
    SET @a = @z
    sleep 1 // 对 CPU 友善一些
ENDLOOP
# 处理最后一段:
DELETE FROM rickys_test
    WHERE id >= @a
      AND ts < DATE_SUB(CURRENT_DATE(), INTERVAL 30 DAY)
```

这段伪码还有可能在循环中出现 @z=@a 的情形,比如 id 不是 UNIQUE,并且会出现多次重复,当然这种概率在现实中极为低下,除非是被恶意篡改过的代码。代码可改进如下:

```
......
    SELECT @z := id FROM tbl WHERE id >= @a ORDER BY id LIMIT 1000,1
    If @z == @a
        SELECT @z := id FROM tbl WHERE id > @a ORDER BY id LIMIT 1
......
```

别忘了时间条件 ts,假设表中没有定义 primary/unique key,但是 ts 是被索引的,那么上面的代码可改为:

```
LOOP
    DELETE FROM rickys_test
        WHERE ts < DATE_SUB(CURRENT_DATE(), INTERVAL 30 DAY)
        ORDER BY ts LIMIT 1000
UNTIL no rows deleted
```

不过上面的代码是不得已而为之(因为没有更好的针对表中行的索引方法),LIMIT 操作的不确定性会导致主从架构的 MySQL 主服务器和从服务器间出现复制警告(replication warning)。

可以回收磁盘空间吗?简而言之,回收磁盘空间(reclaiming disk space)是个昂贵的操作。

MyISAM 通常会在表文件(.MYD)中留下空白(gaps),在大规模删除后进行优化表操作会回收空出来的空间,不过耗时很长。

InnoDB 是基于块结构(block)存储的(通常一个块 16KB),单独的行删除会在块中造成空白，大批行删除会导致相连的块合并（coalescing）。在 InnoDB 中没有有效的办法可用于回收空白空间，只能重新使用（reuse）。唯一的办法（不能算有效）是：dump 全部 InnoDB 表，在硬盘上删除 ibdata* 文件，重启 MySQL 服务器，reload（import）已 dump 的表。

在 InnoDB v5.6 及之后，每个新建的表的数据和索引由单独的 .ibd 文件存储，当表被删除（dropping）或缩短（truncation）时，相应的存储空间被系统自动回收，控制这一操作的系统变量为 innodb_file_per_table = 1。

在 v5.6 之前的 v5.5 和 v5.1 做到同样的事情需要完成下面的工作：

```
CREATE TABLE new LIKE main;

// 下面的操作对于大表将会非常费时！
INSERT INTO new SELECT * FROM main;
RENAME TABLE main TO old, new TO main;

DROP TABLE old;  // 空间回收
```

下面给大家展示一个基于存储过程（in MySQL）的数据库瘦身实例。

某 InnoDB 表存有大量历史数据，相当一部分并无使用价值，如何高效且安全地瘦身？

这是一个笔者亲历的问题，在某移动互联网医疗健康服务应用的后台数据库中有 130 多张表，其中相当一部分是 InnoDB 类型，另一部分为 MyISAM 类型。最大的两张 InnoDB 类型的表为 customer_service_task_runtime 和 customer_service_task_history，两张表结构一样，后者原计划用于 Web 端服务，但是很多代码写"死"了，现在没有办法更改。

这两张表每天后半夜会在后台产生很多数据，表中超过 30 天的数据都可以删除，具体删除规则如下：

```
第一种删除类型：
    created_date < 一个月前的时间点 and status !="Running"
第二种删除类型：
    created_date < 一个月前的时间点 and task_type = "Education"
```

直接删除全表肯定不可行，因为频繁的 I/O 交换会让机器效率极为低下甚至造成死机。分析和解决方案如下：第一类大概有 62% 的全表数据量，第二类大概有 13%，所以全部合起来大概有 75% 的空间可以清空，MySQL 效率会大幅提升。瘦身代码至少应该一星期跑一次。

下面是每次循环删除 1000 行的程序。至于选择 1000 这个数字，是因为删除 1000 行造成的 I/O 操作可能性较低，并且对系统压力不大。前面一题讲过批量分段删除的正交分布效率模型，在实践中，笔者发现每段为 1000 ~ 2000 行是一个相对安全且高效的范围，低于 500 行或超过 5000 行后效率都明显趋向低下。但在具体问题中还要看表的实际构造情况，如果列数较多且数据类型复杂，那么通常行数值与列数值成反比，列数越多，分段的行数就越少。因为删除依据主键 id，所以如果主 id 有大的空隙（gap），程序便可以正常工作，不至于效率降低。

代码示例如下：

```
DELIMITER //
CREATE PROCEDURE delete_cdm_history_not_running()
BEGIN
    DECLARE @a, @z VARCHAR(255);
  SELECT MIN(task_id)into @a FROM customer_service_task_history;
  history_check; LOOP
    SELECT task_id into @Z FROM customer_service_task_history WHERE task_id >=
@a ORDER BY task_id LIMIT 1000,1;
      If @z == @a THEN
        SELECT task_id into @Z FROM customer_service_task_history WHERE task_id
> @a ORDER BY task_id LIMIT 1;
        END IF;
      If @z is null THEN
        LEAVE history_check;  -- last chunk
      DELETE FROM customer_service_task_history
        WHERE task_id >= @a
         AND task_id <  @z
         AND updated_date < DATE_SUB(CURRENT_DATE(), INTERVAL 30 DAY)
          AND status != 'Running';
      SET @a = @z
      sleep 1  -- be a nice guy, especially in replication
    END LOOP;
    # Last chunk:
    DELETE FROM customer_service_task_history
      WHERE id >= @a
       AND updated_date < DATE_SUB(CURRENT_DATE(), INTERVAL 30 DAY)
    AND status != 'Running';
END//
DELIMITER ;
```

后面要做的事情就是调用 delete_cdm_history_not_running()。

```
DELIMITER //
Set @a=1, @z='z' //
Call delete_cdm_history_not_running(@a, @z) //
DELIMITER ;
```

当然，可以把上面的代码放到一段 Perl 或 Python 脚本中完成，然后每隔一星期自动执行
一次。

如何知道一个数据库 kg 中所有表的大小？写出 SQL 语句将其按大小排序。

以 MySQL 为例，MySQL 系统维护了一个名为 information_schema 的系统数据库来对系
统状态进行全面监控，它的表内含有所有数据库表的信息，包括行数、行的长度、表类
型、数据库引擎、平均行的长度、数据长度、索引长度、表的大小（字节数）等。

假如我们只是对表的名字、行数和大小感兴趣，下面的 SQL 语句可以瞬间完成对所有名
字为"kg*"表的信息查询：

```
SELECT TABLE_NAME, table_rows,
       round(((data_length + index_length)/1024),2) "Size in KB"
FROM information_schema.TABLES
WHERE table_schema= 'kg' and
      table_name like "kg%"
ORDER BY (data_length + index_length) DESC;
```

对应结果如下:

```
+--------------------+------------+------------+
| TABLE_NAME         | table_rows | Size in KB |
+--------------------+------------+------------+
| kg_entry           |      18775 |   11553.36 |
| kg_option          |       5105 |     788.55 |
| kg_food_material   |       1600 |     420.87 |
| kg_question        |       2226 |     230.63 |
| kg_cook_book_detail|       2530 |     136.47 |
| kg_food_detail     |       1432 |      85.70 |
+--------------------+------------+------------+
6 rows in set (0.00 sec)
```

如何把下表的指定列存在一个 Excel 可以打开的文件中? 你需要注意 FIELD ESCAPE、TERMINATION 等。

```
CREATE TABLE `kg_entry` (
  `id` int(11) NOT NULL AUTO_INCREMENT,
  `kg_lib_id` int(10) unsigned DEFAULT NULL,
  `kg_category_id` int(10) unsigned DEFAULT NULL,
  `kg_topic_id` int(10) unsigned DEFAULT NULL,
  `kg_edu_phase_id` varchar(20) DEFAULT NULL,
  `professional_name` varchar(255) DEFAULT NULL,
  `professional_content` text,
  `professional_reference` varchar(100) DEFAULT NULL,
  `name` varchar(255) DEFAULT NULL,
  `content` varchar(2000) DEFAULT NULL,
  `reference` varchar(100) DEFAULT NULL,
  `content_url` varchar(255) DEFAULT '',
  `content_type` enum('Text','Video','Image','Audio') DEFAULT NULL,
  `updated_date` timestamp NOT NULL DEFAULT CURRENT_TIMESTAMP ON UPDATE CURRENT_
TIMESTAMP,
  `updated_by` int(10) unsigned DEFAULT NULL,
  `created_date` timestamp NOT NULL DEFAULT '0000-00-00 00:00:00',
  `created_by` int(10) unsigned DEFAULT NULL,
  `is_active` tinyint(1) NOT NULL DEFAULT '1',
  PRIMARY KEY (`id`)
) ENGINE=MyISAM AUTO_INCREMENT=20206 DEFAULT CHARSET=utf8 ROW_FORMAT=DYNAMIC;
```

在上表中需要提取下列内容:

❑ id

❑ professional_name

❑ professional_content

❑ professional_reference

❑ name

❑ content

❑ reference

❑ content_url

❑ content_type

注意处理两种情况：

❑ 在 *name、*content 列中内容用 '\n' 或 '\r\n' 作为行分隔符。

❑ 对于内容为 NULL 的列记录的处理。

首先，我们需要借助的是 MySQL 的 SELECT… INTO OUTFILE 语句。mysqldump 可以完成类似的工作，不过在底层同样是调用 SELECT INTO OUTFILE…。

需要注意几个要点：

❑ 在 MySQL CLI 中运行本语句，需要制定 OUTFILE 的路径和文件名，并确保特殊用户 mysql.mysql 有读写权限。

❑ 值为 NULL 的列如果不定义 FIELDS ESCAPED BY 则会输出 NULL。

❑ 列分隔符采用特殊字符 '^'（默认为 tab，但是如果 text/varchar 类的列中含有 tab，则会干扰 Excel 对 CSV 文件的导入）。

❑ 嵌套使用 replace（str, 'from', 'to'）把 '\r\n' 和 '\n' 两种情况都替换为 '@@'，以此确保 Excel 导入并打开 kg_entry.csv 文件后所有 MySQL 表中一行的内容对应 CSV 文件中的一行。

代码示例如下：

```
SELECT kg_entry_id, kg_lib_id, kg_category_id,
       kg_topic_id, kg_edu_phase_id,
       replace(professional_name,'\r\n', '@@'),
       replace(replace(professional_content, '\r\n', '@@'), '\n', '@@'),
       professional_reference,
       replace(replace(name, '\r\n', '@@'), '\n','@@'),
       replace(replace(content, '\r\n', '@@'), '\n', '@@'),
       reference, content_url, content_type
INTO OUTFILE '/tmp/kg_entry.csv'
FIELDS ESCAPED BY ' ' TERMINATED BY '^'
FROM kg_entry;
```

扫一扫，学习本章相关课程

MySQL 入门到精通（上）　　　MySQL 入门到精通（下）

第7章

网　络

7.1 HTTP 与 Web Server

WWW（World Wide Web）的语言是 HTTP (HyperText Transfer Protocol)，了解和熟悉 HTTP 协议的意义大体可等同于我们上学时常听说的一句话：学好数理化，走遍天下都不怕（这句话其实大有争议，不过在本书中，我们大可搁置争议，暂且认定此话言之有理）。基于 HTTP 可以实现浏览器、Web 服务器、自动页面下载器（爬虫）、Link Checker以及其他形形色色的互联网工具与服务。

HTTP 这一高层网络协议（在传输层之上）是基于英语的，因此要学好英文，在网络编程中，几乎所有网络标准与协议的原文都是英文，而相当多的译文往往词不达意，不如直接读原文最稳妥，在后面的章节中会专门讨论"程序员的英文修养"。说到这里，程序员似乎很忙，走遍天下要学好数理化，为了理解网络协议还要学好英文（中文作为母语自然也不能放下），然后才能算作一个好的程序员？诚如此，人生岂不快哉？

公认的 Web/WWW 发明者（Inventor of WWW）是英国人 Sir. Timothy Berners-Lee（常被叫作 TimBL），关注过 2012 年伦敦夏季奥运会开幕式的读者也许会注意到，在伦敦奥林匹克体育场，一位老人用 NeXT 计算机发出推文" This is for everyone"，然后体育场内 80000 个观众的座位上立刻显示出这句话，那个老人就是大名鼎鼎的 TimBL——万维网的发明人。（只需要知道 NeXT 也是"乔帮主"的杰作，是很棒的 PC 工作站，不过市场接受度并不高，但是 TimBL 在 1989 年前后为 CERN 欧洲核研究中心工作时用 NeXT 开发出了历史上第一个 Web 服务器和 Web 浏览器，不过当时的原始 HTTP 协议只定义了一个方法：GET。）

HTTP 有文档记载的最早的版本是 1991 年的 v0.9，5 年后 v1.0 面世，具有更丰富的方法和多媒体支持，但是目前最常用的是 v1.1，于 1999 年发布。一晃十几年过去了，互联网已经发生了翻天覆地的变化，但是万维网、HTTP 还是基本停留在 v1.1 阶段，从另一个方面也可以想见 v1.1 的设计者多么富有远见。从 v1.0 到 v1.1 只是一个微小的版本改进，但是支持的功能丰富很多，以 header 为例，v1.1 支持 46 种 header，几乎是 v1.0 的三倍！现在我们至少知道了两个令人震惊的事实：TimBL 老爷子因为这项工作而名垂千古，此为一；v0.9 到 v1.0 是一个 16 倍的飞跃，不过主导设计 v1.0 的英国人 Dave Raggett 几乎没人知道（他设计了万维网的一些核心协议和标准，比如 HTTP、HTML、XHTML 等），人和人的差距实在巨大，0 到 1 视为质变，1 到 16 只能视为量变，此为二。

目前，v2.0 已经面世，它主要关注如下几个方面：

❑ 提高效率、降低延迟：数据压缩、服务器端的推送、并行页面 loading-over-single-TCP。

❑ 与 HTTP1.1 高度兼容、对其他非 HTTP 协议的支持、对通行用例的原生支持（CDN、Proxy、移动 Web 等）。

你了解 HTTP 中信息的结构吗？

在 HTTP 中请求（request）与回复（response）信息很类似，都是面向英文的（English-oriented），一段信息通常包含如下内容：

❑ 起始行（an initial line）

❑ 零或多行的 header

❑ 空行（比如 CRLF）

❑ 可选的信息体（message body，可以是文件、查询数据或查询的输出结果）

换言之，HTTP 信息的格式如下：

```
<initial line, different for request vs. response>
Header1: value1
Header2: value2
Header3: value3

<optional message body goes here, like file contents or query data;
it can be many lines long, or even binary data $&*%@!^$@>
```

HTTP 初始请求行（initial request line）与初始回复行（initial response line）有何区别？

它们都由三部分构成，但是意义却不尽相同。

请求行格式如下：大写的 HTTP 方法，跟在主机名之后的 URL（称作 request URI），HTTP 版本号。

```
GET /path/to/file/index.html HTTP/1.0
```

回复行（也称作状态行）格式如下：HTTP 版本号，回复状态代码，以及一句英文的原因（English reason）。

```
HTTP/1.0 200 OK  或  HTTP/1.0 404 Not Found
```

状态代码（status code）内容如下：

❑ 1xx 表示类似于 FYI 的消息。

❑ 2xx 表示成功。

❑ 3xx 告诉客户端跳转（redirect）到另一 URL（比如 301/302 表示永久或临时移动，

303 表示重定向）。

❑ 4xx 表示客户端错误。

❑ 5xx 表示服务器端错误。

🔍 你对 HTTP header 行了解多少？

◎ 我们先来看一下 HTTP header 的格式：

```
header-name : value
header1: some-long-value-1a, some-long-value-1b
```

HTTP v1.0 中定义了 16 个 header，但是没一个是必需的（required），HTTP v1.1 中定义了 46 个 header，不过只有一个是必需的（Host:）。

从网络礼仪（Net-politeness）角度上讲，建议在客户端请求中加入下面的 header：

❑ From：请求发起方的 E-mail 地址，出于隐私的原因，这个 header 必须允许用户定制（user-configurable）。

❑ User-Agent：标识发起请求的程序，格式为"Program-name/x.xx"，其中 x.xx 是程序的版本号。想必很多读者都熟知，在新浪微博中绝大多数微博都会有发布者使用的客户端的信息，如 iPhone 6，其实它对应的 User-Agent 信息如下：

```
User-Agent: Mozilla/5.0 (iPhone; CPU iPhone OS 6_0 like Mac OS X)
AppleWebKit/536.26 (KHTML, like Gecko) Version/6.0 Mobile/10A5376e Safari/8536.25
```

如果是 iPad，则对应的 User-Agent string 信息如下：

```
Mozilla/5.0 (iPad; CPU OS 6_0 like Mac OS X) AppleWebKit/536.26 (KHTML, like
Gecko) Version/6.0 Mobile/10A5376e Safari/8536.25
```

有趣的是，由于 User-Agent 信息的设置由客户端决定，所以可以轻易改动版本信息，于是出现了各种奇葩的现象，比如 QQ 上有人专门提供长期显示 iPhone 客户端在线的服务，再如 iPhone6 正式发布前数个月，微博上就有人的客户端显示设备类型为 iPhone6。

在服务器端，建议在回复（response）中包含如下的 header：

❑ Server：对应 User-Agent，标明了服务器软件类型、型号等信息，格式为"Program-name/x.xx"。比如一台处于 beta 版的 Apache 服务器会回复"Server: Apache/1.2b3-dev"。

❑ Last-Modified：提供返回资源（resource）的改动日期。在缓存（caching）和其他节省网络流量（bandwidth-saving）的行为中通常会使用这一 header，比如使用 GMT 的 header 如下：

```
Last-Modified: Wed, 31 Dec 2014 23:59:59 GMT
```

🔍 你对 HTTP 1.1 中"Persistent Connection"与"Connection: close"header 有哪些了解？

◎ 在 HTTP 1.0 及之前的版本中（其实只有 v0.9），TCP 连接在每个请求与回复完成后会关闭，也就是说每个被请求的资源都需要自己的连接（connection）。建立与关闭 TCP 连接是一件昂贵的事，需要 CPU 时间、带宽以及内存占用。在实践中，大多数网页在同一台服务器上都会指向多个文件，让多个请求与回复共享一个连接，这种方法称为 Persistent Conncetion（长连接或恒定连接）。

在 HTTP 1.1 中 Persistent Connection 是默认模式，对于客户端而言，只需要打开连接，即可一连串 (pipelining) 发送多个请求，然后在多个回复中顺序读取返回数据。需要注意的是要准确读取每个返回的长度，这样才能正确分隔相连的两个返回回复。

如果一个客户端在请求中包含有 "Connection: close" header，那么在对应的回复返回后，TCP 连接会关闭。这种情形主要用于客户端不支持 Persistent Connection，或者这是一系列请求中最后一个的情况。同样，如果服务器端的回复中含有此 header，那么服务器会在返回发送完毕后关闭连接，而客户端不应当再在本连接中试图发送任何请求。

服务器也可能会在全部返回发送完毕前关闭连接，因此客户端必须跟踪所有请求（的返回结果），在需要的时候再次发送请求，但是只有在知道连接恒定的情况下才可以处理批量请求。如果服务器不支持 Persistent Connection，那么就不要发送 pipeline 请求。

◉ 谈一谈你对 "100 Continue" response 的了解。

◉ 在 HTTP 1.1 客户端发送请求等待返回期间，服务器可能会返回一个 "100 Continue" 回复。它意味着服务器在告诉客户端它已经收到了此请求的第一部分，这个 header 主要用来帮助提高慢连接情况下客户端与服务器端之间的通信。在任何情况下，HTTP 1.1 客户端应该能正确处理此回复（或许最简单的处理方式就是直接忽略这条信息）。

"100 Continue" 的结构和任何其他 HTTP 回复都类似，包含状态行、可选 header 以及一个空行，唯一区别之处在于，它之后总是有另一个完整的 final 返回。

我们看下面的示例，从服务器端返回的完整的数据如下：

```
HTTP/1.1 100 Continue

HTTP/1.1 200 OK
Date: Fri, 31 Dec 2014 23:59:59 GMT
Content-Type: text/plain
Content-Length: 60
some-footer: some-value
another-footer: another-value
yet-another-footer: yet-another-value

I think this example is a great example
Do you think so too?
```

对于 HTTP 1.1 客户端来说，一种简单的处理方法就是，看到第一个回复的状态代码为 100，直接忽略（抛弃）该回复，读取下面的回复并处理。

🔍 你对 HTTP message body 了解多少？

🕐 HTTP 的 message body（英文直译为信息体或主体消息，均不能达意，但后者稍好）是跟在 header 行之后的主体数据。在回复消息中，被请求访问的资源会加载在 message body 中，或者是一些解释文字。在请求消息中，用户输入的数据或上传的文件通过 message body 传给服务器端。

如果 HTTP message 指明有 message body 存在，那么 header 行会对 message body 有所描述，特别是：

- ❑ Content-Type：指明消息体中的数据的 MIME 类型，比如 ext/html 或 image/gif。
- ❑ Content-Length：指明消息体的长度（字节数）。

🔍 假设现有一 Web 服务器上有如下 URL：
http://www.TechnicalInterviews.com/path/to/file.html
能否写出 HTTP 交互来访问 file.html？

🕐 首先，该 Web 服务器默认端口为 80（默认的 HTTP 服务端口），客户端需要发起如下请求：

```
GET /path/to/file.html HTTP/1.0
From: ricky1234@Gmail.com
User-Agent: Mozilla/5.0
[blank line here]
```

之前的网络协议相关章节讲过在服务器与客户端建立 socket 连接时的 4-tuple（Server IP, Server Port, Client IP, Client Port），那是指在传输层（Transport Layer）上的通信，比如 TCP，而 HTTP 是在 TCP 之上的，底层的 TCP 通信连接成功后，上层的 HTTP 只需要关注少量信息，例如：GET 信息（路径＋协议版本号），From 信息（发起请求者是谁），以及客户端版本号。当然，From 与 User-Agent 的设定是出于网络礼节，也就是说，即使不做相应设置，服务器也会工作（除非服务器设计得比较严格，要求必须得到这些信息）。

如果客户端的请求一切正常，服务器正常情况下会返回如下 HTTP 信息：

```
HTTP/1.0 200 OK
Date: Wed, 31 Dec 2014 23:59:59 GMT
Content-Type: text/html
Content-Length: 5687

<html>
<body>
<h1>乡亲们, Happy New Year!</h1>
(more file contents)
  .
  .
  .
</body>
</html>
```

在发送完上面的信息后，HTTP 服务器会关闭 socket。

🔍 谈谈你对 HTTP method HEAD 和 POST 的了解。

✅ 我们前面提到过 HTTP 中定义了不少 header，HEAD 与 POST 就是其中常用的两个。

　　HEAD method：HEAD 请求与 GET 请求很类似，除了一点——HEAD 请求让服务器只返回回复 header，而不包含任何实际的资源。这在只需了解资源特征而不是真正下载它时格外有用，而且节省带宽。当不需要文件的内容时，使用 HEAD。HEAD 请求的回复必须永不包含 message body，只有状态行与 header。

　　POST method：POST 请求用于给服务器输送数据，比如 CGI script。POST 与 GET 的区别如下：

　　❑ 在请求的 message body 中有一段数据（block of data），并且通常有一些 header 来描述 message body，比如 Content-Type 和 Content-Length。

　　❑ request URI 通常不是要索取的资源（resource to retrieve），而是一个用来处理发送数据的程序。

　　❑ HTTP 回复通常是程序的输出而非动态文件。

　　最常见的 POST 用法是将 HTML form（表格）数据提交给 CGI 程序处理。在这种情形下，Content-Type 通常是 application/x-www-form-urlencoded，Content-Length 标识的是 URL-encoded form data 的长度。CGI 程序通过 STDIN（standard input，标准输入）获得 message body 并解码（decoding），下面是一个典型的运用 POST 方法的 form 提交：

```
OST /path/script.cgi HTTP/1.0
From: ricky3456@Gmail.com
User-Agent: Mozilla/5.0
Content-Type: application/x-www-form-urlencoded
Content-Length: 38

Home=Moon&Favorite+character=bumblebee
```

　　当然，你可以通过 POST 请求发送任何数据，不仅仅是 form 提交，只不过要确保客户端与服务器端之间对格式达成共识。

　　GET 方法也可以用来提交 form，form data 需要做 URL-encoding，并且添加在 request URI 后：

```
GET /path/script.cgi?field1=value1&field2=value2 HTTP/1.0
```

🔍 何为 URL-encoding？

✅ 细心的读者会注意到，在 GET 与 POST 方法中，request URI 或 message body 中的 form data 都以某种方式进行编码（encoded）。URL-encoding 简而言之就是指把 form 数据转换封装（packaging）为长串（long string）的过程。

form data 其实就是 name-value pairs（名 – 值对，也可称作 key-value pairs，类似于哈希表，但是编码的结果是把它们都串在一起发送），URL-encoding 会对这些键 – 值对进行如下转换：

❑ 把所有空格转换为加号（' '→'+'）。

❑ 把所有的名或值中的不安全（unsafe）字符转换为"%xx"，xx 是该字符的 16 进制 ASCII 值，比如 %、&、=、+ 及其他一些不能打印字符，甚至可以编码任何非字母或数字的字符。

❑ 把 name（名）与 values（值）通过 = 与 & 串在一起：

```
name1=value1&name2=value2&name3=value&…
```

比如上面出现过的编码 form data：

```
Home=Moon&Favorite+character=bumblebee
```

其实是 form 中的两对名 - 值相连而成：

```
Home  →  Moon
Favorite character → bumblebee
```

浅谈 HTTP 1.1 与 HTTP v1.0 的异同，从服务器与客户端双向看此问题。

HTTP 协议标准相对于很多其他网络协议而言版本迭代很少，1996 年 v1.0 面世，v1.1 三年后发布，之后一直没有主流版本发布。从某种角度看，v1.1 已经满足绝大多数的用户需求与体验，所以足足 15 年都没有新版本升级。

简而言之，v1.1 可看作 v1.0 的超集（superset），相对于 v1.0，它主要的优化和提升包括：

❑ 反应更快，允许在一个 Persistent Connectoin 上完成多交易。

❑ 增加了缓存支持，节省带宽，反应更快。

❑ 对于动态生成的页面，支持分段编码（chunked encoding），允许在回复长度未知前就返回。

❑ 对 IP 地址的利用更有效，允许在单一 IP 地址上提供多域名服务。

HTTP 1.1 对于客户端和服务端的实现与兼容有额外的需求，下面我们分别简要描述。

HTTP 1.1 客户端兼容要求：

❑ 每个请求（request）都包含 Host。

❑ 接受含有 chunked data 的回复（在发送回复信息时，服务器端可能会在知道返回信息的总长度之前，就把返回数据分隔成小的片段，称为 chunked data，这是 v1.1 的主要性能提升手段之一）。

❑ 在每个请求中支持 Persistent Connections 或包含"Connection: close"。

❑ 能处理"100 Continue"回复。

完整的 HTTP 1.1 请求示例如下：

```
GET /path/to/file.html HTTP/1.1
```

```
Host: www.hostA.com:80
[blank line here]
```

chunked 回复示例如下：

```
HTTP/1.1 200 OK
Date: Fri, 31 Dec 2014 23:59:59 GMT
Content-Type: text/plain
Transfer-Encoding: chunked

1a; nothing-serious-here
But I still have to say something
Some characteristics
Some ASCII
Some numerics
some-footer: some-value
another-footer: another-value
yet-another-footer: yet-another-value
[blank line here]
```

HTTP 1.1 服务器端兼容性要求：

❑ 对客户端提交的请求要包含 Host。

❑ 支持请求中含有绝对 URL。绝对 URL 是对比相对 URL 而言的，比如 ../path/to/file 是个相对路径（URL），而绝对 URL 是完整的文件访问路径：比如 http://some.host. com:port/path/to/file.name。

❑ 支持带有 chunked data 的请求。

❑ 支持持续连接（Persistent Connections），或者在回复中包含 "Connection: close"。

❑ 对于慢连接，正确使用 "100 Continue" 回复。

❑ 在每个回复中包含 Date。

❑ 可以处理含有 If-Modified-Since 或 If-Unmodified-Since 的 header。

❑ 至少支持 GET 和 HEAD 方法。

❑ 向后兼容支持 HTTP 1.0 请求。

什么是 HTTP Cookie？

Cookie 几乎是和 HTTP 协议并生的，早在 HTTP 1.0 正式问世前，1993 年 Netscape 就发明了 Cookie（如果你还记得最早的 WWW 浏览器是 Netscape Browser 的话，那时候还没有 Internet Explorer 什么事情）。Cookie 最早用于辨别用户身份，由浏览器客户端控制存储在内存或硬盘文件系统中，Cookie 还有很多其他用法，但无外乎都是为了弥补 HTTP 无状态（stateless）的不足，例如记录用户的登录时间、上网状态等，帮助服务器更准确地判断用户与服务器连接（对话）中的状态。

Cookie 的主要缺点是效率低下、安全性低并且由于大小限制不能完成更复杂的存储：

❑ Cookie 最大 4KB，非常小，HTTP 2.0 也许会做出升级。

❑ Cookie 采用不加密的明文传递，安全成问题（man-in-the-middle attack，中间人攻击），Cookie 还经常被恶意的服务器端程序用来盗取用户敏感信息甚至做脚本攻击。

❑ Cookie 降低了 HTTP 请求的效率（流量增加）。

出于安全、隐私甚至是效能考量，用户可以禁用 Cookie，只要通过浏览器设置即可做到。

当从一 HTTP 服务器上请求 URL 时，浏览器会把所有 Cookie 与该 URL 匹配，如果找到任何匹配的 Cookie，那么它们中含有的所有键 – 值对都会被包含在该 HTTP 请求中，格式如下：

```
Cookie: NAME1=OPAQUE_STRING1; NAME2=OPAQUE_STRING2 ...
```

通常 CGI 程序会用类似下面的 HTTP header 来告诉客户端存储 Cookie 信息：

```
Set-Cookie: NAME=VALUE; expires=DATE; path=PATH; domain=DOMAIN_NAME; secure
```

如果 CGI 程序想删除 Cookie，最简单的做法就是返回一个同名的 Cookie，并带有一个过期的时间戳。其中的路径与名称必须与原 Cookie 一致，这种做法使得误操作或恶意破坏（删除该 cookie）变得更难。

需要指出的是，在做 HTTP 缓存（caching）时，永远不要缓存 Set-cookie 回复 header。

🔍 知道 Apache graceful restart 吗？

⚙ 为了停止或者重新启动 Apache ，必须向正在运行的 httpd 进程发送信号。可以直接使用 UNIX 的 kill 命令向运行中的进程发送信号，但你也许会注意到，系统里运行着很多 httpd 进程，因此不应该直接对它们中的任何一个发送信号，而是只对已经在 Pidfile 中记载下了自身 PID 的父进程发送信号。也就是说，不必对父进程以外的任何进程发送信号。可以向父进程发送三种信号：

❑ TERM：立即停止，如 apachectl –k stop。

❑ USR1：优雅重启（graceful restart）。

❑ HUP：立即重启，如 apachectl –k restart。

USR1 信号使得父进程建议子进程在完成它们现在的请求后退出（如果他们没有进行服务，将会立刻退出）。父进程重新读入配置文件并重新打开日志文件。每当一个子进程死掉，父进程立刻用新的配置文件产生一个新的子进程并立刻开始伺服新的请求。

🔍 什么是 <ScoreBoardFile>？

⚙ Apache httpd 使用 ScoreBoardFile 来维护进程的内部数据（父进程与子进程间的通信维系），因此通常不需要改变这个参数，除非管理员想在一台计算机上运行几个 Apache 服务器，这时每个 Apache 服务器都需要独立的设置文件 htt pd.conf，并使用不同的 ScoreBoardFile。

```
ScoreBoardFile /var/run/httpd.scoreboard
```

本节参考资料：http://www.jmarshall.com/easy/http/。

7.2　VPN

关于 VPN 你了解多少?

VPN=Virtual Private Network，VPN 这个概念最早是从电信运营商的网络实践中演变而来的，通过帧中继（frame relay）或 ATM 的虚拟线路（virtual circuit）来支持远程接入，后来逐渐演变为通过 IP 协议的互联网 VPN 模式。

从拓扑结构上 VPN 有点对点的模式、点对网的模式以及网对网的模式三大类。第一类从最简单的 1 对 1 的简单结构到大规模的 P2P-VPN；第二类对于远程接入公司 VPN 网络办公的人来说并不陌生；第三类类似于 WAN，对于大型企业来说，各个区域办公室网络间形成的就是这种网络。

VPN 系统的实现可分为以下 6 大阵营:

❑ IPSec

❑ SSL/TLS（如 OpenVPN）

❑ MPPE (Microsoft Point-to-Point Encryption)

❑ Microsoft SSTP (Secure Socket Tunneling Protocol)

❑ SSH VPN (Secure Shell VPN)

❑ DTLS (Datagram TLS)

以上分类主要是从以下 4 个角度考量的:

❑ VPN 工作所处的层（参考 OSI 分层模型，在第二、三、四或更高层）

❑ Tunneling 所用的网络协议

❑ Tunnel 终点的位置（在客户端或网络服务提供商端）

❑ 是否提供网对网的链接

OSI 网络分层模型有如下 7 层:

❑ 7: Applicatoin Layer（应用层）

❑ 6: Presentation Layer（展示层）

❑ 5: Session Layer（会话层）

❑ 4: Transport Layer（传输层）

❑ 3: Network Layer（网络层）

❑ 2: Data Link Layer（数据链路层）

❑ 1: Physical Layer（物理层）

这是一个完整的分层概念，在实践中，比如互联网的网络堆栈只定义了其中四层:

❑ 4: Application Layer（应用层）

❑ 3: Transport Layer（传输层）

❑ 2: Network Layer（网络层）

❑ 1: Link Layer（链路层）

对比 SSL/TLS-VPN 与 IPSEC-VPN。

SSL-VPN 通常不需要额外安装任何客户端（clientless installation），它支持访问特定的应用而不是整个子网。最典型的例子是，很多公司提供的通过浏览器 HTTPS 访问的 OUTLOOK（需要两次密码登录）是 SSL/TLS-VPN，而在网络端连接 VPN 后再用 OUTLOOK 或任何其他公司内网则为 IPSec（或其他类型的 VPN，如前一题所列）。

从管控的精细程度上看，TLS/SSL-VPN 可以做到针对每个用户、每个应用级别的管理，而这对于 IPSec 来说极难实现。TLS 的另一个优势是对防火墙与 NAT 穿越的良好支持，使其可实现对于大规模远程访问管理。

SSL 是 TLS 的前身，从 OSI 7 层网络模型上看，TLS/SSL 初始化在第五层（session layer），工作在第六层（presentation layer）；从互联网协议堆栈（Internet Protocol Suite）模型上看，TLS/SSL 对网络连接数据的加密完成在第四层（Application Layer → Transport → Internet → Link Layer）。绝大多数的浏览器都对 TLS v1.0 有很好的支持，而 SSL2.0、3.0 则会逐渐退出历史舞台。TLS1.2 比 1.1/1.0 具有更完善的对数据完整性和密码安全性的支持，是当前的发展潮流。

相对于 TLS 和 SSH 而言，IPSec 工作在 OSI 网络堆栈模型中较低的 Internet Layer，这一区别的关键点在于 IPSec 可以保护所有工作在 IP 网络层以上的应用及数据（这就是所谓抽象、分层模式的最大优势：对于应用层而言，不需要知道底层的具体网络工作模式）。

IPSec 的实现有两种模式：点对点（Host-to-Host）的传输模式和隧道（Tunnel）模式。IPSec 通常使用以下的协议集合来完成不同的功能：

- AH（Authentication Headers）：实现 IP 数据包的源数据验证、无连接完整性以及防止重放攻击（Replay Attack）。
- ESP（Encapsulating Security Payloads）：提供了源认证以及对数据包的完整性和保密性的保障。
- SA（Security Associations）：在 IPSec 的体系架构中，SA 提供了最基本网络安全功能，比如为 AH/ESP 提供配置参数，以及算法、验证及密钥交换机制的定义和捆绑。

了解 SSL 的起源和背后的故事

SSL（Secure Socket Layer）最早是由 Netscape 公司开发的，而 Dr. Taher Elgamel 是幕后最大的推动者，他当时是 Netscape 公司的首席科学家，现在我们通常说的 SSL 之父指的就是 Dr. Taher Elgamel，据说他完成了 SSL v1.0 ~ v3.0 的核心算法。早在 1994 年，正是 Netscape 如日中天的时候，那时微软的 IE 市场份额为 0，Internet Exploer v1.0 在 1995 年才发布；那也是还在 Stanford 大学求学的杨致远和 David Filo 忙着建网页的一年，网页的名字叫 Jerry and David's Guide to the World Wide Web，中文可以译为 Jerry 和 David 的万维网（使用）指南，随后一年，Yahoo！公司正式成立。

再说回 Dr. Elgamel，老先生的职业生涯大概可以看作互联网安全的发展史：

- 1985 年在 HP 实验室时发表的一篇论文后来成为数字签名标准（Digital Signature Standard）的核心算法：DSA（Digital Signature Algorithm）。
- 1995 ~ 1998 年在 Netscape 推动了 SSL 标准的实现。
- 1998 ~ 2004 年从 RSA 安全公司的工程总监到的 CEO。
- RSA 是安全领域的专业人士不能不知道的公司，今天的所谓 Security Token（包含 U 盾、软盾、硬盾、加密盾等），最早、最有影响力的产品都出自于 RSA。RSA 被公认为第一个实用的公钥密码系统（也称作非对称密码系统），而 RSA 是三个创始人的姓的缩写。

◎ 扫一扫，学习本章相关课程

响应式 Web 设计

第 8 章

面试题集锦

本章列举了一些现场面试中常见的题目，分别来自业界知名的公司，如 Yahoo!、PayPal、Microsoft、Motorola、EMC 等。

题目类型无外乎两种：代码类（算法、数据结构、网络、语言内核）和分析类（描述你的逻辑思考、推理、理论、结论、建设性意见、方法等）。代码类题目通常是给出一段代码，让你分析其优劣或提出优化方法。有一些题目在短短几十分钟内几乎不可能给出完整的解决方案，不过面试公司通常会在这种情况下判断应试者面临危机的应变能力（比如基于优先级的处理事务方式）。分析类题目通常会有比较大的自由度和发挥空间，甚至允许应试者发挥想象力，面试公司会通过横向比较来判断应试者与不同团队间潜在的默契程度。

总而言之，在现场面试中，不必纠结于具体的某一个技术细节，而是要有全局观，合理分配时间，遇到障碍时要冷静，可先处理其他问题，有时间再回来换个角度思考解决之道，实在无解，也要把自己的逻辑推理过程描述出来，很多面试官喜欢看到应试者的思考过程（就好比给代码写注释一样）。

🔍 有两个整数数组，分别以 0 结尾

```
array 1: 5 68 34 2 90 0
array 2: 6 89 75 32 68 5 49 100 0
```

实现一个函数找到共存于两个数组中的所有整数。

✅ 前面的章节中，我们讲过不少数组排序的问题，这就是第一步，分别对两个数组排序。第二步是找到排序号的数组中等值的整数元素并标记。代码示例如下：

```
i=j=0;
while (array[i] != 0 && array[j] != 0)
{
    if (array[i] > array[j])
        j++;
    else if (array[i] < array[j])
        i++;
    esle {
        //store a[i] in the set
        i++, j++;
}
```

在 C 语言中，不使用任何额外的变量或临时内存，如何交换两个整数的值？

这是一道相当经典的面试题，解决方案是使用异或（^）操作。

需要三步：

1）整数 1 与 2 进行异或操作后，赋值给整数 1。

2）整数 1 与 2 异或后赋值给整数 2。

3）整数 1 与 2 异或后赋值给整数 1。

解释如下：假设有整数 a=5（二进制 =0101）和 b=10（二进制 =1010），进行二进制的异或操作：

0x0101 ^ 0x1010 = 0x1111（中间值，给 a）

0x1111 ^ 0x1010 = 0x0101（b，交换完毕）

0x1111 ^ 0x0101 = 0x1010（a，交换完毕）

代码如下：

```
a = a^b;
b = a^b;
a = a^b;
```

有点儿神奇，对不对？

使用 Perl 或 C，实现一个多线程的程序，登录多台计算机（服务器），把所有目录下的所有文件名合并整理成 list。

这道题没有真正的标准答案，2014 年 Facebook 的面试中有一道类似的题目，问对于 1000 台 x86 服务器，如何实现对整个 wikipedia.org 进行全网站（网页）的检索和下载，假设 wikipedia 有 10 亿个网页。

类似的问题还有：如何只用 30 台高配置 PC 服务器把 Alexa（全球网站访问量排名）上排名最高的 1 000 000 个网站的（静态）网页在 2 天之内全部爬下（crawl）？

这一类问题归根结底可以归纳为：

❑ 如何设计架构来把数据源分而治之？

❑ 如何实现分布式的爬虫（crawler）来读取数据？

❑ 如何存储数据、建立索引并使用服务？

分而治之（Divide-n-Conquer）是大数据领域的一个重要原则之一，简单来说，一台机器不能完成的任务，我们用 10 台、100 台甚至 1000 台机器完成，那么问题在于如何分配任务呢？

图 8-1 是一个最基本的可行架构，先通过主服务器集群（master server cluster）获得需要爬虫访问的网站列表及相关的流量数据，并计算如何（动态或静态）为爬虫集群（crawler cluster）分配工作量来完成具体的爬虫工作。在这个简单（甚至粗鲁）的架构中并没有考虑爬虫与服务器间、爬虫集群间的具体互动，真实系统节点间的通信可能会颇为复杂。但在系统

设计与实现时需要在效率、功能与代价间做出取舍与平衡（compromise and balance）。

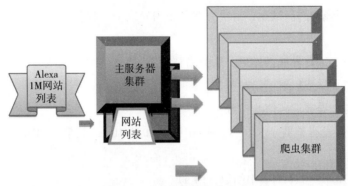

图 8-1　一种服务器架构方式

如何实现高效的爬虫？有人会说使用多线程比多进程效率高，多进程比单进程效率高，那么问题是有比多线程效率更高的方法吗？多线程具体要多少线程才算最优呢？在底层实现上是阻塞式 I/O 还是非阻塞式 I/O ？以 Python 为例，Python 的标准库中处理 HTTP 网络连接的方式是 blocking I/O，如果是单线程，则意味着大量 CPU 时间将浪费在等待网络响应上。使用多线程自然是一个进步，可以更充分（高效）地利用系统资源，但是像大多数系统实践一样，线程数的多少和系统效率的关系呈正交分布，太多或太少都会导致效率不佳，需要根据具体的系统软硬件配置、网络实际带宽和吞吐率得出的一个经验数值。

基于 Python 还有一些开源项目，如 Celery（eventlet）、gevent（greenlet）等，它们的特点是支持：

❏ 高度可扩展的 I/O（不过 eventlet 是非阻塞式，greelet 是阻塞式）
❏ 快速事务循环（fast event looping）
❏ 轻量级的执行单元

使用这类框架的爬虫通常比使用原生的 Python 多线程爬虫的效率更高。当然，这其中还有一个问题是如何跟踪每一个网站中网页（比如 wikipedia 有 10 亿页）的被爬取的状态。最简单的答案是使用键 – 值哈希表（key-value list 或 hash）数据结构，而在具体实现上，使用 Redis 数据库是个不错的选择：key=URL，value= 爬取状态 [0=no;1=yes]。

最后，下载的数据如何存储、索引？以 Hadoop 框架为例，它本身不仅包含计算（map-reduce），而且还包括存储（HDFS），对于数据的永久保存（persistency），可以使用 HDFS；再结合其他内存数据库、内存网格计算、SQL 引擎可搭建出一个多级延迟（Multi-latency）的大数据处理架构并针对高并发爬虫需求定制，还能对外提供多种可扩展服务，示例如图 8-2 所示。

🔍 实现一个简单的支持 multiplex socket 操作的服务器，比如一个支持与多个客户端实现连接并能广播客户端输入信息的服务器，可用任何语言实现。

✅ 这道题目的核心问题是事务驱动（event-driven）的网络通信，又称作异步通信机制（asynchronous multiplexed I/O），我们在 socket 编程中介绍过各种网络编程：

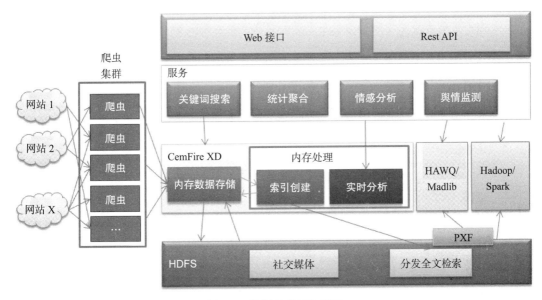

图 8-2　数据的存储和索引

- 同步（synchronous）：简单但低效，一次只能处理一个请求。
- 多进程（fork）：容易实现，每次生成一个新的进程处理请求，但扩展性差。
- 多线程（thread）：比进程节省系统资源，但是很容易让共享资源处理变得异常复杂。
- 事务驱动：高效、扩展性高，但是实现复杂，可能需要实现状态机（state machines），select() 和 poll() 都是典型的异步通信函数。下面的代码实现就是属于这一类型的，上一题中提到的 Python 中的 gevent（greenlet）也属于事务驱动的，不过是阻塞式 I/O 类型。
- 非阻塞（non-blocking）I/O：所谓非阻塞式 I/O 也是异步 I/O，不过和阻塞式异步 I/O 的区别在于事务函数被调用后是否立刻返回，然后再通过某种事务、消息通知、触发机制来高效地完成事务和消息处理。具体实现方法不必赘述，不过无外乎以下几大类接口类型：Callback（signal registry 或 argument），消息队列 Queue，Placeholder。

需要指出的是，不论何种类型的异步 I/O 通信接口，它们对客户端、服务器端都不是透明的，使用轻量级线程的同步通信系统可以达到异步通信的的效率，比如 gevent（greenlet），在 Python 语言中这类实现不在少数（Python 中的 select() 就是一种典型的阻塞式 I/O，在下面的服务器端、客户端代码中可见一斑）。

我们下面用 Python 来实现简单的聊天服务器端与聊天客户端的代码，服务器端所要完成的主要有两件事：接受从多个客户端来的连接请求，读取从每个客户端来的信息并广播给所有其他已连接的客户端。

下面的示例代码中使用了 select()：

```
import socket, select
# 函数 broadcast_msg(): 把一个客户端的信息发送给其他客户端
def broadcast_msg(sock, message):
```

```
        for socket in CONNECTION_LIST:
            if socket != server_socket and socket != sock :
                try :
                    socket.send(message)
                except :
                    # 对于断线客户端处理: 关闭 socket.
                    socket.close()
                    CONNECTION_LIST.remove(socket)


if __name__ == "__main__":

    # List to keep track of socket descriptors
    RECV_BUFFER = 2048  # 假设信息缓存大小为 2KB
    PORT = 9090    # 服务器端口 9090
    CONNECTION_LIST = []

    # 服务器准备绑定 PORT 端口, 开始监听
    server_socket = socket.socket(socket.AF_INET, socket.SOCK_STREAM)
    server_socket.setsockopt(socket.SOL_SOCKET, socket.SO_REUSEADDR, 1)
    server_socket.bind(("127.0.0.1", PORT)) # 绑定 localhost 或服务器 IP
    server_socket.listen(5)  # 监听的最大客户端连接 backlog 数目, 默认为 5
    # 把服务器的 socket 也添加到连接监听列表中
    CONNECTION_LIST.append(server_socket)
    print "广播聊天服务器在如下端口启动: " + str(PORT)

    while 1:  # 服务器永远循环, 除非被强行退出 (比如被 kill -9 PID)
    # 本代码最核心的部分, 监控连接的客户端 socket 以及服务器端 socket
        read_sockets,write_sockets,error_sockets =
            select.select(CONNECTION_LIST ,[],[])
        for sock in read_sockets:
            # 发现新的客户端连接:
            if sock == server_socket:
                sockfd, addr = server_socket.accept()
                CONNECTION_LIST.append(sockfd)
                broadcast_msg(sockfd, "欢迎 [%s:%s] 进入聊天室 \n" % addr)
                    print "主人, 新的客户端 (%s, %s) 接入了" % addr
            # 从客户端收到信息:
            else:
                try:
                    data = sock.recv(RECV_BUFFER)
                    if data:
                        broadcast_msg(sock, "\r" + '<' +
                            str(sock.getpeername()) + '> ' + data)
                except:
                    broadcast_msg(sock, "客户端 (%s, %s) 下线了。" % addr)
                    print "主人, 客户端 (%s, %s) 下线了" % addr
                    sock.close()
                    CONNECTION_LIST.remove(sock)
                    Continue
        # for() 循环结束点
    server_socket.close() # 服务器端程序结束
```

现在我们可以实现客户端的代码了，客户端也只需要完成两件事：如果用户输入信息，则发给服务器；如果服务器送来信息，则显示给客户端。客户端完成这两件事需要监听两个流（服务器流与客户端自己的输入流），通过 select() 完成，代码如下：

```python
# chat-client.py: 输入参数 hostname port
import socket, select
import string, sys

def client_prompt() :
    sys.stdout.write(' 开始输入: ')
    sys.stdout.flush()

#main function
if __name__ == "__main__":

    MSG_BUFFER = 2048 # 假设信息缓存大小为2KB

    if(len(sys.argv) < 3) :
        print '用法 : chat-client.py [hostname] [port]'
        sys.exit()
    host = sys.argv[1]
    port = int(sys.argv[2])

    s = socket.socket(socket.AF_INET, socket.SOCK_STREAM)
    s.settimeout(2)

    # connect to remote host
    try :
        s.connect((host, port))
    except :
        print ' 无法连接服务器！'
        sys.exit()

    # 连接服务器，允许开始输入
    client_prompt()

    while 1:
        socket_list = [sys.stdin, s]  # 监听两个 socket
        # 阻塞式监听 2 个 socket：服务器与用户输入
        read_sockets, write_sockets, error_sockets =
            select.select(socket_list , [], [])

        for sock in read_sockets:
            # 从服务器端来的广播信息:
            if sock == s:
                data = sock.recv(MSG_BUFFER)
                if not data :
                    print '\n 与服务器端断开连接 '
                    sys.exit()
                else :
```

```
                    sys.stdout.write(data) # 打印到 stdout
                    prompt()
          else ： # 用户字 stdin 输入信息
              msg = sys.stdin.readline()
              s.send(msg)
              client_prompt()
    #for  循环结束
    #while  循环结束
```

有兴趣的读者可以在装有 Python 的 *Nix 系统上试着运行上面的服务器端与客户端代码。

在 BSD 系统中，是否可以让 socket 两端都绑定在固定的端口？

答案是 Yes。通常来说 socket 连接服务器端的一个端口，同时在本地随机选择一个可用的端口，但是 bind() 可以被客户端用来绑定到一个指定的可用端口上。以 FreeBSD 为例，在 bind() 的 struct sockaddr 数据结构中可以定义本地的端口：

```c
int bind(int s, const struct sockaddr *addr, socklen_t addrlen);

    int ret, fd;
    struct sockaddr_in sa_loc;

    fd = socket(AF_INET, SOCK_STREAM, 0);

    memset(&sa_loc, 0, sizeof(struct sockaddr_in));
sa_loc.sin_family = AF_INET;
// 默认为本地随机端口，但是也可以手工指定
    sa_loc.sin_port = htons(LOCAL_RANDOM_PORT);
    sa_loc.sin_addr.s_addr = inet_addr(LOCAL_IP_ADDRESS);

    ret = bind(fd, (struct sockaddr *)&sa_loc, sizeof(struct sockaddr));
```

注意：仔细阅读下面的代码，准备回答后续问题。

```cpp
using namespace std;
#include <stdio.h>
#include <iostream>

class Base
{
    protected:
        int m_a;
    public:
        Base(int _a)
        {
            m_a = _a;
        }

        virtual void set_value(int _a)
```

```
        {
            m_a = _a;
        }

        void print()
        {
            cout << m_a << endl;
        }
};

class DerivedOne : public Base
{
    protected:
        int m_b;
    public:
        DerivedOne (int _b) : Base(_b/2)
        {
            m_b = _b;
        }

        virtual void set_value(int _a)
        {
            m_b = _a;
        }

        void print()
        {
            cout << m_b << endl;
        }
};

class DerivedTwo : public Base
{
    protected:
        int m_c;
    public:
        DerivedTwo (int _c) : Base(_c/3)
        {
            m_c = _c;
        }

        void print()
        {
            cout << m_c << endl;
        }
};

int find_class(int _num, int _check, Base* _pbase)
{
    if (_check < 0)
        return 0;
```

```
        if (_num < _check)
            _pbase = new DerivedOne(_num);
        else
            _pbase = new DerivedTwo(_num);

        return 1;
    }

    void main()
    {
        Base *pbase = new DerivedOne(7);

        if (find_class(8,3, pbase))
            pbase->set_value(4);

        pbase->print();
    }
```

◉ 上面的程序打印结果是什么？为什么？

◉ 3。

上面的 C++ 代码流程如下：在 main() 中调用 find_class()：_pbase = new DerivedTwo(8)，因为 class DerivedTwo 没有 set_value() 方法，所以 Pbase->set_value(4) 实际上对基类的 m_c 设值，DerivedTwo 的成员 m_c = (int)(8/3) = 3，最终 pbase->print() 打印出 DerivedTwo 的 m_c 值。

◉ 你在试图实现一个交易处理系统。系统中有些部件需要协同工作才能完成交易流程，换句话说，除非所有部件都成功完成工作，否则交易失败。

现在通过数据库来实现部分功能，例如，如果一个用户在执行转账操作，那么可以更新数据库记录来标记这一状态，如果转账最终失败则需要回滚数据库到操作前的状态，如果转账成功则相应地标记数据库状态。

以信用卡转账操作为例，现有的系统实现分为几个环节：检查账户，对信用卡进行扣款操作，实施转账（付款给对方）。

信用卡转账代码实现如下：

```
int mail_user(const char *email, const char *subject, const char *body);

int internal_check_send(int account_number, int amount);
int internal_charge_credit_card(int account_number, int amount);
int internal_make_payment(int sender, int receiver, int amount);

int send_money(int sender, int receiver, int amount)
{
    int rc;

    rc = internal_check_send(sender, amount);
```

```
    if (rc)
    {
        database_rollback();
        return rc;
    }

    // credit card charged and email is sent to cardholder
    rc = internal_charge_credit_card(sender, amount);
    if (rc)
    {
        database_rollback();
        return rc;
    }

    rc = internal_make_payment(sender, receiver, amount);
    if (rc)
    {
        database_rollback();
        return rc;
    }

    database_commit();
    return 0;
}
```

我们假设 internal_charge_credit_card(sender, amount) 会调用 mail_user()。现在的问题是：当信用卡扣款操作发生时，系统会自动发送一封电子邮件给信用卡持有人，可是如果在后续操作中出现异常（如转账付款过程失败），那么前面已经发出的信息就是误导性的。

如何改动这个系统，使得 E-mail 只在确认交易成功后才发送？请设计一套 generic 的邮件通知系统来保证它可以被大型系统中的其他部门和环节所使用，在设计时考虑如下问题：

❏ 如何工作？

❏ 优缺点？

❏ 新的设计应向后兼容系统，而不应当要求原系统（上面的代码）做出改动。当然，也不包括在上面的 database_commit 之后调用 mail_user()。

🄯 解决方案的关键是把 mail_user() method 实现为回调（callback）函数。只有这样才能保证所谓的向后兼容性，也就是说不改动以上的框架代码。

在 C++ 中（绝大多数 OO 编程语言都可以实现），交易（transaction）被定义为一个类（class），而每一次交易是类的实体（instance）。具体实现逻辑如下文描述：

❏ 在交易类中，定义一个布尔类型的 private member 变量 mail_user_flag，初始化为 FALSE。

❏ 当 internal_charge_credit_card（sender, amount）成功后，它会设置 mail_user_flag 为 TRUE。

❏ 当 database_commit() 成功后，检查 mail_user_flag，如果为 TRUE 则调用 mail_user()

函数。

❑ 在发送完 E-mail 后 mail_user() 返回，并设置 mail_user_flag 为 FALSE。

优点：很显然，实现以上描述的交易类的代码变更并不复杂，而且对于 send_money() 函数而言是透明的。以上实现机制也是原子化的，并无中间状态存在。

缺点：然而，上面的实现只适用于每个线程只处理一个交易的情形。在多线程环境下，如果多个线程间共享一个交易对象，那么就会出现竞争机制（contention for lock），除非要求每个线程有其独有的交易对象。随之带来的缺点是内存消耗增大。

回顾国内绝大多数银行提供的实时通信服务，无论是短信还是微信平台，当发生交易操作时，经常会先收到一条消息告诉您扣款成功，然后又发送一条扣款失败（rollback），前后两条相隔往往不足 2 秒钟，大抵是因为没有像上面描述的那样对交易类实现回调 SMS/WeChat。孰之过？

下面的 count_matches() 函数输入为两个整数型数组 input 和 samle 以及它们的长度，返回为两个数组中相同元素的数目。假设需满足的条件：input 与 sample 数组中的整数都是不重复的，并且 sample 中的整数分布是随机的。

```c
int count_matches(int *input, int num_input,
                  int *sample, int num_sample)
{
    int matches = 0;
    for (int i = 0; i < num_input; i++)
    {
        for (int s = 0; s < num_sample; s++)
        {
            if (input[i] == sample[s])
                matches++;
        }
    }

    return matches;
}
```

给出上面程序的运行时间？如何优化使得 count_matches() 的算法复杂度为线性（linear）？

从算法复杂度上看，上面的程序是典型的 $O(n^2)$，更准确地说是两层循环的总执行数（num_input × num_sample）。

所谓线性复杂度就是 $O(n)$，假设两个常量为 C1 和 C2，那么 O (C1 × n + C2) 的复杂度也是 $O(n)$。

基于上面的认识，我们需要做的是找到一种排序算法以线性排序数组，在数据结构章节中介绍过各种排序算法，绝大多数算法的复杂性是 $O(n \log n)$，而能做到在线性时间复杂度内完成排序的是之前没有接触过的 FlashSort（1998），简而言之，对于已知数据分布的数组（比如整数型数组，范围为 0 ～ 100），Flashsort 可以在线性时间 $O(n)$ 内完成排序并且只需要大约 $0.1n$ 的额外存储空间。

回到问题的后续部分，可以对 count_matches() 做如下更改：

❑ 对 input、sample 数组通过 Flashsort() 排序。

❑ 合并排序完毕后的两数组。

❑ 再对新数组 Flashsort() 排序。

❑ 对排序后的数组进行一次循环计算出重复的数字，完毕。

算法复杂度为 $O(4 \times n)$，代码示例如下[⊖]：

```
int count_matches(int *input, int num_input, int *sample, int num_sample)
{
    int matches = 0;
    int i = 0, t=num_input + num_sample;

    // 对两数组分别排序
    FlashSort(input, num_input);
    FlashSort(sample, num_sample);

    int *combined_ _table =
            malloc((num_input * num_sample)*sizeof(int));

        //合并数组 input & sample
    for (i = 0; i < num_input; i++){
        combined_table[i] = input[i];
    }
    for (i = num_input; i < t; i ++) {
        combined_table[i] = sample[i];
    }

    // 对合并后的数组排序
    FlashSort(combined_table, t);

        for(i=0; i<t; ) {
            if (i<t-1) { // 检查数组下标
                if (combined_table[i] == combined_table[i+1])
                {
                    matches += 1;
                    i += 1;
                }
            }
            i += 1; // 下标前进
        } // 统计重复整数

    //return matches to caller.
}
```

假如你在处理一个用于在两台机器间传送整数的网络协议。一台机器采用低字节序

⊖　参考资源：http://www.drdobbs.com/database/the-flashsort1-algorithm/184410496

（Little Endian）存储整数，另一台采用高字节序（Big Endian）存储整数。

所谓 Little Endian 指的是在用二进制存储整数时，低位字节排放在内存的低地址端；而 Big Endian 恰恰相反，高位字节存放在低地址端，以 16 进制的 0xAF 02 5C 34 为例，区别如下图所示：

字节	0	1	2	3
Little Endian	34	5C	02	AF
Big Endian	AF	02	5C	34

如果在使用不同网络字节顺序的两台机器间传输，则需要做出相应的转换，现需实现一个 htonl() 函数，来支持把 4 字节的整数从 Little Engidan 转换为 Big Endian：

```
unsigned long htonl(unsigned long hostlong)
{
        unsigned long LB = hostlong;

        LB=((((uint32)(LB) & 0xff000000) >> 24) | \
            (((uint32)(LB) & 0x00ff0000) >> 8)  | \
            (((uint32)(LB) & 0x0000ff00) << 8)  | \
            (((uint32)(LB) & 0x000000ff) << 24)
            );

        return(LB);
}
```

这个问题如果不再接着问下去，那就太令人遗憾了。如何实现 ntohl() 函数，把 Big Endian 转为 Little Endian 呢？

答案也许有些出人意料，上面的函数 htonl() 改个名字就是 ntohl() 了！因为它实现的完全是以字节为单位的 1 ⟷ 4、2 ⟷ 3 互换。

换作用宏来实现如下：

```
#define ntohl(BL)  \
            ((((uint32)(BL) & 0xff000000) >> 24)| \
            (((uint32)(BL) & 0x00ff0000) >> 8)  | \
            (((uint32)(BL) & 0x0000ff00) << 8)  | \
            (((uint32)(BL) & 0x000000ff) << 24));
```

有的公司的面试题会出现跨度很大的一系列额外加分问题，目的是帮助分析应试者适合哪一个方向的团队，比如前台、后台、安全、数据库或架构。

🔍 描述 HTTP 协议，说明 GET 和 POST 的区别？

◉ Hyper-Text Transfer Protocol 主要用来在万维网网络节点间传送文档（注意这里的文档是广义的定义）。HTTP 基于 TCP/IP 协议堆栈，其本身是无状态的（stateless），而通过浏览器或服务器端代码的帮助可以实现状态机的机制。HTTP 目前的版本为 v1.1。

GET 的用途是获取数据，表（form）数据的获取需要通过 URL 编码，而且表的处理具有幂等特性（幂等原本是一个数学概念，指的是表反复提交后的结果的一致性，也可以理解为静态表）。

POST 的表数据存放在信息体（message body）中，通常可以处理更多事情和更复杂的操作。

🔍 用一句话说明对称密钥与公有、私有密钥的区别。

◉ 对称密钥（symmetric key）的加密和解密使用同一个密钥。公开密钥加密（public-key cryptography）又称为非对称加密，使用公开密钥加密，但是用私有密钥来解密。对称加密因为共享密钥而被广泛诟病其安全性差；公开密钥因为使用两个分开的密钥，而且无法从一个（公开）密钥推算出另一个（私有）密钥，故而安全性大幅提高。

🔍 如何使用上面一题中提到的加密方法来在两个匿名的主机间建立一个安全的连接？

◉ 基于非对称加密算法可以在两台主机间建立安全的连接，比如 SSH v1、v2。

还有很多其他的网络协议也是基于公开密钥加密实现的，比如：

❏ SILC（Secure Internet Live Conference，安全的互联网实时会议系统）
❏ Bitcoin（比特币的钱包功能中使用公开密钥加密算法）
❏ SSL/TLS
❏ PGP（Pretty Good Privacy，很多电子邮件的加密采用 PGP 协议）

🔍 INNER JOIN 与 OUTER JOIN 的区别何在？

◉ INNER JOIN 只是合并表中与检索条件匹配的记录。INNER JOIN 可以是自表－对－自表关系（self-to-self）。INNER TABLE 会从 JOIN 的两个表中获取指定数据（AND 关系）。OUTER JOIN 合并两个表中的列，但是可能没有在其中一个表找到任何匹配的行（OR 关系）

🔍 假设在 Oracle 数据库中有如下两张表：

```
WCOMPANY (cid number, name varchar(20))

WEMPLOYEE (eid number, last_name varchar(20), first_name varchar(20), company_id number)
```

第一张表大概有 10 000 行，每行代表一家公司。第二张表大约有 2.5 亿行，每一行代表一名雇员。需要注意的是，每家公司至少有一名雇员，有一些雇员并没有对应于任何一家公司（company_id 为 NULL 值）。现在的问题是如何用最高效的 SQL 语句来实现下面的需求：

❏ 打印出每个人的 firstname、last name、company name（如果没有对应的公司，则打印空）。
❏ 可以使用 Oracle Hint，可以假设使用任何索引并且索引存在。

◉ 很显然，问题的目的在于避免全表扫描（full-table-scan）。思路如下：

- □ 从 WCOMPANY 中选择不同的 icd 和 name。
- □ 对于每个 WCOMPANY.cid，从 WEMPLOYEE 中选择 WEMPLOYEE.last/first_name。
- □ 从 WEMPLOYEE 中选择 WEMPLOYEE.last/first_name，其中 company_id == NULL。

进一步思考，后两步可以通过 UNION 合并。

完整 SQL 代码如下：

```
(SELECT WEMPLOYEE.last_name, WEMPLOYEE.first_name, WCOMPANY.name
    FROM WEMPLOYEE LEFT JOIN WCOMPANY
  WHERE  WEMPLOYEE.company_id = WCOMPANY.cid;
  ) UNION (
  SELECT WEMPLOYEE.last_name, WEMPLOYEE.first_name, ' '
    FROM WEMPLOYEE
  WHERE  WEMPLOYEE.company_id = NULL;
);
```

现在你被一家银行雇用来设计全新的 ATM 网络。现有的系统中，银行的职员通过终端网络连接到中央主机（mainframe），银行计划在城市范围内部署一批自动柜员机，运行 Linux 操作系统，并通过非冗余 T1 专线连接到中央主机。

银行需要你来实现如下功能：

- □ 查询时显示实时的账户余额。
- □ 存款、取款，并能实时（或尽快）结算以减少诈骗发生。

中央主机运行一个非常简单的数据库，有 3 张表：

- □ 账户信息：用户信息（地址与联系方式），每行对应一个账户。
- □ 账户财务信息：一行一账户。
- □ 交易表：每行对应一笔交易。

现在规划（sketch）你需要在自动柜员机与中央主机上实现的 C++ 类，并考虑如下的问题。

1）如何避免短时间内通过多台柜员机取现超过账户总余额？

保证超额提现（overdraft）的方法核心是保证交易的处理一致性（原子性）。当数据库处于更新状态时，取现操作必须等待，换句话说，任何时刻可以多人同时读取数据库，但只有一人可以执行写（取现）操作，并且在写操作时该客户端不能进行读操作。

2）对于家庭共享账户（joint-account）的情形，如果主卡与副卡同时操作，如何处理？

这是典型的共享资源处理问题，而共同账户是需要被 mutex、条件变量（conditional variable）或信号量（semaphore）来保护的关键资源。在处理方式上，可以对并行操作进行排队（等待），获取 lock（写操作权限）后再进行操作。

3）如果柜员机网络出现临时故障或者在用户操作过程中断网或宕机，应如何处理？

对于用户操作过程中出现的问题，session 信息应该在本地保存以备联网恢复后的和解（reconciliation）操作使用，或者放弃（dumped）操作并在主机端执行必要的数据库回滚。处理原则是每一笔交易必须具有原子性（atomic）并且不可中断，如果出现任何异常，则要确保服务器端与柜员机端的同步。

4）描述类的分层结构以及重要的方法之间如何相互调用。特别需要描述网络连接及功能的设计（但是我们并没有要考查 socket 编程实力），还需要描述如何解决以上三个问题。如果需要做出一些必要的假设（assumptions），请说明，以方便面试官在合适的上下文中做出正确的评估。

```
// ================================================
Class ATM
{

    // 声明：以下所有方法都依赖数据库读或写操作。
    // 并通过网络专线实现 ATM 与中央主机间的通信。

    // 假设：
    //   1．成功完成操作（交易）后，进行数据库确认、提交（commit）。
    //   2．允许所有子类（derived class）实例同时读操作。
    //   3．指向同一账户的一个用户实例进行写操作时，其他同账户用户只允许读操作。
    //   4．当用户 session 失败时，ATM 必须保存当前交易状态信息。
    //       当 ATM 恢复正常后，进行回滚或放弃操作。
    //   5．所有交易必须保证原子性（保证 ATM-Mainframe 间的同步（阻塞）或者
    //       允许对交易进行颗粒化操作（以方便回滚）。

    Private:
        int atomic_trans_key=0;

        // trans_id:  最近一次的交易 id
        // timestamp：时间戳参数
        int Trans_Rollback(int userid, int acct_id, int trans_id, double amount, int
timestamp) {};
            int Dump_User_Transaction( int userid, int acct_id, int trans_id, int
timestamp) {}

    Protected:
        int Browse_Balance(int userid, int acct_id, int timestamp) {};

        int Deposit(int userid, int acct_id,
                double amount, int timestamp) {};

        int Withdraw(int userid, int acct_id,
                double amount, int timestamp) {};

        int print_user_acct_info(...) {}
}

Class Mainframe
{
    Private:
        int lock_key_for_user=0;

        rollbac_request() {};
```

```
Protected:
    recv_deposit() {};

    recv_withdraw() {};

    show_balance() {};
};
```

上面这道大题连同以上数道题在 PayPal 硅谷 San Jose 总部的面试中被要求在 90 分钟内完成，据说历史上从来没有人可以实现"大满贯"，特别是最后这一道题中题，在规定时间内（留给这道题的时间通常不超过 25 分钟）可以把以上两个大的基类的框架定义出个雏形已经很不错了。其实你不需要做到尽善尽美，大多数情况下，你只要做到足够好或者比你的同伴做得更好就好。

说说你对软件 license 的了解？（类似的问题还包括你最喜欢的免费软件许可证，更直接一点的问题包括你对 GPL v2/v3、BSD、MIT 等许可证的理解以及优缺点比较等。）

这个问题可以说是一个很宏观的问题，甚至可以说是一个和个人喜好相关的问题。软件许可证（software license）是无数 IT 企业的安身立命之本，想象一下，对于全球最大的软件公司、互联网游戏公司，如果没有软件许可证保证他们可以获取丰厚的营收，那么他们早就都关门大吉了。

软件许可证大体可分三类：

❑ 开源或免费：可细分为 GPL v2 兼容与非兼容两大阵营。

❑ 非免费：如微软参考许可证（reference license）。

❑ 商业无版税（royalty-free）：可细分为闭源、付费可看源码执、付费闭源（如 Windows EULA）等。

开源或免费软件许可证这一类是我们更为关注的问题，第一个知识点是 GPL，GPL 全称为 GNU General Public License，要求有两点：

❑ 免费软件：保证最终用户可以自由地使用、学习、分享和更改该软件。

❑ 如果软件具有著作权（copylefted），需要保证保留第一点中描述的权力。

GPL 是目前世界上最流行的免费软件许可证，是 Richard Stallman 在 20 世纪 80 年代中叶在为了创造出一种类似 UNIX 的但是完全免费的操作系统而创立 GNU 项目时"创造"出来的。

Richard Stallman 大概是全球范围内最有影响力也最著名的终其一生推动免费开源软件的先驱了（简称 RMS 是他的英文名全文的首字母缩写，也是他 20 世纪 70 年代初期在 MIT 实验室当小黑客时的上机用户名缩写）。

了解 RMS 几乎可以了解整个 20 世纪 70 年代到今天的软件开源发展史，他写过一大堆脍炙人口的开源软件，比如 GNU Compiler Collection、GNU Debugger、GNU Emacs（用过 Emacs 之后，使用 Vim 的人都不自吹了，大体上 Emacs 之于 Vim 就好比 UltraEdit 之于 Notepad），还创立了 FSF（Free Software Foundation，开源软件基金会），同时是软件著作权

（copyleft）这一概念的先驱及推动者。

　　Richard Stallman 高中时期在 IBM 实习，立志要与 Fortran 语言永别，17 岁上 Harvard 物理系，遇上了号称全美国最难的数学课 Math 55，他当时的表现只能用异常优异来评述，因为他这么评价自己：人生中第一次觉得哈佛有家的感觉！

　　RMS 于一年后（大二）开始进入 MIT 人工智能实验室，期间成功破解了计算机系实验室的用户账户密码，并成功劝说一些同学改为匿名登录，从此 RMS 正式被认定为骇客，并在成为开源之神的路上越走越远（和所有美国神话一样，RMS 尽管拿到了哈佛的优秀毕业生称号，但是之后在 MIT 深造时并没有完成博士学位，不过这不重要，因为据悉到 2012 年为止，他已经有 14 款荣誉博士学位牌照了）。

　　RMS 对于开源的执着用图 8-3 可以完美诠释：

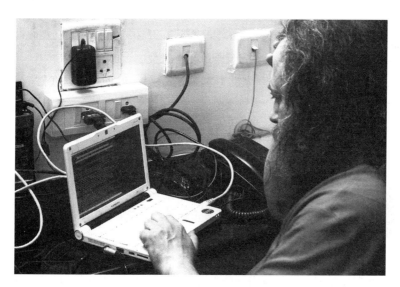

图 8-3　执着于开源的 RMS

　　对一人一本（One Laptop per Child）不陌生的读者能看出来，RMS 使用的是一台叫作 Lemote（龙梦）的上网本，他来中国时就是随身提着这么一台号称 100% 软件全开源的笔记本。

　　回到 GPL 的问题上，免费软件许可证的两大阵营中，与 GPLv2 兼容的有：

❑ BSD 更改版：FreeBSD。

❑ GPL v2：非常常见，但是存在一些开源兼容性问题，其相对苛刻的使用条件也让一些企业用户反感。

❑ MIT：Ruby On Rails，Node.js，Lua，jQuery，X-windows。

❑ X11，Python，Mozilla 2.0 等。

　与 GPL v2 不兼容的有：

❑ Apache

❑ OpenSSL

❑ PHP

❑ GPL v3（也是 RMS 编撰的，意在解决 v2 的潜在问题）

❑ BSD 原版

兼容与否的争论可以归结为" copyleft vs. permissive"，他们各自的代表是 GPL 和 MIT/BSD 类许可证。简单而言，GPL 类的要求较高且限制较多，如果你对使用 GPL 许可证的软件做了更改，那么你必须把更改的程序分享出来以保有所有的免费特征。这一要求在 MIT/BSD 中是不存在的（比如可以闭源），所以他们更宽松（permissive）。

选择何种软件许可证有时可以演变为非常严峻的问题，记得当年 Splashtop 操作系统采用的是 GPL v2，后来产品在全球发布后，有律师从德国寄了张光盘和 10 美金要求我们把源代码刻录在光盘上给他发回去，为此公司成立了特别行动小组（SWAT），把源代码精心整理一番才战战兢兢地发给那位律师，并祈祷其不再深究，同时不给任何注释和解释，编译成功的可能性可想而知。

最后，记住，开源是一种精神，当你把基石建在开源之上时，你也要回馈开源社区！这也是为何 GPL 类软件几乎涵盖了所有主流开源软件大类。

下面是某著名外企在面试初级程序员（含在校实习生）时的笔试题真题。

操作指南：以下 20 道单选题需要在 25 分钟内完成，并将答案填写在后面附上的答题纸上。注意不要把试卷带出考场。

1. 下面关于枚举类型的说法不正确的是（   ）

a. 可以为枚举元素赋值   b. 枚举元素可以进行比较

c. 枚举元素的值可以在类型定义时指定   d. 枚举元素可以作为常量使用

2. 已知 ch 是字符型变量，下面不正确的赋值语句是（   ）

a. ch='a+b';   b. ch='\0';   c. ch='7'+'9';   d. ch=5+9;

3. 假设 int 型变量占两个字节的存储单元，若有定义 int x[10]={0,2,4}，则数组 x 在内存中所占字节数为（   ）

a. 3   b. 6   c. 10   d. 20

4. 表达式 0x13&0x17 的值是（   ）。

a. 0x17   b. 0x13   c. 0xf8   d. 0xec

5. 表达式 strlen("hello") 的值是（   ）。

a. 4   b. 5   c. 6   d. 7

6. 根据以下定义，错误的表达式是（   ）。

```
struct
{
    int a;
    char b;
} Q, *p = &Q;
```

a. Q.a   b. (*p).b   c. p->a   d. *p.b

7. 设变量定义为 int x, *p=&x; 则 &*p 相当于（　　　　）。

a. p　　　　　　　　b. *p　　　　　　　　c. x　　　　　　　　d. *&x

8. 下面程序的输出结果是（　　　　）。

```
unsigned t = 129;
t = t^00;
printf("%d, %o\n", t, t);
```

a. 0, 0　　　　　　b. 129, 201　　　　　c. 126, 176　　　　　d. 101, 145

9. 表达式 (*ptr->str)++ 中的 ++ 作用在（　　　）

a. ptr 上　　　　　　　　　　　　　b. ptr 的成员 str 上

c. ptr 的成员 str 所指向的第一个字符上　　d. 以上都不是

10. 设变量 x 为 float 型且已赋值，则以下语句中能将 x 中的数值保留到小数点后两位，并将第三位四舍五入的是（　　　）

a. x=x*100+0.5/100.0;　　　　　　b. x=(x*100+0.5)/100.0;

c. x=(int)(x*100+0.5)/100.0;　　　　d. x=(x/100+0.5)*100.0;

11. 若 x 是整型变量，则表达式 x=10.0/4.0 的值是（　　　）

a. 2.5　　　　　　b. 2.0　　　　　　c. 3　　　　　　　　d. 2

12. 下列代码中，D 的结果为（　　　　）。

```
#define DOUBLE(x) x+x
int  D = 5*DOUBLE(10);
```

a. 50　　　　　　b. 60　　　　　　c. 80　　　　　　　　d. 100

13. 若定义了以下函数：

```
void f(……)
{
    ……
    *p=(double *)malloc(10*sizeof(double));
    ……
}
```

p 是该函数的形参，要求通过 p 把动态分配存储单元的地址传回主调函数，则形参 p 的正确定义应当是（　　　）

a. double *p　　b. float **p　　　　c. double **p　　d. float *p

14. 已定义以下函数

```
fun(char *p2, char *p1)
{
    while((*p2=*p1)!='\0')
    {
        p1++;
        p2++;
    }
}
```

函数的功能是（　　　　）

a. 将 p1 所指字符串复制到 p2 所指内存空间

b. 将 p1 所指字符串的地址赋给指针 p2

c. 对 p1 和 p2 两个指针所指字符串进行比较

d. 检查 p1 和 p2 两个指针所指字符串中是否有 '\0'

15. 数组名作为参数传递给函数，作为实在参数的数组名被处理为（　　　　）

a. 该数组的元素个数　　　　　　　　　b. 该数组中各元素的值

c. 该数组的首地址　　　　　　　　　　　　　　　d. 以上答案均不对

16. 表达式 strcmp("box", "boss") 的值是一个（　　　　）

a. 正数　　　　　b. 负数　　　　　　　c. 0　　　　　d. 不确定的数

17. 下面有关重载函数的说法中正确的是（　　　　）。

a. 重载函数必须具有不同的返回值类型

b. 重载函数形参个数必须不同

c. 重载函数必须有不同的形参列表

d. 重载函数名可以不同

18. 应在下列程序划线处填入的正确语句是（　　　　）

```cpp
#include <iostream.h>
class Base
{
  public:
      void fun(){cout<<"Base fun called."<<ENDL;}
};
class Derived:public Base
{
   void fun()
{ _____// 显示调用基类的函数 fun()
      cout<<"Derived::fun"<<ENDL;
}
};
```

a. fun();　　　　　b. Base.fun();　　　　　　c. Base::fun();　　　　　　d. Base->fun();

19. 有如下程序：

```cpp
#include <iostream.h>
class BASE
{
     char c;
public:
     BASE(char n):c(n){}
     virtual~BASE(){cout<<C;}
};
class DERIVED:public BASE
```

```
{
    char c;
public:
    DERIVED(char n):BASE(n+1),c(n){}
    ~DERIVED(){cout<<C;}
};

int main()
{
    DERIVED("X");
    return 0;
}
```

执行上面的程序将输出（　　　）

a. XY　　　　　　　　b. YX　　　　　　　　c. X　　　　　　　　d. Y

20. new delete 与 malloc free 都是在堆上进行内存操作，用（　　　）函数需要指定内存分配的字节数，并且不能初始化对象，（　　　）会自动调用对象的构造函数，（　　　）会调用对象的析构函数而（　　　）不会。

a. new　　　　　　　b. delete　　　　　　c. malloc　　　　　　d. free

Results on This Page

Name: _____

Email: _____

Phone: _____

Enter your test in the following table:

Seq	Answer	Seq	Answer
1		11	
2		12	
3		13	
4		14	
5		15	
6		16	
7		17	
8		18	
9		19	
10		20	

　　在过去的几年间笔者曾经观察过有不少同学在答题前没有仔细阅读和遵循操作指南，把答案直接圈在选择题目上，而最后没有时间在答题卡上写下答案。类似的问题还有遇到一个问题卡住了便停滞不前，结果后面的题目全都来不及回答。以上两种情况都应该尽量避免，所以，记住两点：阅读操作指南，合理分配时间。

　　下面给出笔试题的标准答案。

编号	标准答案	编号	标准答案
1	a	11	D
2	a	12	B
3	d	13	C
4	b	14	a
5	c	15	c
6	d	16	a
7	a	17	c
8	b	18	c
9	b	19	a
10	C	20	c a b d

第三篇 *Part 3*

潮 流 篇

第 9 章

大 数 据

9.1 大数据基本概念

何为大数据?

多大的数据量才算大数据?这是从存储的角度来界定的,1 TB 或者是 1 PB 还是更多?大数据有哪些基本特征? 大数据永远是大数据吗? 10 年前我们觉得 1GB 的数据很大,20 年前 100MB 也很大,30 多年前,在一次计算机展会上 Bill Gates 曾经说过当时刚推出的 IBM PC 的 640KB 的可用 RAM 限制应该是 "ought to be enough for everybody",不过后来 Gates 极力否认说过此话。现在的 Windows 没有 8GB 的内存恐怕都没法用(当然,现在 8GB RAM 可能也没有当年的 1MB RAM 贵)。

我们来看看更直观的量化比较数据:

  1 Byte = 一粒沙子

  1 KB = 一小撮沙子

  1 MB = 一小碗沙子

  1 GB = 一盒沙子

  1 TB = 一个沙箱(1000 盒沙子)

  1 PB = 一个 1 英里长的海滩上的沙子颗粒总数

  1 EB = 西雅图到旧金山之间的海滩沙粒总和

  1 ZB = 几乎全世界所有的海滩上的沙粒之和

从数据生成的速度来看,有统计表明:

❑ 2.3ZB = 2014 年每天产生的数据(90% 是垃圾数据)

❑ 2.5EB = 2012 年每天产生的数据(90% 是垃圾数据)

2 年 1000 倍的增长,何其惊人!

从数据产生的渠道上看:

❑ 人类活动生成的数据

  ❍ 网页浏览

  ❍ 移动设备使用

❑ 机器产生的数据

❑ 生产线设备

❑ 物联网设备、传感器等

❑ 无线网络等

对于大数据，不同人有不同的定义，最流行的是早在 2001 年 Meta Group（现在叫 Gartner）的分析师 Doug Lanley 定义的 3V，用 3 个特征相结合来定义大数据：数量（Volume）、种类（Variety）和速度（Velocity），即庞大容量、极快速度和种类丰富的数据。当然后来又增加了其他几个 V，如数据真实性（Veracity）、数据价值（Value）等，最多的时候有人提出过 11 个 V，不过笔者以为 4V，见图 9-1。

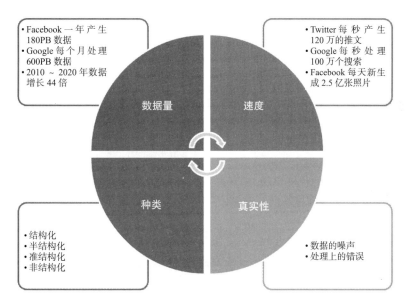

图 9-1　大数据的 4 个 V

数据的完整生命周期是从杂乱无章的数据到整理而成的信息，再到提炼而成的知识，进而升华为智慧，最后演变为可以赋予机器的智能，见图 9-2。

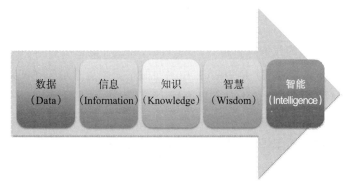

图 9-2　数据的完整生命周期

解释一下大数据法则。

大数据的法则其实就是构成大数据的 IT 底层架构的法则，即有计算、网络、存储三元素再加上大数据处理的核心精神——分而治之。

下面列举 4 大法则（见图 9-3）：

❏ 计算能力法则：摩尔定律。

❏ 网络传输法则：巴特斯定律。

❏ 存数密度法则：克莱德定律。

❏ 分而治之法则。

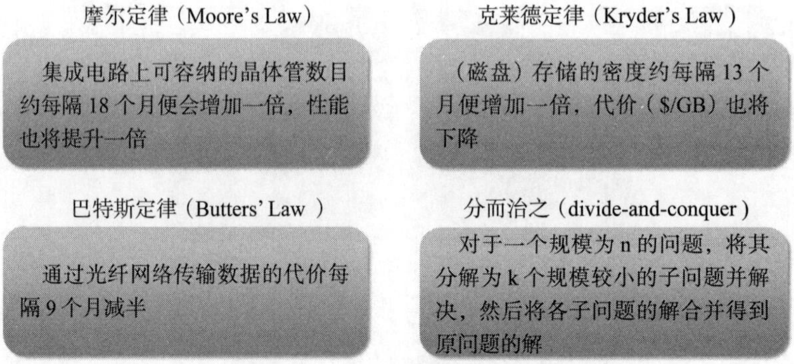

摩尔定律（Moore's Law）

> 集成电路上可容纳的晶体管数目约每隔 18 个月便会增加一倍，性能也将提升一倍

克莱德定律（Kryder's Law）

> （磁盘）存储的密度约每隔 13 个月便增加一倍，代价（$/GB）也将下降

巴特斯定律（Butters' Law）

> 通过光纤网络传输数据的代价每隔 9 个月减半

分而治之（divide-and-conquer）

> 对于一个规模为 n 的问题，将其分解为 k 个规模较小的子问题并解决，然后将各子问题的解合并得到原问题的解

图 9-3   4 大法则

有必要分别解释一下这几个法则，最著名的当然是摩尔定律，Intel 的联合创始人 Gordon Earle Moore 在 1965 年发表的一篇论文中阐述了集成电路上可容纳的晶体管数目约每隔 18 个月便会增加一倍且性能也将提升一倍的现象（假说），50 年过去了，基本上这一假说还是成立的，用数学的思维阐述摩尔定律就是：设备复杂性与时间之间的关系是对数线性。

熟悉巴特斯定律的人就少很多了，这可以看作光子学领域的摩尔定律，由朗讯光网络集团的总裁 Gerry Butters 提出：通过光纤网络传输数据的代价每隔 9 个月减半（换句话说数据量每 9 个月翻一倍）。

克莱德定律是说存储的代价越来越低，而且同时数据存储密度在增加（单位体积内），此定律（称作现象或假说更准确些）是 2005 年由当时的希捷硬盘的 CTO Mark Kryder 在《科学美国人》（Scientific American）杂志上首次提出的。

最后，也是我们后面会详细展开的分而治之法则，大数据的处理一定是在大规模分布式系统上完成，简而言之，对于一个规模为 n 的问题，将其分解为 k 个规模较小的子问题并解决，然后将各子问题的解合并得到原问题的解。

解释一下 CAP 理论。

CAP 是大数据领域的著名理论，确切地说是分布式计算机网络领域的假说（conjecture）。该理论最早由加州大学伯克利分校的计算机科学家（同时也是 2002 年被 Yahoo! 收购的著名搜索公司 Inktomi 的联合创始人兼首席科学家）Eric Brewer 在 1998 ~ 2000 年期间提出，随后在 2002 年由 MIT 的两位学者论证并随后成为理论（theorem），所以这个理论又称为 Brewer 理论。这个理论是非常有高度的，当然两位 MIT 的学者据说是以一种比较"狭隘"（narrower）的视角来论证的，所以也受到了业界的挑战，Eric 在 10 年后（2012年）还在为自己的理论辩解，不过 Eric Brewer 在业界早已成名，1999 年的时候就拿到了MIT Technology Review 提名的业界 35 岁以下最杰出的发明家称号（类似于优秀青年科学家的荣誉称号）。

CAP 指出一个分布式系统不可能同时保证一致性（Consistency）、可用性（Availability）和分区容忍性（Partition tolerance，又称作可扩展性）这三个要素。

换言之，对于一个大型的分布式计算网络存储系统，可用性与可扩展性是首要的，那么唯一需要牺牲的只是一致性。对于绝大多数场景而言，只要达到最终一致性即可（非强一致性）。关于最终一致性和强一致性可这样理解，在早期金融网络中要求当你付款给对方时，在对方收到钱后，你的账户要相应同步扣款，否则就会出现不可预知的结果，比如对方收到钱而你的账户没有扣款，或者对方没收到钱而你的钱被扣掉了，这些都属于系统不能做到实时一致性的后果。

今天的金融系统绝大多数都是规模庞大的分布式系统，要求强一致性可能会造成系统瓶颈（比如由一个数据库来保证交易的实时一致性，但是这样整个分布式系统的效率会变得低下），因此弱一致性系统设计应运而生，这也是为什么你在进行银行转账、股票交易等操作时通常会有一些滞后（几秒钟到几分钟或者更长到几天）的交易确认。而对于金融系统来说，对账（financial reconciliation）是最重要的，它会对规定时间内的所有交易进行确认以保证每一笔交易两边的进出是均衡的。

CAP 理论还有很多容易被人误解的地方，比如到底一个分布式系统应该拥有哪一个或两个属性，抛开理论层面的争执，我们看到今天大规模分布式系统的设计各有千秋。比如早期谷歌的 GFS 满足了一致性与可用性却相对牺牲了分区容忍性；阿里巴巴的支付宝的后端为了保证交易一致性，使用的是 EMC 的顶级存储系统 VMAX/VAX。阿里集团是"去 IOE 化"的始作俑者与倡导者，去 IOE 指的是弱化或者拆除 IBM、Oracle 与 EMC 公司的产品，这三家分别是计算、数据库与存储领域里的巨头。IOE 实际上经常代指在中国市场处于领导甚至垄断地位的国际巨头，在去 IOE 过程中，受益的多数为本土公司，如阿里集团、华为集团、浪潮集团等。短期来看 IOE 会使本土企业受益，但从长远看，则会造成逆向淘汰和创新停滞。

9.2　大数据流派

談談大数据的管理。

我们知道，传统的关系数据库一般只能管理 GB 级别的数据，而大数据一般是 TB、PB

甚至更大数量级的，显然传统的管理工具很难或者无法管理这些数据，这就需要新的存储管理架构来管理这些数据。

对于数据的管理来说，可以简单地分为事务处理、分析处理与流数据处理三种不同的应用场景：

- 事务处理（OLTP，在线交易处理）需要保证事务的正确执行，事务数据量往往不是非常大，主要包括对数据的更新操作和并发查询。
- 而对分析处理（OLAP，在线分析处理）来说，需要分析的数据量往往非常大，但是基本上没有更新操作，而只是一个复杂的查询，但可能需要对所有数据进行访问，对事务也没有太大的要求。
- 流数据（Stream Processing）的处理与之前相对静态数据的管理方式有很大的不同，它不需要对数据先进行存储再进行处理。

大数据事务处理（Online Transaction Processing，OLTP）不是一个新名词，传统意义上的 OLTP 系统指的是用户向关系数据库中提交传统事务（如商品预订、金融交易等）所用的系统，这些系统在一个企业中可以有很多，它们与基于这些 OLTP 系统 ETL 后建成的数据仓库通常会运行在不同的服务器之上，今天我们称这一类为 Old OLTP 系统或者 Old SQL，而新的 OLTP 要面对的问题是：高吞吐率和实时分析。新的 OLTP 系统无外乎 NoSQL 和 NewSQL 两类方案（流派），我们会在下文中分别介绍。

谈谈你所了解的 NoSQL。

我们知道，关系型数据库 RDBMS 的缺点如下：

- 灵活性差：数据模型过于严格（实体关系模型）。
- 可扩展性差：比如复杂的数据分区对性能的影响。

NoSQL 为此应运而生，NoSQL 让很多人误解为我们要抛弃 SQL，其实不然，NoSQL=Not Only SQL，随着互联网浪潮的兴起，传统的关系型数据库在扩展性上遇到了瓶颈，因此很多现代 NoSQL 系统正在应对各式各样的挑战。

NoSQL 类系统具有如下普遍特征：

- 不需要事先定义数据模式（schema）。
- 无共享架构（shared nothing）。
- 弹性可扩展。
- 支持分区。
- 异步复制（优点：基于日志的复制不会因网络传输问题的延迟造成系统宕机；缺点：不能保证实时一致性，可能会丢失少量数据）。

NoSQL 的理论基础之一是前面介绍过的 CAP 假说（理论）。对于普遍使用 NoSQL 的互联网公司，系统、数据、服务的可用性和分区支持是最重要的，而一致性可以被适当牺牲。当然对于具体的业务应用要具体分析，不可一概论之。下面列出几大类不同的 NoSQL：

- CA 类（满足一致性、可用性）：

      ○ RDBMS
- CP 类（满足一致性、扩展性）：
  - ○ BigTable
  - ○ HBase
  - ○ MongoDB
  - ○ Redis
- AP 类（满足可用性、扩展性）：
  - ○ Dynamo
  - ○ Cassandra

可以看到，对于交易类数据处理（要求一致性和可用性），RDBMS 是最佳选择。

NoSQL 的第二个理论基础是 BASE（Basically Available），比较贴切的翻译是"够用即好"。它实际上是指的三个基本面：

- 基本可用（Basically Available）
- 柔性事物（Soft State）
- 最终一致性（Eventual Consistency）

BASE 主要是相对于 ACID 而言的，我们知道在 OLTP 和 New OLTP 系统中的一个基本原则就是支持 ACID（Atomic，Consistent，Isolated and Durable，即原子性、一致性、隔离性和持久性），而 NoSQL 对应的正是 BASE 性。有趣的是，在英文中 BASE 还有碱的意思，而 ACID 的意思是酸，可见前辈们在研究理论基础时没少在起名字上下功夫。

  NoSQL 产品分类有哪些？

  NoSQL 产品大致可分为以下几类：

- 列存：大多服务于数据仓库数据分析的场景，特点是容量大、压缩率高、分析速度快，但是随机存取效率不高。
- 文档性存储：灵活的模式定义，在小型网站开发上优势明显。
- 键值存储：数据模型简洁、灵活、高性能，适用于高速随机存取。
- 图数据库：以图为其数据模型，内置图算法，应用在需要图算法的场景。

列存数据库（Column-based Database）也称为类 BigTable 数据库，根源可追溯到 2004 年 Google 发表的一篇 BigTable 实现的论文。BigTable 也有表的概念，每个表有若干行。但是由于对扩展性和性能的不同要求，BigTable 相比于传统关系型数据库有如下特点：

- 区别于传统关系型数据库的按行存储，BigTable 是按列存储的。每行可以有若干列簇，每个列簇分别存储在不同的文件中，而同一个列簇中的存储方式和按行存储是类似的。
- 列存储支持的列数非常多。同一个表中有上百到上千个列是很常见的，有的甚至支持上百万的列，这样的数据模型可以避免多表连接操作，从而提高性能。
- 每一条记录都是有版本的。一行往往有多个版本，版本号通常是系统时间戳，这样做可以有效避免在存储过程中的随机写操作。

❑ 支持单行事务。尽管一行的数据可能分布在多个节点上，但是 BigTable 型的数据库可以支持单行事务。由于有版本支持，可以使用软事务和最终一致性来在各个节点之间进行同步（BASE）。

比较常见的列存 NoSQL 包括：

❑ Google BigTable（Google AppEngine）

❑ HBase（全称 Hadoop Dtabase，是 BigTable 的克隆，弥补了 HDFS 随机读写不足）

❑ Azure Tables

❑ Cassandra

❑ Hypertable

❑ SimpleDB

小结：列存数据库是大数据分析的不二选择。

面向文档的数据库（Document-oriented Database）用来解决关系型数据库在互联网类应用中不够灵活的问题，比如修改表结构。对于关系型数据库来说，修改表的结构是一个极其重量级的操作，往往需要重新导入数据。如果既想要关系型数据库提供的事务和丰富的查询等功能，又需要具有灵活可修改的模式，那么文档型 NoSQL 是首选。一般来说，现在的文档型数据库都支持 JSON 类型的数据，有的也支持 SQL 或类 SQL 的查询语言，有的甚至能够提供像 BigTable 型数据库才能提供的 MapReduce 功能，还有一些是按列存储的。总而言之，文档存储数据库的实现形式多样，常见的有 MongoDB、CouchDB 和 TerraStore。

小结：面向文档的数据库是半结构化数据管理的上佳选择。

键值数据库（Key-value Store）系统提供一个类似于 MapReduce 的 Key-Value 存储。和其他类型的数据库相比，它的数据模型十分简洁，从而可以提供极佳的性能。键值存储一般用于随机数据读写的场景。按照一致性模式划分，键值数据库包括从最终一致性到可线性化的如下几大类（以及具有典型性实现的产品）：

❑ 最终一致性：

　　○ Dynamo

　　○ Riak

❑ 基于排序：

　　○ BerkeleyDB

　　○ MemcacheDB

　　○ InfinityDB

❑ 基于 RAM：

　　○ Redis

　　○ Memcached

　　○ Hazelcst

❑ 基于 SSD：

　　○ BigTable

　　○ MongoDB（MongoDB 也支持 KV 存储）

　　○ Tokyo Cabinet

　　小结：追求超高性能（通常数据模型简洁）请选用键值数据库。

　　在图数据库（Graph Database）中，数据间的关系按图的形式存储。图数据库中存储图中的节点和边以及相应的权重，还能提供一些图算法，也支持按图的方式来查询。和文档型 NoSQL 一样，图数据库也有不同的底层实现。一些图数据库的底层是键值存储，另一些则是文档存储。目前常见的图数据库包括：

　　❑ IBM DB2

　　❑ InfiniteGraph

　　❑ Neo4j

　　❑ OrientDB

　　❑ FlockDB

　　小结：图数据库的最大优势在于独特的数据模型支持，可应用于视角关系网、公共交通道路交通网、网络拓扑等。

🔍　介绍一下你所了解的 NewSQL。

◎　前文介绍了 NoSQL 的 BASE 性（相对于 ACID 而言），那么有没有鱼和熊掌兼得的 OLTP 系统设计呢？也就是说既保留了 SQL 查询的方便性，又能提供高性能和高可扩展性，而且还能保留传统事务操作的 ACID 特性。为了和传统的数据库厂商进行区别，我们称这类系统为 NewSQL 系统。这类系统既能达到 NoSQL 系统的吞吐率，又能在系统层（应用层之下，在应用层进行事务一致性处理对于程序员来说是一件极其复杂的事）进行事务的一致性处理。此外，它们还保持了高层次结构化查询语言 SQL 的优势。这类系统有 Google Spanner、Pivotal SQLFire/Gemfire XD、SAP HANA、Clustrix、NimbusDB 和 VoltDB 等。在国内搭建的系统中，支付宝的后台一定也是 NewSQL 类的。

　　用 NewSQL 系统处理某些应用非常合适（如金融或票务预订系统），这些应用一般都具有大量的下述类型的事务：

　　❑ 短事务（Short-lived）。

　　❑ 点查询，只访问数据库中很小的一部分数据，大部分情况下会使用索引（没有全表扫描和大表的分布式连接操作）。

　　❑ Repetitive（用不同的输入参数执行相同的查询）。

　　❑ 大部分 NewSQL 系统通过改进原始的 System R 的设计来达到高性能和扩展性，比如取消重量级的恢复策略、改进并发控制算法等。

　　NewSQL 系统具有以下技术特征：

　　❑ SQL 是和应用程序交互的主要机制。

　　❑ 支持事务的 ACID 特性。

　　❑ 非阻塞的并发访问机制，实时的读操作不会和写操作冲突，不需要加锁等待。

❑ 相对于传统的 RDBMS 方案来说，可以提供更高的单节点性能。

❑ 横向扩展（Scale-out）、无共享（Shared-nothing）的架构，可以运行在大量节点上，不用担心系统出现瓶颈点（bottleneck node）。

目前业界对 NewSQL 产品的划分大体分为 3 大类：

1）新的架构（New Architectures）：Google Spanner、Pivotal SQLFire & Gemfire XD、SAP HANA、Clustrix、VoltDB、Translattice 等。

2）（新的）SQL 引擎：保有 SQL 语言接口但具有高度可扩展性，著名的有 TokuDB，它是使 MySQL 支持大数据的一项重要技术。之前还有 InfiniDB，一家德州的公司，但其在 2014 年 10 月宣布破产，究其原因，这家公司的产品过于高大上，反观 TokuDB，2014 年 10 月 17 号已经推出了 v7.5.2，看来 MySQL 的生命力真是超级顽强，甚至可以说新的 SQL 引擎给 MySQL 插上了大数据的翅膀。

3）透明（数据库）切分（Transparent Sharding）：切分是数据库领域里的一个专有词汇，通常是指系统提供中间件层来在多节点间自动切分数据库。知名的有 Schooner（提供 99.999% 的在线率，100% 兼容 Mysql 及 InnoDB 存储引擎）和 ScaleBase（通过 AWS、Rackspace、IBM Cloud 提供服务），此类产品（或系统）可以对原有的数据库生态系统（特别是 MySQL）进行重用，避免完全重写数据库引擎代码来进行数据迁移的操作。

小结：NewSQL 被认为是针对 New OLTP 系统的 NoSQL 或者是 OldSQL 系统的一种替代方案。NewSQL 既可以提供传统的 SQL 系统的事务保证，又能提供 NoSQL 系统的可扩展性。

聊一聊 MongoDB（NoSQL 的一种）。

这是一个开源的可扩展文档型 NoSQL 产品，2009 年问世，由 10gen 公司开发，后开源并改名为 MongoDB Inc.。和关系型数据库不同的是，MongoDB 的数据模型是类似于 JSON 的文档，有可以存储复杂数据的接口，也可以动态定义模式。MongoDB 是 NoSQL 产品中功能最丰富的，同时也是最受欢迎的产品，甚至有取代 MySQL 之势。

MongoDB 的功能非常丰富，主要包括：

❑ 面向文档：简单来说，MongoDB 支持把业务主体（business subject）存储在最少数量的文档中。比如关系数据库会把 title/author 及相关信息存在多个关系型结构中，而 MongoDB 可以直接把它们存在一个文档中，名为 Book（这实际上是一个反抽象的过程，对于人类而言更直截了当）。

❑ Ad hoc 查询：尽管 MongoDB 没有表结构，但是查询起来却特别方便。用户可以自由指定查询列，甚至这个列可以不存在。MongoDB 也支持常用的一些查询条件。

❑ 索引：对于关系型数据库，索引是默认创建的，但是大多数 NoSQL 并没有索引，例如 HBase 和 Redis。但是索引是 MongoDB 在 NoSQL 系统中尤显珍贵的一个特性。MongoDB 的索引和关系型数据库非常类似，也是传统的 B 树及变种，并且支持二级索引等。

- ❑ 主从复制：可以有多种方式来组合，既可以做读写分离，也可以做主从备份。
- ❑ 负载均衡：自带分区功能。用户也可以指定不同的分区算法，如一致性哈希。MongoDB 可以在多台服务器上运行，自动负载均衡，并且在有节点死机的时候进行自动故障切换。
- ❑ 文件存储：提供分布式文件系统 GridFS，用来存取图片类的大对象。这样图片资源就可以和其他数据一样享受主从复制和负载均衡。
- ❑ 聚集操作：MongoDB 还可以做数据批量分析和聚集操作，可以使用 SQL 中 Group By 的操作，也可以使用 MapReduce 程序来进行聚集。
- ❑ JavaScript 集成：JavaScript 可以用在查询和聚集语句中。服务器可以直接执行 JavaScript 语言，这与存储过程类似。
- ❑ 支持固定大小的表：MongoDB 支持固定大小的表。这可以用来存储顺序的日志，当新数据达到固定大小时，系统会自动删除旧数据。这个功能特别适用于日志轮滚场景。

支持轮滚场景的固定大小的表也叫 RRD（Round-robin Database），最知名的开源实现是 RRDTool，支持对时间序列（time-series）数据的处理，它对于系统监控来说是不二选择，比如网管或系统监控中对带宽、CPU 利用率、内存使用率、温度、湿度等一切符合时间序列的数据都可以进行管理。RRDTool 不仅是个关系型数据库（基于文件系统的），而且还是一套画图（graphing）工具，使用和在其之上构建的系统不计其数，如 MRTG、Lighttpd、Nagios、ntop、Ganglia、OpenNMS、NMIS 等。

MongoDB 的架构比起它所支持的丰富功能而言相当简洁，在搭建集群时和 MySQL 集群类似。MongoDB 集群需要 mongod 和 mongos 两个进程。mongod 是 MongoDB 的后台进程，一个 mongod 就是一个单机版的 MongoDB 数据库。mongos 是 MongoDB 的路由服务器，用来管理分区操作。一个分区由多个 mongod 节点组成，它们之间互做主从备份，用来容灾，并提高性能。另外还有一组特殊的 mongod 称为 config servers，用以存储相关的配置信息（参见图 9-4）。

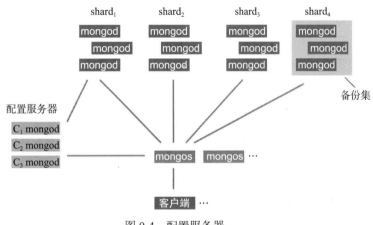

图 9-4　配置服务器

市面上的 NewSQL 类系统很多，鼻祖是哪家？知名的有哪些？

NewSQL 的准确定义是并行数据库管理系统（Parallel Database Management System）。最早的 NewSQL 系统是 H-Store，由美国东海岸的四所大学联合开发，它们是 Brown、CMU、MIT 和 Yale，于 2007 年研制成功，H-Store 的意义在于开发得够早，要知道 NewSQL 这个新词汇是 2011 年才出现的（451 分析师 Matthnew Aslett 在 2011 年的一篇论文中首次提及）。

H-Store 显然是一个学院派的 NewSQL 实现，距离商用还有相当距离，于是基于 H-Store 的商业版 NewSQL 实现 VoltDB 应运而生，VoltDB 的作者都是业界赫赫有名的大家，比如 Michael Stonebreaker，此公在加州 Berkeley 任教期间开发了 Ingres、Postgres 等关系型数据库系统，后来转战到 MIT 任教，又开发了 C-Store、H-Store 等系统。此公的学生也多为赫赫有名之辈，比如 VMWare 的前前任 CEO Diane Greene、Cloudera 的创始人 Mike Olson、Sybase 的创始人 Robert Epstein 等。最后要提一点，Stonebreaker 老先生现在已年逾花甲（1943 年生人），想来其开发 VoltDB 时已然是 60 挂零；反观国内的研发人员，不到 30 岁就都纷纷要转型做经理（people-manager），但由于没有持续多年的第一手技术累积，其所搭建出来的系统是很难经得起时间检验的。

最知名的 NewSQL 商用系统非 Google Spanner 莫属，在 2012 年的 OSDI 会议上，Google 公司公布了其 F1 数据库底层的存储组件 Spanner。Spanner 是一个具有高可扩展性、多版本、全球分布、同步复制等特性的数据库。它是第一个将数据扩展到世界规模，同时还支持分布式事务的外部一致性的数据库系统。

Spanner 立足于高抽象层次，使用 Paxos 协议横跨多个数据集把数据分散到世界上不同数据中心的状态机中。出故障时，它能够在全球范围内响应客户副本之间的自动切换。当数据总量或服务器的数量发生改变时，为了平衡负载和处理故障，Spanner 自动完成数据的重切片和跨机器（甚至跨数据中心）的数据迁移。

Spanner 具备如下两个有趣的特性。

❑ 应用可以细粒度地进行动态控制数据的副本配置。应用可以详细规定：哪个数据中心包含哪些数据，数据距离用户多远（控制用户读取数据的延迟），不同数据副本之间距离多远（控制写操作的延迟），以及需要维护多少副本（控制可用性和读操作性能）。数据可以动态透明地在数据中心之间进行移动，从而平衡不同数据中心内资源的使用。

❑ 读写操作的外部一致性，时间戳控制下的跨越数据库的全球一致性的读操作。

Spanner 的这两个重要的特性很难在一个分布式数据库上实现。但是 Spanner 实现了，这使得 Spanner 可以支持一致性的备份、一致性的 MapReduce 执行和原子性的模式更新，所有这些都可在全球范围内实现，即使存在正在处理中的事务也可以。

Spanner 的全球时间同步机制是用一个具有 GPS 和原子钟的 TrueTime API 提供的。TrueTime API 能够将不同数据中心的时间偏差缩短在 10ms 内。这个 API 可以提供一个精确的时间，同时给出误差范围。TrueTime API 直观地揭示了时钟的不可靠性，它提供的边界将决定时间标记。如果不确定性很大，Spanner 会降低速度来等待不确定因素的消失。

由于 Spanner 是全球化的，因此它具有两个新的概念，这是其他分布式数据库中所没有的：

- □ Universe：一个 Spanner 部署实例称为一个 Universe。目前全世界有 3 个实例：一个开发，一个测试，一个线上。因为一个 Universe 就能覆盖全球，所以不需要多个。
- □ Zone：每个 Zone 相当于一个数据中心，一个 Zone 的内部在物理上必须在一起。而一个数据中心可能有多个 Zone。可以在运行时添加或移除 Zone。一个 Zone 可以理解为一个 BigTable 部署实例。

下面简单介绍一下 Spanner 的总体设计，Spanner 服务器的组织结构如下（见图 9-5）。

- □ Universemaster：监控 Universe 里 Zone 级别的状态信息。
- □ Placement driver：提供跨区数据迁移时的管理功能。
- □ Zonemaster：相当于 BigTable 的 Master，管理 Spanserver 上的数据。
- □ Location proxy：存储数据的 Location 信息，客户端要先访问它才知道数据位于哪个 Spanserver。
- □ Spanserver：相当于 BigTable 的 ThunkServer，用于存储数据。

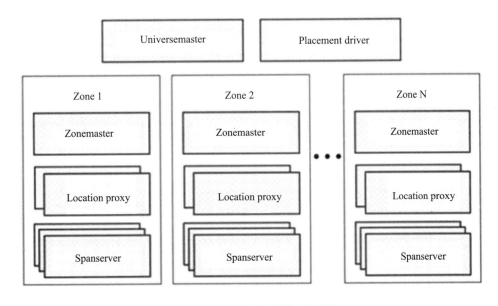

图 9-5　Spanner 服务器的组织结构

简单来说，一个 Zone 包括一个 Zonemaster 和上千个 Spanserver。Zonemaster 把数据分配给 Spanserver，Spanserver 把数据提供给客户端。客户端使用每个 Zone 上的 Location proxy 来定位可以为自己提供数据的 Spanserver。Universemaster 和 Placement driver 当前都只有一个。Universemaster 主要是一个控制台，它显示了关于 Zone 的各种状态信息，可以用于相互之间的调试。Placement driver 会周期性地与 Spanserver 进行交互，从而发现那些需要被转移的数据，以满足新的副本约束条件或进行负载均衡。

其他业界知名的系统还有：

❑ Amazon RDS：在 AWS 之上通过云提供服务。

❑ SQL Azure：微软 Windows Azure 的一部分，基于 SQL Server 搭建。

❑ Clustrix：一家旧金山的创业公司的产品，Percona 早前的测试表明一个 3 节点的集群（cluster）比一个类似处理能力的单节点 MySQL 服务器性能高 73%，并且 Clustrix 的性能随节点数增加呈线性增长。

相关系统还有很多，在此不再赘述，有兴趣的读者可以自行展开研究。

谈谈你对 OLAP 的了解。

对于大数据的处理，采用并行架构或分布式架构来提高系统的扩展性已经成为历史的必然。目前，主要有两大主流的方向：一个是以 MapReduce 为首的分布式 NoSQL 阵营，另一个是以 MPP 数据库（即大规模并行数据库）为首的并行关系数据库阵营。

MapReduce 最著名的实现有两个：

❑ Google MapReduce：2004 年 Google 的一篇 OSDI 论文中披露了 GFS（Google File System，谷歌文件系统）及 MapReduce 的技术细节。

❑ Yahoo! Hadoop：后来演变为 Apache 开源项目 Apache Hadoop，该项目包含 4 大部分：HDFS（Hadoop Distributed File System，Hadoop 分布式文件系统，类似于 GFS），Hadoop Reduce（对应 Google MapReduce），Hadoop Yarn（Yet Another Resource Neogitator，Hadoop 的资源管理平台，顾名思义，这类名字（比如 YACC，Yet Another C Compiler）都是 *Nix 背景的人起的）以及 Hadoop Common（通用库及公用程序（utilities））。我们会在后面的问题中对 Apache Hadoop 做更深度的剖析。

MPP 是大规模并行处理（Massively Parallel Processing）的英文缩写，MPP 数据库又称为无共享（shared-nothing）数据库。

MPP 架构可以有效地提高查询的效率和平台的可扩展性。MPP 是一个由多处理器（Processors）或计算机相互协调共同处理一个应用的架构。每个处理器都有自己独立的操作系统和内存，负责处理系统的某一部分功能。处理器之间通过消息（Message）进行通信协调。通常来说，一个 MPP 数据库系统非常复杂，里面涉及分区（如何将数据库划分到多个处理器）、路由（如何将查询分配到节点）、查询优化（分布式查询优化）、分布式事务等。

MapReduce 和 MPP 数据库使用的都是 MPP 架构，主要进行大数据分析的工作。对于 MPP 数据库来说，它主要适用于关系型的查询和应用，主要用于数据仓库应用。通过分而治之的方法，从而并行地扫描数据，可以非常有效地提高系统的性能。另外，新的服务器可以很方便地加入该系统，因此这类数据库具有线性的可扩展性。

MPP 数据库的特点如下：

❑ 关系架构：一般存储的是结构化的数据，有明显的星形或雪花形结构，适用于大数据分析的应用。数据通过 ETL 导入之后一般进行只读操作，用来分析数据。

❑ 无共享架构：每个服务器都有自己独立的存储、内存和处理器，它允许动态地增加或删除节点，系统可以使用比较廉价的机器，从而使得系统的成本大大降低。

❑ 分区：将数据分区划分到不同的物理节点上，通过分布式的查询优化来提高系统的整体性能。对分区和查询优化的要求很高。

❑ 分析处理：主要用在数据仓库和大规模的分析处理应用中。

MPP 比较著名的商业实现有 Greenplum（Pivotal Inc., 的前身，不过 Greenplum MPP 的架构后来也采用了 Hadoop/MapReduce）、Aster Data、Teradata、IBM DB2 等。

❓ 你对 MapReduce 了解多少？

✅ 首先，MapReduce 是一种计算模型，最早于 2004 年由 Google 的两位工程师 Jeffery Dean 和 Sanjay Ghemawat 提出，旋即受到业界的极大关注，随后 Yahoo! 实现的 Hadoop（且开源为 Apache Hadoop）的核心之一就是 Hadoop MadReduce（另一个是 HDFS）。

Google 通过 MapReduce 把自己面临的分布式计算带来的复杂度解耦成通过 MapReduce 计算模型抽象的计算任务和支持 MapReduce 的分布式计算框架。MapReduce 也是典型的分而治之（divide-n-conquer）思想的体现。

图 9-6 是 Google MapReduce 的框架图：

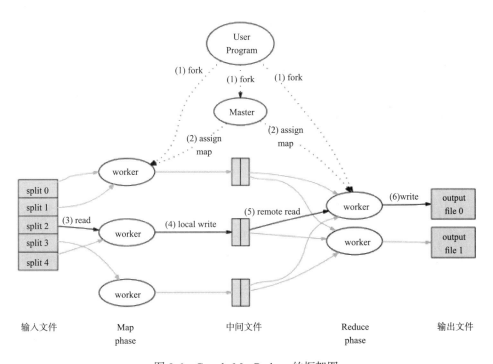

图 9-6　Google MapReduce 的框架图

下面看看 Hadoop MapReduce，Hadoop 的前身是 Nutch 项目（Apache Lucene 的子项目，对于任何一个开源搜索引擎系统而言，有两部分必不可少：索引 indexer + 爬虫 crawler，Lucene 负责索引部分，Nutch 负责爬虫部分），创始人是 Doug Cutting，后来在 Google GFS 与 MapReduce 的论文发表后被 Yahoo! 雇用，专注于开发 Hadoop。说到 Doug 其人，他在 Apache 开源基金会极有影响力，2009 年进入董事会，2011 年起任董事长，2009 年离

Yahoo！并成为 Cloudera 的首席架构师（Chief Architect）。Doug 的最大贡献之一在于，随着 Lucene 和 Nutch 的发展，开源的 Linux 与 MySQL 有机会强势进入搜索领域（无数公司都是基于 Linux 与 MySQL 构建搜索引擎体系架构的）；Doug 的另一贡献当然就是 Hadoop。

Hadoop v1.x 中的一个常见问题就是系统扩展性不好，这主要是因为 JobTracker（MapReduce 的控制程序，负责集群资源管理与任务状态维护）在系统节点及任务数不断上升后会成为系统瓶颈，比如说 2000 个节点后 JobTracker 就会导致系统性能严重下降。

Hadoop 2.0 开始 MapReduce 采用了新的框架（Yarn），如图 9-7 所示。

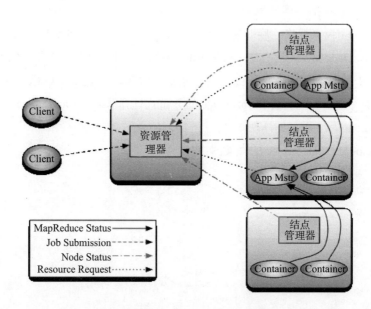

图 9-7   MapReduce 的新框架

v2.x 的新架构中，原来 JobTracker 的功能被一分为二，集群管理功能被保留，但是主控程序改名为 ResourceManager。而原来 MapReduce 的任务状态维护功能则被剥离出来，由 ApplicationMaster 来维护。ApplicationMaster 不再运行在主节点上，当用户提交一个 MapReduce 任务时，ResourceManager 将为这个任务创建一个专门的 ApplicationMaster 来管理这个任务。当系统中存在多个任务时，每个任务都有属于自己的 ApplicationMaster。

🔍 你对 HDFS 了解多少？

✅ HDFS 是 Apache Hadoop 开源项目中的分布式文件系统，它的设计目标如下：

❑ 计算与存储节点共享：和其他分布式文件系统不同的是，HDFS 中的存储节点会同时参与 MapReduce 应用程序的任务执行。MapReduce 应用需要 HDFS 暴露文件数据的位置信息，以便实现将计算向数据移动的调度策略。

❑ 高可靠性：2012 年随着 v2.0 的发布而支持高可靠性。

❑ 高吞吐率。

❑ PB 量级的大数据支持。

❑ 使用廉价硬件。

HDFS 的分布式设计有如下特点：

❑ 主从（master-slave）结构：实现了文件系统元数据（meta-data）和应用数据（application-data）分离存放，后面会介绍名字节点与数据节点。

❑ 文件分块：HDFS 的最小存取单位是文件块，默认 64MB，大文件块的顺序读写也使磁盘寻道时间在整个读写过程中占更低比例，从而取得更高的读写效率。

❑ 文件并发访问（及数据一致性）：写一次读多次（write-once-read-many）模式。

图 9-8 是 HDFS 的架构示意图：

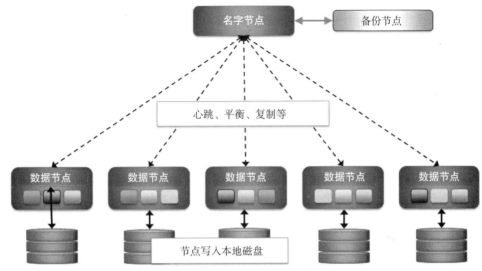

图 9-8　HDFS 架构示意图

HDFS 的名字节点（name-node）与数据节点（data-node）：

❑ HDFS 的命名空间采用层次化的结构存放文件和目录。对于每一个文件和目录，名字节点记录了它的权限、修改和访问时间、命名、磁盘容量等属性。名字节点还负责维护命名空间中文件与对应的数据节点上文件分块的映射关系，并记录文件分块的数据在集群中的具体分布。

❑ 名字节点会周期性地从集群中的数据节点接收心跳信号。接收到心跳信号意味着该数据节点工作正常。通过回复心跳信号，名字节点可以向数据节点发送创建、删除或复制文件块数据的命令。此外名字节点还收集数据节点定期发送的文件分块状态报告（BlockReport），该报告包含了数据节点上所有数据块的列表。

❑ 应用数据被存放在名字节点之外的其他服务器上，这些服务器就是数据节点。HDFS 分布式文件系统的集群通常会由上千台由廉价商用硬件组成的节点构成，服务器之间通过基于 TCP 的协议来进行网络通信。在这样的规模下，整个系统范围内的硬件失效将会频繁发生。对于 HDFS 这类的大型集群，必须依赖软件系统来提升其可靠性。

HDFS 的设计使用了基于文件块的数据复制和数据校验方法，具体如下：

○ HDFS 中的文件块会被复制为多个副本（Replica），这些副本被分布在集群中的不同节点上，这样的设计提高了 HDFS 的可靠性。

○ 同时这也提高了可用性（Availability）。因为多个副本的存在，所以客户端可以根据具体的网络拓扑来选择更"近"的，也就是数据传输代价更小的文件块副本来读取数据。

HDFS 的副本放置（选择最优的数据节点）大体涉及以下 3 种情况：

❏ 文件分块创建与使用：

　○ 首先，结合文件分块的读写过程来考察副本放置策略的运用。在向文件中写入新数据块的时候，数据将以流水线的方式写入。

　○ 在文件写入过程中，HDFS 的副本放置策略将决定名字节点以什么样的规则为流水线选择合适的数据节点。以复制因子 3（每个文件块有 3 个副本）为例，假设客户端位于 HDFS 集群内部，在默认情况下，名字节点会按照如下的原则来选择数据节点以形成流水线：第一个副本会建立在该客户端所在的节点上；然后，随机选择一个不同机架上的节点作为存储第二个副本的目标；而第三个副本会被指定在第二个副本所在机架的另一个节点上。

　○ 与创建文件分块相对应，当客户端读取该文件的某个文件块时，名字节点会提供所有拥有该文件块副本的数据节点列表。所以在数据读取的过程中，客户端有分布在两个不同机架上的共 3 个节点上的副本可供选择。同时，该列表是依据这些副本所在数据节点和客户端之间距离按由近到远的顺序排列的，客户端可以从中就近选择对它来说传输开销最小的数据节点上的副本来读取。

❏ 副本管理：在 HDFS 中，名字节点负责确保文件块具有正确的副本个数。通过收集所有数据节点的文件块报告，名字节点及时掌握各个文件块的副本在集群中的分布信息。

❏ 负载均衡：为了更好地平衡集群中数据节点的负载，HDFS 提供了一个相应的管理工具，用来在保留文件块原有可用性的前提下将副本转移到磁盘利用率更低的数据节点中。

图 9-9 是 HDFS 中块的放置的示意图。

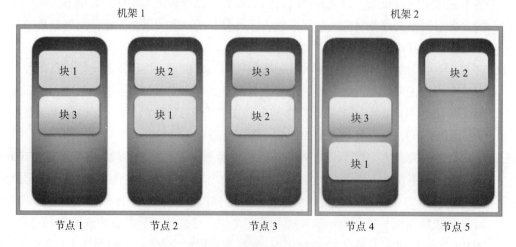

图 9-9　HDFS 中块的放置

小结：HDFS 的设计目标是满足非并行写操作（non-concurrent write operations）的系统需求，支持跨节点（物理机）的大文件存储、分布式、高度可扩展，设计时已预计了可能频发的软件或硬件故障，v2.0 之后还提供了高可用性（secondary name-node），是目前业界最常见的大数据分析处理系统，与 MapReduce 相辅相成。

谈谈你对流数据管理（Stream Processing）的理解。

数据流管理来自于这样一个概念：数据的价值随着时间的流逝而降低，所以需要在事件发生后尽快进行处理，最好是在事件发生时就进行实时处理，而不是存起来之后再调出数据进行处理。在数据流管理中，需要处理的输入数据并不存储在可随机访问的磁盘或内存中，而是以数据流的方式源源不断地到达。

数据流具有一系列特点：

❑ 数据流中的数据实时到达，需要实时处理。

❑ 数据流是源源不断的，大小可能无穷无尽。

❑ 系统无法控制将要处理的新到达数据元素的顺序，无论这些数据元素是在同一个数据流中还是跨多个数据流。

❑ 一旦数据流中的某个数据元素经过处理，要么被丢弃，要么被归档存储。因此，除非该数据被直接存储在内存中，否则将不容易被检索。

❑ 数据流系统涉及的操作分为有状态和无状态两种：

　○ 无状态的算子包括 Union、Filter 等，无状态的算子失败后，重放数据流能够构建与之前一致的输出。

　○ 有状态的算子包括 Sort、Join、Aggregate 等，有状态的算子如果执行失败，那么其保持的状态将会丢失，重放数据流产生的状态和输出不一定和失效前保持一致。

谈到流数据管理就不得不引出 CEP(Complex Event Processing，复杂时间处理) 这个概念，所谓 CEP 指的是联合来自多个数据源的数据进行事件处理，从而推断出事件的模式和更加复杂的情况。CEP 的目标是根据已知的多个事件流鉴定出有意义的事件，比如机会（reward）和风险（risk），并且尽快反馈给用户。

在大数据的背景下，CEP 主要可以用作对数据进行实时或近实时（near real-time）的处理，通过当前或过去的数据对未来的事件做出预测。

CEP 系统一般有以下几个模块（或者说依托的技术基石）：

❑ 数据收集及变形（Event Aggregatoin & Transformation）：从外部系统采集数据并进行必要的转换。

❑ 事件过滤、抽象以及模式的检测（event filtering, abstraction and patter detection）。

❑ 制定规则或模式：通常采用基于 SQL 的 EQL（Event Query Language）来定义规则。

CEP 的应用极为广泛，在防止犯罪、信用欺诈、股票交易等诸多领域非常常见。商业化、免费及学术类的 CEP 系统也很多：微软的 StreamInsight、Tibco 的 StreamBase、SAP ESP、Oracle Event Processing、Esper 等。大数据流处理在业界最知名的是 Twitter 公司的 Storm、

Yahoo！的 S4 还有 UC Berkeley 的 Spark 等，后面我们会单独介绍 Storm Streaming。

谈谈你对 Esper 的了解。

Esper 是 EsperTech 公司的 CEP 产品的统称，可细分为三大类：

❏ Esper 引擎：有 Java 和 .Net 两大类，.Net 前面有个 N，叫作 NEsper。

❏ EsperEE：熟悉 Java 的读者一眼就可以看出，这是企业版（Enterprise Edition）。

❏ EsperHA：看到 HA 就知道它提供高度可用性（high-availability），也意味着快速故障或死机恢复（fast-recovery），EsperHA 还支持高性能的写操作。

图 9-10 是 EsperEE 的架构图：

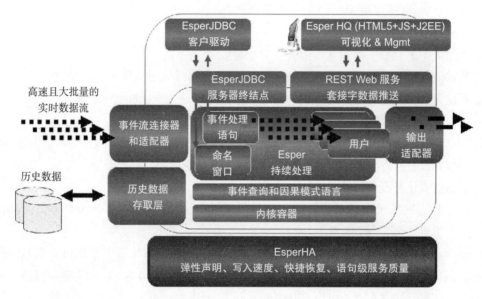

图 9-10　EsperEE 架构图

Esper 技术的核心如下：

❏ 事件表述：POJO（Plain Old Java Object）、java.util.Map 或 XML 文件。

❏ 滑动窗口（Sliding Window）：比如基于时间或者长度的时间查询。

❏ EPL 语句：Select、Filtering、Aggregation、Join、Group by、Insert-Into、Output 等。

❏ 模式匹配（pattern matching）：从事件流中匹配定义的模式。

Storm 是什么？

Storm 是最早由 BackType 公司创建的一套分布式计算架构（distributed computation framework），后来被赫赫有名的 Twitter 收购后成为开源软件，经过一年的孵化后，Storm 于 2014 年 9 月正式成为 Apache 的顶级项目。

Storm 可以用于 3 种不同场景：

❏ 事件流处理（Stream Processing）

❑ 持续计算（Continuous Computation）

❑ 分布式 RPC（Distributed RPC）

针对这些场景，Storm 设计了自己独特的计算模型，该模型以 Topology 为单位。一个 Storm Topology 是由一系列 Spout 和 Bolt 构成的图。事件流会在构成 Topology 的 Spout 和 Bolt 之间流动。Spout 负责产生事件，而 Bolt 负责对接收到的事件进行各种处理，得出需要的计算结果。Bolt 可以级联，也可以向外发送事件（往外发送的事件可以和接收到的事件是同一种类型的，也可以是不同类型的）。

Storm 的特点（优点）如下：

❑ MapReuce 并不适合流处理，而传统的 CEP 分布式架构有横向扩展的瓶颈，Storm 于是应运而生（S4 或 Spark streaming 也是一样）。

❑ 水平可扩展性（scale-out）：Storm 的计算模型本身是支持水平可扩展性的，Topology 对应的 Spout 和 Bolt 并不需要和特定节点绑定，可以很容易地分布在多个节点上，Storm 还提供了一个非常强大的 Rebalance（再平衡）命令，可以动态调整特定 Topology 中各组成元素（Spout & Bolt）的数量及其和实际计算节点的对应关系。

❑ 高可靠性（zookeeper）：保证了 Storm 的高可用性。

❑ Clojure 实现：Storm 是用 Clojure 和 Java 语言实现的，而 Clojure 是支持软件事务性内存的语言，它实现了对分布式并行计算系统中对共享内存的访问控制，Storm 采用了 Clojure 并获得了极大的成功，Storm 与 Clojure 可以说是相辅相成。

Apache 的官网上面有详细的 Storm 开源项目的介绍，有兴趣的读者可以参考。

9.3 大数据实战

前面的章节我们简要地介绍了大数据处理、分析和流数据处理的一些常见的方法和技术架构，这一节我们还是以 Q&A 的方式来看看大数据在工业界的解决方案中如何发挥魔力。

火车订票系统在 2013 年春节以前的表现问题多多，如果你是系统架构师，你会如何改造这一系统？

这个问题的核心是订票系统到底有哪些主要矛盾：

❑ 并发处理能力不够。

❑ 在高流量、高交易时系统反应缓慢甚至无法访问（由上一问题导致）。

❑ 还有其他一系列由于以上问题造成的连锁反应：如子系统间状态不一致，用户体验差等。

❑ 次要矛盾：网站设计不专业，在整个订票流程中存在一定数量的 bug。

❑ 其他次要矛盾：比如黄牛猖狂，一方面是技术安全漏洞及防御不足，另一方面却难掩管理方面的问题。

我们知道订票系统的票务预订及交易是其核心诉求，它的事务（交易）处理流量主要来自于：铁道部所属 28 个局级单位的服务器生成的实时数据流，以及 12306 官网的数据流（这类数据在快速增长，有超越前者的趋势）。12306 原系统是典型的小型机架构，这也是 OldOLTP 的典型设计，那么我们的任务就是把其改造为 NewOLTP 或 NewSQL，进而达到实现高并发交易处理及查询的目标。

前面我们提过的 Pivotal Gemfire XD（PHD（Pivotal Hadoop Distribution）框架中的组件）可以很好地解决这个问题，我们先看一下 PHD 的完整架构（见图 9-11）：

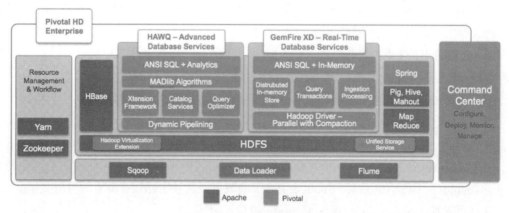

图 9-11　PHD 的完整架构

这套架构中有 4 大部分：

❏ Command Center：控制管理中心。

❏ Pivotal Hadoop：基于 Apache Hadoop 的数据一致性和文件系统服务架构。

❏ HAWQ：提供了统一的高效 SQL 引擎服务。

❏ GemfireXD：一套实时的数据库服务，又称 IMDG（In-Memory Data Grid）。

PHD 是目前业界已知的最完整的大数据分析、处理平台，对于 12306 而言，完全取代现有的小型机不可一蹴而就，最突出的痛点是高并发交易和查询的并行处理，那么我们可以考虑把 Gemfire XD 引入其架构中，图 9-12 就是网上订票系统架构改造后的框架图：

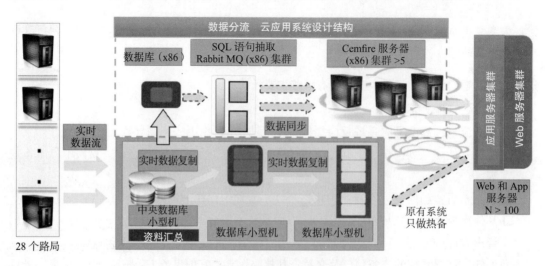

图 9-12　改造后的系统架构

图 9-13 是网上订票系统改造前后的对比：

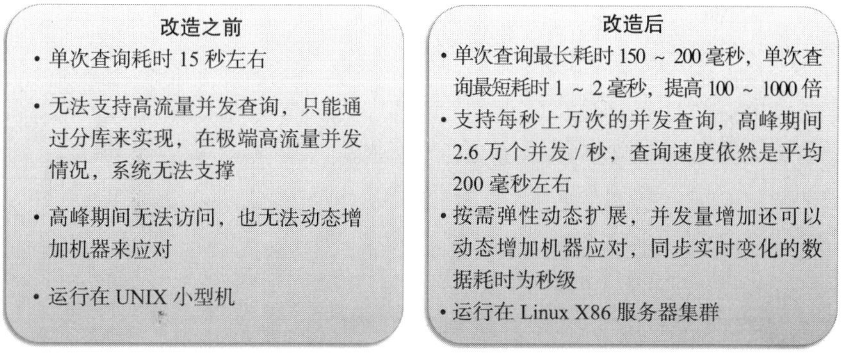

改造之前
- 单次查询耗时 15 秒左右
- 无法支持高流量并发查询，只能通过分库来实现，在极端高流量并发情况，系统无法支撑
- 高峰期间无法访问，也无法动态增加机器来应对
- 运行在 UNIX 小型机

改造后
- 单次查询最长耗时 150 ～ 200 毫秒，单次查询最短耗时 1 ～ 2 毫秒，提高 100 ～ 1000 倍
- 支持每秒上万次的并发查询，高峰期间 2.6 万个并发 / 秒，查询速度依然是平均 200 毫秒左右
- 按需弹性动态扩展，并发量增加还可以动态增加机器应对，同步实时变化的数据耗时为秒级
- 运行在 Linux X86 服务器集群

图 9-13　系统改造前后的对比

如何使用大数据的方法来实现基于海量数据分析的舆情监控？

社会舆情监控在英文中对应的说法为 Social Sentiment Analysis，通常有如下 4 类：
- 实时的关键字、题材和事件的搜索。
- 实时的统计分析：热度、范围、强度、趋势、关键字、人物、地点、时间等。
- 实时的舆情分析：正面、负面、中立等。
- 实时的意见监视：对于公众意见（opinion）的智能分析。

现在我们要思考的问题是：
- 数据从哪里来？
- 获取数据后怎么管理？
- 采取的后续动作是什么？

关于数据从哪里来，可以实时分析的数据无非是从网络上采集的数据，最常见的两种获取方法为：
- 爬虫（Crawler）：类似于前面提到的 Apache Nutch 的一些功能。
- Web-API：在线服务商提供的 API，可供远程采集数据。

数据管理可以分为两个层次：
- 数据处理：又可以分为实时处理、交互式处理和批处理。
- 数据存储：又可以分为最终的存储（比如 HDFS）和热数据与快数据的缓存。

对于数据处理的三类方式，我们可以使用 HAWQ/Shark/Spark SQL 来完成交互式处理工作，使用 MapReduce/Hive/Pig 来完成批处理工作，实时的数据处理则留给 GemfireXD 或 Spark（见图 9-14）。

最后，数据的存储如图 9-15 所示，无论是 HAWQ、GemfireXD 还是 MapReduce，最终都是把数据常存（persist）在 HDFS 上，称为统一的数据商店（Unified Data Store）。

当然，还有很多技术细节，比如索引的建立与搜索查询的支持，好在业界和开源社区中有很多方案可供选择，我们需要的是甄别哪种方案是最优的（通常终极的问题是性价比问题）。

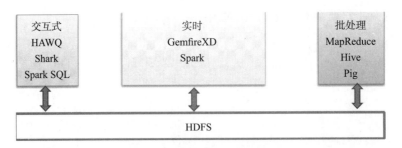

图 9-14　数据处理的三类方式

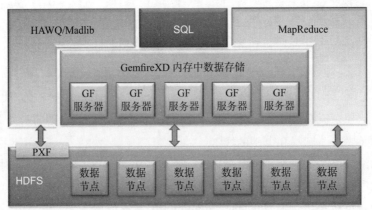

统一数据商店

图 9-15　数据存储示意

扫一扫，学习本章相关课程

大数据概论　　　　数据学的工具箱　　　　R 语言建模

## 第 10 章

云 计 算

云计算（Cloud Computing）这个词汇究其起源已经不得而知了，我们现在可以查到的最早引入云（cloud）这一概念的是 1994 年年初 USPTO（美国商标专利局）的一个申请专利中对计算框架模型的描述使用了云的字样，随后 1996 年 Compaq 电脑公司的内部文件中出现了云计算的字样，不过真正让世人了解云计算还是首推亚马逊的在 2006 年推出的 AWS（Amazon Web Servies）公有云服务，最著名的当属 EC2（Elastic Compute Cloud），今天我们看到的几乎所有云服务可以说都是对 AWS 的模仿和追赶，包括微软的 Windows Azure、阿里云等。有人也许会说金山云不一样，不过游戏云本质上只是对云服务的某些环节在技术、流程等方面做出了优化，从技术累计与突破（含金量）的角度上看与 AWS 不可同日而语。

云计算是相对于更早的并行计算概念而言的，在本世纪头十年及之前，还有如下的并行计算方法：

- ❑ 网格计算（Grid Computing）
- ❑ 大型机计算（Mainframe Computing）
- ❑ 效用计算（Utility Computing）
- ❑ 点对点计算（Peer-to-Peer Computing）
- ❑ 透明计算（Transparent Computing，笔者当年的老师张尧学先生提出的概念）

云计算可以看作以上多种"并行计算"之集大成，并在以下多个方面具有传统的并行计算所不具备的优势：

- ❑ 灵活性（flexibility）：根据需求动态调整架构。
- ❑ 弹性（elasticity）：可横向、纵向伸缩。
- ❑ 效用（efficiency）：包括性价比、时效性等。
- ❑ 强壮性（Robustness）：运行稳定（但不是压倒一切的）。
- ❑ 高可部署性（或可实现性）。

特别是随着大数据的引入和蓬勃发展，云计算为骨架（IT Infrastructure）、大数据为血肉（Applications），双剑合一，不所向披靡都说不过去。

10.1 基本概念

🔍 绝大多数的云计算系统或框架的底层实现都采用了虚拟化技术，请解释一下。

> 虚拟化是将底层物理设备与上层操作系统、应用软件分离的一种"去耦合"技术（见图
> 10-1）。

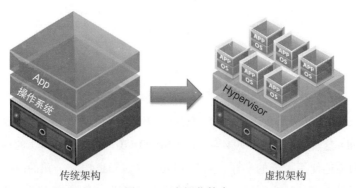

传统架构   虚拟架构

图 10-1　虚拟化技术

利用虚拟化技术可以将计算、存储、网络等基础资源整合起来，形成共享的虚拟资源池，把逻辑资源按实际需求同时提供给各个应用，如服务器虚拟化（Server Virtualization）、存储虚拟化（Storage Virtualization）和网络虚拟化（Network Virtualization）。

虚拟化技术的历史可以追溯到 1959 年计算机科学家 Christopher Strachey 发表名为《Time Sharing in Large Fast Computers》（《大型、高速计算机中的分时使用》）的学术报告，其中首次提出虚拟化的基本概念。进入 20 世纪 60 年代，IBM 大型机系统中首次出现虚拟化技术；20 世纪 70 年代，这一技术在 System 370 系列中逐渐流行起来，370 系列通过虚拟机监控器（Virtual Machine Monitor，VMM）的程序在物理硬件之上生成许多可以运行独立操作系统软件的虚拟机（Virtual Machine）实例，如果有读者还记得 IBM370 长什么样子，那可是个庞然大物（见图 10-2）！

图 10-2　IBM 370

虚拟化技术在随后的 20 年间并没有很大的发展，主要原因是 PC 市场的高速发展，但虚

拟化技术在设计之初是为高档小型机（miniframe）服务的，而 PC 用户当时并没有强烈的虚拟化需求。

随着 PC 越来越高速、强大，从上世纪末开始，Intel 在 x86 架构中对虚拟化技术的使用重新推动了虚拟化技术的广泛应用，比如 VMWare 的纯软件的全虚拟化，还有半虚拟化以及基于硬件的虚拟技术等。

随着核系统、集群、网格与云计算的广泛部署，虚拟化的商业优势日益体现：能提供强大的灵活性、可扩展性，增强系统安全性和可靠性，降低 IT 成本（这条才是最重要的，对于90% 以上的客户，省钱才是王道）。

下面介绍一下虚拟化技术的主要类型：

❑ 平台虚拟化
　❍ 对计算机和操作系统的虚拟化。
　❍ 通过使用控制程序（VMM 或 Hypervisor），隐藏计算平台的实际物理特性，为用户提供抽象、统一、模拟的计算环境（称为虚拟机）。
　❍ 虚拟机监控器可以脱离操作系统直接运行在硬件之上（如 VMware 的 ESX 产品）。
❑ 资源虚拟化：对系统资源的虚拟化，诸如内存、存储、网络等。
❑ 应用程序虚拟化：包括仿真、模拟、解释技术等。

平台虚拟化有以下 5 种技术类型：

（1）完全虚拟化（Full Virtualization）

❑ 在虚拟机和底层硬件之间建立抽象层 Hypervisor 来管理各个虚拟机。
❑ 通过 Hypervisor 模拟出多个包括所有硬件的完整虚拟硬件平台，因此完全虚拟化技术几乎能兼容所有的操作系统，而这些客户操作系统并不知道自己运行在虚拟化环境下。
❑ 可以提供较好的客户操作系统独立性。
❑ 性能不高，可以消耗主机 10% ~ 30% 的资源。
❑ 代 表 软 件：Microsoft Virtual PC、VMware Workstation、Oracle Virtual Box、Parallels Desktop for Mac、qemu 等。

虚拟化架构的示意图见图 10-3。

图 10-3　虚拟化架构示意

（2）准虚拟化 / 超虚拟化（Paravirtualization）

❑ 需要修改操作系统内核，替换不能虚拟化的指令，通过超级调用（Hypercall）直接和底层的虚拟化层 Hypervisor 通信，Hypervisor 同时也提供了超级调用接口来满足其他关键内核操作，比如内存管理、中断和时间保持。

❑ 准虚拟化的价值在于降低了虚拟化的损耗。

❑ 缺点：兼容性和可移植性差。

❑ 代表软件：Xen 和 Denali。

（3）部分虚拟化（Partial Virtualization）

❑ VMM 只模拟部分底层硬件，因此客户机操作系统若不做修改是无法在虚拟机中运行的，其他程序可能也需要进行修改。

❑ 在历史上，部分虚拟化是通往全虚拟化道路上的重要里程碑，最早出现在第一代的分时系统 CTSS 和 IBM M44/44X 实验性的分页系统中。

（4）硬件辅助虚拟化（Hardware-Assisted Virtualization）

❑ 借助硬件（主要是 CPU）的支持来实现高效的完全虚拟化，如图 10-4 所示。

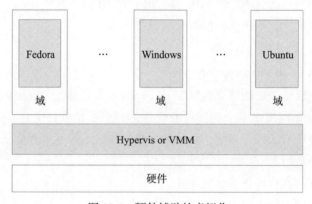

图 10-4　硬件辅助的虚拟化

❑ 有了 Intel-VT 技术的支持，Guest OS 和 VMM 的执行环境自动地完全隔离开来，Guest OS 有自己的"全套寄存器"，可以直接运行在最高级别。

❑ Intel-VT 和 AMD-V 是目前 x86 体系结构上可用的两种硬件辅助虚拟化技术。

（5）操作系统级虚拟化（Operating System Level Virtualization）

❑ 在服务器操作系统中使用的轻量级的虚拟化技术。

❑ 内核通过创建多个虚拟的操作系统实例（内核和库）来隔离不同的进程，不同实例中的进程完全不了解对方的存在。

❑ 这种虚拟化方式速度最快，不过操作系统的类型受到了严格的限制。

❑ 比较著名的有 Solaris Container、FreeBSD Jail 和 openVZ 等。

请介绍一下 x86 平台下的三种虚拟化技术。

全虚拟化（Full-virtualization）与半虚拟化（Para-virtualization）的区分是相对于是否需要

修改 Guest OS 而言的。而硬件虚拟化技术的实现（2005 年始）大大降低了 x86 虚拟化的复杂度。

- 全虚拟化与半虚拟的 Guest OS 的特权级别都被压缩在 Ring 1 中，而硬件虚拟化则将 Guest OS 恢复为 Ring 0 级别。在半虚拟化中，Guest OS 的内核经过修改，所有敏感指令和特权指令都是以 Hypercall 的方式进行调用。
- 而在全虚拟化与硬件虚拟化中，则无需对 Guest OS 进行修改。其中全虚拟化中对于特权指令和敏感指令采用了动态二进制翻译的方式进行，而硬件虚拟化中由于在芯片中增加了根模式的支持，并修改了敏感指令的语义，所以所有特权指令与敏感指令都能够自动陷入根模式的 VMM 中。

Ring 0、1、2、3 指的是 x86 平台上的 CPU 的特权级别，Ring0 是最高级别，表示可对内存和硬件的直接访问控制权（如 Linux、Windows 操作系统）；Ring3 是最低级别（如用户级应用程序）。Ring 的概念是 x86 CPU 保护模式的核心特征（feature），保护模式的全称是保护虚拟地址模式（protected virtual address mode），是 x86 兼容型 CPU 的一种工作模式，它允许系统软件调用虚拟地址、页、安全多线程（safe mult-tasking）这些旨在增加操作系统对应用软件的掌控的服务，保护模式是相对于早期的实模式（real-mode）而言的。

我们用图 10-5 来表示三种虚拟化的区别：

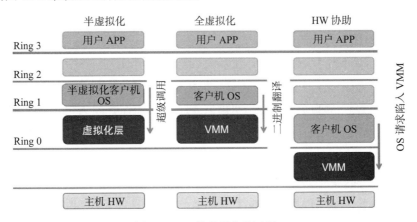

图 10-5　三种虚拟化的区别

以下 3 个问题实际上是计算虚拟化的三大核心：CPU+ 内存 +I/O，我们之后还会专门介绍软件定义的存储 + 软件定义网络技术。这些技术整合在一起构成了一个更大的概念——"软件定义的数据中心"，也是今天和未来的 IDC 所采用的先进技术的统称。

🔍 你对 CPU 虚拟化了解多少？

✔ 所谓 CPU 虚拟化指的是为了保证多个虚拟机可以安全地共存在一个物理主机上，需要确保虚拟机发出的 CPU 的指令的隔离性。

在 x86 硬件虚拟化问世之前，有三种技巧（techniques）可帮助实现保护模式（protected mode）的虚拟化：

❑ 二进制翻译（Binary Translation，简称 BT 或 BT32, 32 代表 32bit，因为 2003 年以前的虚拟化几乎都是在 32 位平台上实现的）：二进制翻译简单来说就是对于不能直接执行的特权指令进行翻译后才可以执行（这就好比 Java 虚拟机对代码的实时翻译一样）。

❑ 一些关键数据结构的影化（shadowed key data structures）：后面会简要介绍影化这一概念。

❑ I/O 设备的模拟：在客户机 OS 中不被支持的设备必须通过主机 OS 上的设备模拟器（device emulator）来模拟支持。

我们说上面的所有软件虚拟化技巧都有性能上的问题，真正解决问题还是要靠下面的硬件虚拟化的技术突破。

基于硬件的 CPU 虚拟化技术是 2003 年先后问世的 Intel 的 VT-x 与 AMD 的 AMD-V 技术，它们都是通过硬件的方式限定一些特权指令的操作权限，允许 VM 直接执行 CPU 指令集，但是当虚拟机要执行某条特权指令时，会引发中断（挂起虚拟机，把 CPU 分配给 VMM，后者模仿虚拟机状态并执行相应的特权指令，操作完成后再恢复虚机状态）。

🔍 你对内存虚拟化了解多少？

✅ 内存虚拟化指的是多个虚拟机之间共享物理内存，并对内存进行动态分配的技术。和 CPU 虚拟化一样，内存虚拟化也有软件虚拟化与硬件虚拟化两条技术路线。操作系统中已经存在关于虚拟内存的实现，比如虚拟页号与实页号的映射， x86 CPU 中的 MMU（Memory Management Unit，内存管理单元）就是一个负责实现内存虚拟化的模块。

虚拟机的引入需要额外一层映射（内存虚拟化），VMM 使用影子页表（Shadow Page）的方式来描述两种（3 层）映射关系：虚拟机虚拟地址（Guest Virtual Address，GVA）→虚拟机物理地址（Guest Physical Address，GPA）→物理机物理地址（Host Physical Address，HPA）。

不过，软件虚拟化中的影子页表存在开销（性能、延迟）问题。于是 Intel 和 AMD 分别提出了自己的硬件解决方案。

Intel 的 EPT（Extended Page Table，扩展页表）与 AMD 的 RVI（Rapid Virtualiation Indx，快速虚拟化索引）技术都是通过在物理 MMU 中保存两个不同的页表，来使得内存地址的两次映射都是在硬件中完成，进而达到提高性能的目的。

🔍 你对 I/O 虚拟化了解多少？

✅ I/O 虚拟化是系统虚拟化的必然发展趋势（先是 CPU 被虚拟化，利用率变高，随后就不得不对 I/O 进行虚拟化，否则 I/O 将变成系统瓶颈，后面当然还有网络虚拟化、存储虚拟化，总之越往后越困难，但是机遇也可能越多）。

I/O 虚拟化在实现上与 CPU 和内存虚拟化一样，也可以分为软件与硬件虚拟化。在被虚拟机访问的方式上，又分为共享模式与直接访问模式：

❑ 共享模式：软件 I/O 虚拟化通过软件模拟设备的方式，使得 I/O 设备资源能够被多个虚拟机共享，该种方式可使 I/O 设备的利用率得到极大提高，并且可以做到物理设备与逻辑设备的分离，具有良好的通用性，但由于该方式需要 VMM 的介入而导致多次上下文切换，使得 I/O 性能受到影响。

❑ 直接访问模式：为了改善 I/O 性能，旨在简化 I/O 访问路径的设备直接访问方式又被提了出来。代表技术即为 Intel 提出的 VT-d 与 AMD 的 IOMMU 技术。尽管这两种技术在一定程度上提高了 I/O 访问性能，但是牺牲了系统的可扩展性，并且不基于任何工业标准。

鉴于此，工业界迫切需要设计一种可以原生共享的设备（原生共享指的是设备资源能够在多个虚拟机间共享，并且不需要 VMM 来模拟设备，兼顾系统性能和可扩展性），于是 PCI-SIG 组织提出了两个新的技术规范：

❑ SR-IOV（Single Root I/O Virtualiazation & Sharing，单根 I/O 虚拟化及分享）：定义了一个单根设备如何呈现为多个虚拟设备，并实现了地址转换功能（Address Translation Services）。

❑ MR-IOV（Multiple Root I/O Virtualization & Sharing）：允许 PCIe 设备在多个独立 PCIe 根的系统间共享。

这两个方案很好地平衡了 I/O 虚拟化通用性、访问性能与系统可扩展性的需求。

🔍 虚拟化与云计算的关系是什么？

✅ 首先虚拟化不等同于云计算，虚拟化可借助相关的存储和网络连接性抽象化计算资源，通常作为虚拟机；云计算可以决定这些虚拟化资源的分配、交付和展现方式。虚拟化不是创建云环境所必需的，但支持快速增加或减少资源，而非虚拟化环境则难以做到这点。虚拟化架构是高性能云计算环境的基础，虚拟化技术在数据中心的应用很广泛，比如服务器虚拟化、存储虚拟化、网络虚拟化等。

🔍 什么是云计算？

✅ 任何理念乃至概念都不是凭空出世的，它有一个必然的演变、进化过程，云计算也不例外。

云计算是分布式计算、并行计算、效用计算、网络存储、虚拟化、负载均衡等传统计算机和网络技术发展融合的产物（见图 10-6）。

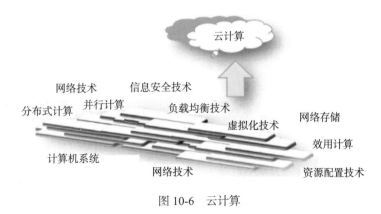

图 10-6　云计算

NIST（美国国家标准与技术研究院）2009 年给出云计算的定义：云计算是一个模型，这个模型可以方便地按需访问一个可配置的计算资源（如网络、服务器、存储设备、应用程序以及服务）的共享池，这些资源可以被迅速提供并发布，同时最小化管理成本或服务提供商的干涉。

一图胜千言，看图 10-7：

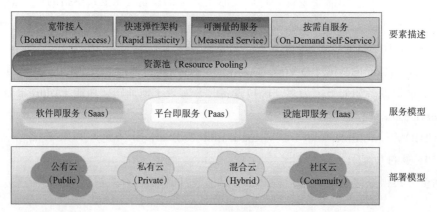

图 10-7　云计算架构

云计算的基本特征可以归纳为 5 点（见图 10-8）：

❑ 按需自助服务：用户通常可通过交互式门户（支持他们亲自配置和管理服务）实现计算资源的按需自动供应，无需人工干预。

❑ 广泛的网络访问：用户可通过智能手机、平板电脑、笔记本电脑和台式机等各种设备访问网络资源。

❑ 快速、灵活：可根据需求快速、透明地扩展或订购资源。用户可自动进行调整，而且整个过程对于用户来说是透明的。

❑ 可衡量的服务：使用情况可进行衡量，而且通过对其进行监控、控制和报告实现出色的透明性。

❑ 面向多租户的位置透明型资源池：计算、存储和网络资源被集合起来服务于多个用户群（租户），并可根据用户需求动态分配和再分配不同的物理和虚拟资源。用户一般无法控制资源的准确位置，因此会认为与位置无关，尽管可能会在更高的抽象级别上来指定位置（国家、州、数据中心）。

云计算按照交付模式分为 4 类：

❑ 私有云：云基础架构供应给包含多个租户的单个企业使用。私有云位于公司防火墙之后，可现场或异地运行。

❑ 公有云：云服务提供商向多家企业、学术机构、政府机构和其他机构提供服务，支持通过互联网进行访问。

❑ 混合云：混合云是两种云交付模式（如私有云和公有云）的结合，它们既相互独立，又被支持数据和应用移植功能的技术联系在一起。云爆发（Cloud Bursting）是企业使用混合云在需求高峰期平衡负载的一个示例。

❑ 社区云：云基础架构专门供应给具有共同的安全性、策略与合规性等共享计算要求的用户机构，经常被认为是混合云的一种。

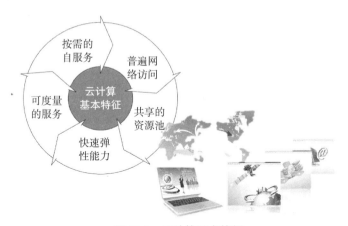

图 10-8　云计算基本特征

用一张图或一句话说清楚 IaaS、PaaS、SaaS 的区别。

图 10-9 给出了一个版本。

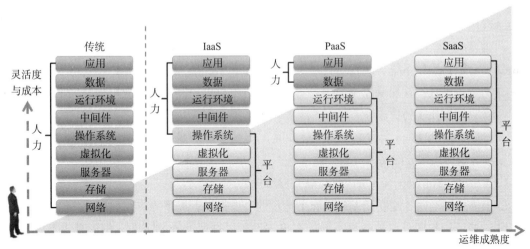

图 10-9　IaaS、PaaS 与 SaaS 的区别（示例一）

另一版本见图 10-10。

常见的 *aaS 的例子如下：

❑ IaaS：Amazon EC2/S3 服务。

❑ PaaS：Cloud Foundry、Windows Azure（既有 IaaS，也有 PaaS）、Google App Engine。

❑ SaaS：Salesforce 的 CRM 服务、Google Docs 等。

（1）IaaS（Infrastructure as a Service，基础架构即服务）

❑ 租用处理、存储、网络和其他基本的计算资源，消费者能够在上面部署和运行任意软件，包括操作系统和应用程序。

❑ 消费者不管理或控制底层的云计算基础设施，但可以控制操作系统、存储、部署的应用，也有可能选择网络构件（例如主机防火墙）。

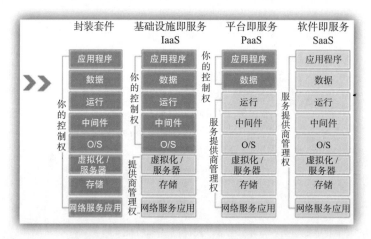

图 10-10　IaaS、PaaS 与 SaaS 的区别（示例二）

业界目前最火爆的 IaaS 开源架构及社区是 Openstack，可以将其看作 Amazon EC2 的开源实现（连管理界面都具有相似性），后面的 SDDC 相关章节会对 Openstack 做深入的介绍。

（2）PaaS（Platform as a Service，平台即服务）

❑ 利用资源提供者指定的编程语言和工具将消费者创建或获取的应用程序部署到云的基础设施上。

❑ 平台包括操作系统、编程语言环境、数据库和 Web 服务器。

❑ 消费者不直接管理或控制底层云基础设施，但可以控制部署的应用程序，也有可能配置应用的托管环境。

第一个开源的 PaaS 平台是 CloudFoundry，它给了用户极大的选择性，比如开发环境、部署云环境及应用服务的高度可选择性。

（3）SaaS（Software as a Service，软件即服务）

❑ 该模式的云服务是在云基础设施上运行的、由提供者提供的应用程序。

❑ 这些应用程序可以被各种不同的客户端设备通过像 Web 浏览器（例如基于 Web 的电子邮件）这样的瘦客户端界面所访问。

❑ 消费者不直接管理或控制底层云基础设施。

SaaS 离我们很近，任何基于 Web 的 E-mail、地图服务、在线文件编辑浏览服务以及复杂一点的在线 CRM 统统都算 SaaS。

🔍 总结一下云计算的优点？

✅ 借用 AWS 对云计算的优点的总结，可给出如下结论：

❑ 资本支出→运营支出（CAPEX → OPEX）：做研发的人对这两个词可能不熟悉，但是财务和公司管理层一定很清楚，云计算的颠覆性在于不再是传统的购买硬件然后逐年抵消的 CAPEX 模式，而是随买随用、按用收费（或者包月、包年）的 OPEX 模式，这对于公司的财务和税务有很大的影响（省钱）。

❑（超大）规模的经济效应：还是省钱。

❑ 弹性：水平和垂直的扩展或内缩（scale-up/down，scale-out/in）。

❑ 提升的速度与灵活性：灵活性是绝对的，速度是相对的（虚拟化会牺牲性能，但是如果从性价比上看，云计算还是有一定优势的）。

❑ 不必再为运维数据中心花钱了：是啊，钱都给 XaaS 厂家了。

❑ 全球化只要几分钟：几分钟内可以在全球范围优化部署云计算资源。

10.2　云计算与大数据

你怎么看大数据与云计算间的关系？

云计算并不是个新词（它的起源并不是很清楚，20 世纪 90 年代电信公司普遍提供的 VPN 服务可以算是一种云计算服务，而 20 世纪 50 年代的大型机与终端机之间的交互或许是现代云计算的鼻祖），云计算的真正兴起是 2006 年之后，AWS 提供的云服务以及 VMWare 等公司的产品被广泛接受，但是，云计算真正被世人津津乐道却是大数据的概念自 2012 年强势推出后才发生的。

我们说云计算改变了 IT，但是大数据却改变了业务。上层应用驱动底层架构，大数据与云计算之间就是这样的关系：云计算作为基础架构来承载大数据，而大数据通过云计算架构和模型来提供解决方案（见图 10-11）。

大数据改变业务　　　　　　　　　　云计算改变 IT

图 10-11　大数据与云计算

在云计算架构上用大数据技术构建下一代数据架构有如下优点：

❑ 集成度更高。

❑ 配置更合理、速度更快：存储、控制器、I/O 通道、内存、CPU、网络均衡设计、针对数据仓库访问最优设计。

❑ 整体能耗更低。

❑ 系统更加稳定可靠，消除各种单点故障环节。

❑ 管理维护费用低。

❑ 可规划和可预见的系统扩容、升级路线图。

NIST 的大数据工作组（Big Data Working Group）给出了图 10-12，虽然不一定 100% 正

确，但是很好地阐释了大数据和云计算间的关系：

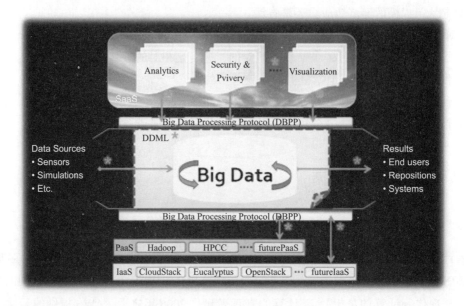

图 10-12 大数据与云计算的关系

🔍 我们知道基础设施即服务的三大优点是弹性、低成本、使用便利，那么能否介绍一款你熟悉的公有云服务在大数据领域的解决方案？

✓ 最知名的公有云当然是 AWS（国内的程序员也许对阿里云更为熟悉，不过从技术成熟度上看阿里云还处在追赶、完善阶段，很大程度上在模仿 AWS 推出的服务）。我们介绍两款 AWS 的大数据产品：Amazon EMR 和 Amazon DynamoDB。

EMR 是 Elastic MapReduce 的缩写，顾名思义，弹性化的 MapReduce。它是基于 Hadoop 框架的，处理大数据的网络服务，部署在 Amazon EC2 及 S3 上。

Amazon EMR 的架构如图 10-13 所示，它在 Amazon EC2 上创建 Hadoop 的集群，把脚本、输入数据、log 文件、输出结果存储在 Amazon S3 上。

Amazon EMR 的处理步骤如下：

❏ 把需要处理的数据、Mapper 脚本、Reducer 脚本上传到 Amazon S3，然后向 Amazon EMR 发一个 Request 请求来启动工作任务（Job）。

❏ Amazon EMR 启动在 Amazon EC2 上的 Hadoop 集群，导入引导脚本，使其在集群的每个节点中运行。

❏ Hadoop 按照工作流程定义从 Amazon S3 下载分析数据，或者在运行时 Mapper 动态导入数据。

❏ Hadoop 集群处理数据并将结果上传到 Amazon S3。

❏ 当所有的数据都处理完毕后，用户可以从 Amazon S3 中获得分析结果。

使用 Amazon EMR，用户可以根据自身需要即时配置和调整大小不等的计算容量，以执行应用程序的密集型任务，例如日志分析、数据挖掘、Web 索引、机器学习、财务分析、科学仿真（scientific simulation）、生物信息学研究等。用户可以专注于处理和分析数据，而不必为设置、管理、优化等担忧，也不需要担心所需要的计算容量。

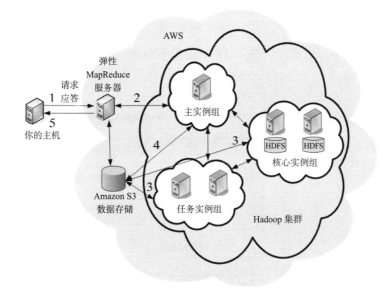

图 10-13 Amazon EMR 的架构

Amazon DynamoDB 是源自 Amazon 2007 年在 SOSP（操作系统大会）上发表的那篇著名的介绍 Dynamo 技术的论文（关于高可用的可扩展键值存储系统），Amazon DynamoDB 是 2012 年初正式上线的，是 Amazon 为业界提供的面向互联网应用且具有高速、高可用、高性价比等优势的 NoSQL 数据库。

它不仅支持键值数据模型，还支持文档数据模型和无缝扩展。DynamoDB 还有不少可圈可点的特性，比如：

❑ 强一致性原子计数器（atomic counter）：区别于其他非关系型数据库，DynamoDB 支持强一致性读操作（确保读到最新数值）。

❑ 丰富的服务整合：弹性 Amazon EMR 整合、Amazon Redshift（基于公有云的先进商务智能服务）整合、数据管道整合（AWS Data Pipeline）等。换句话说，AWS 已经完成闭环，形成了一站店（one-stop-for-all-shop），用户所需完全可以在 AWS 内部消化。

10.3 软件定义网络

Q 什么是 SDN ？

A SDN 是 Software-Defined Networking 的缩写，它发展的大背景是云计算对网络的需求已经由连接与数据传输升级为服务和增值服务，可以灵活定制（如 VLAN），可以根据业务需求动态调整，并且可以像其他资源一样进行调配、管理。

SDN 的发展方向就是让网络逐渐向可整合、可优化、可编程、可协同、可动态乃至可自我修复（智能）的目标前进。

所有的软件定义的 XXX 都有一个共同的特点：抽象。这对于大多数程序员来说应该不陌生，面向对象编程的核心就是抽象（继承、封装与多态），对底层的硬件平台提供的功能通过软件进行抽象（可能是多层抽象）后得到更丰富、灵活的服务。

SDN 就是通过对底层的硬件抽象后分为两个平面（plane）的系统：

❑ 控制面（Control Plane）：网络控制，决定数据向哪里发送（大脑中枢）。

❑ 数据面（Data Plane）：将数据发送到目的地（四肢）。

控制面与数据面之间的通信最好遵循某种规范，OpenFlow 就是其中一种实现标准，ONF（Open Networking Foundation）负责推广并维护该协议标准。

图 10-14 是高度简化的 SDN 架构：

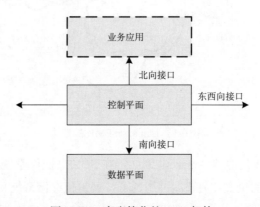

图 10-14　高度简化的 SDN 架构

一个更复杂的 SDN 系统如下图，SDN App、SDN Controller、SDN Datapath、NBI、CDPI 以及 M&A 等组件共同构成一个完整的 SDN 系统（见图 10-15）。

SDN 在软件定义数据中心和 IaaS 中与计算虚拟化、存储虚拟化一样应用广泛。

业界有哪些 SDN 组织、标准化组织、协议和解决方案？

相关组织如下：

❑ ONF（Open Network Foundation）：2011 年由 Yahoo!、Google、Microsoft、Duetsch Telecom、NTT 等多家巨头组建而成，主要定义了 SDN 基本架构和 OpenFlow 标准。

❑ ODL（Open DayLight）：2013 年由 Cisco、IBM、HP、Juniper、Intel、Linux 基金会等多家巨头发起，ODL 的目标更像是建设一个网络操作系统（但是不包含数据面）。

❑ IETF（Internet Engineering Task Group）：主要聚焦于 SDN 相关功能和技术如何在网络中实现的细节上。主张在现有的网络层协议基础上增加插件（plug-in），并在网络与应用层之间增加 SDN Orchestrator 进行能力开放的封装，而不是直接采用 OpenFlow 进行能力开放，尽量保留和重用现有的各种路由协议和 IP 网络技术，保护用户的网络投资。IETF 的三大 SDN 项目为 XML-based SDN、I2RS（Interface-2-Routing System）和 ForCES（Forwarding and Control Element Separation，转发与控制分离）。

❑ ETSI（Enrupean Telecommunications Standards Institute）：NFV（Network Functions Virtualization）工作的主要目标是将 SDN 的理念引入电信业，解决电信运营商多年来遇到的问题，如高昂的网络成本，封闭的网络功能，专用设备类型多、数量多、生命周期短，新业务开发困难、周期长、营运成本高等。

❑ OCP（Open Compute Project）：开放计算项目是由 Facebook 发起的，与 Intel、AMD、Dell、HP 等合作开发 IDC 的设计，其目标是用像 PC 一样的模式来实现网络设备，遵照某种标准模式，可以任意组合功能。这个项目目标很宏大（SDN 的终极体现），估计实现起来也会很艰辛（需要整合与协调的资源与利益方太多，难度不言而喻）。

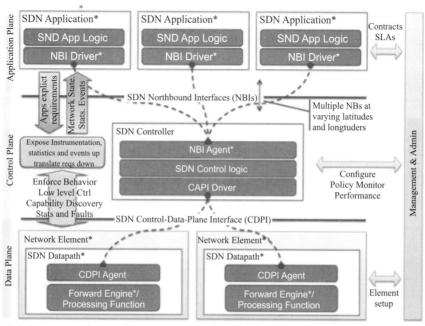

图 10-15　完整的 SDN 系统

❓ SDN 的技术实现有哪几类？

前面提到 SDN 的标准化组织有至少 5 个阵营，技术架构和侧重点各不相同，但是都秉承着 SDN 控制和转发分离的集中控制核心思想。总体来说，目前 SDN 的实现方案主要有两种：

❑ 一是强调以网络为中心（Network-Dominant），主要是利用标准协议 OpenFlow 来实现对网络设备的控制，可以看成是对传统网络设备（交换机、路由器等）的改造和升级。

❑ 二是以主机为中心（Host-Dominant），以网络叠加技术来实现网络虚拟化，应用场景主要是数据中心。

我们分别介绍一下这两种方案。

OpenFlow 技术通过将网络设备的控制面（Control Plane）与数据面（Data Plane）分离开

来，从而实现对网络流量的灵活控制，为核心网络及应用创新提供良好的平台。

OpenFlow 的核心思想很简单，就是将原本完全由交换机/路由器控制的数据包转发过程转化为由控制服务器（Controller）和 OpenFlow 交换机（OpenFlow Switch）分别完成的独立过程。也就是说，使用 OpenFlow 技术的网络设备能够分布部署、集中管控，使网络具有软件可定义的形态，对其进行定制便可快速建立和实现新的特征和功能。

OpenFlow 技术基本架构主要包括 OpenFlow 交换机、控制器，以及交换机与控制器之间进行交互的通信信道，如图 10-16 所示。

❑ 对应于数据面：OpenFlow 交换机根据流表（Flow Table）对数据包进行转发。

❑ 对应于控制面：控制器负责流转发规则的生成与删除。控制器通过 OpenFlow 协议接口对交换机中的单个（或多个）流表进行控制，从而实现对整个网络在逻辑上的集中式控制。

下面我们介绍一下以主机为中心的 SDN 实现方案：以主机为中心，将控制面和数据面分离，将设备或服务的控制功能从其实际执行中抽离出来，为现有的网络添加编程能力和定制能力，使网络有弹性、易管理且有对外开放能力；数据面则不改变现有的物理网络设置，利用网络虚拟化技术实现逻辑网络。

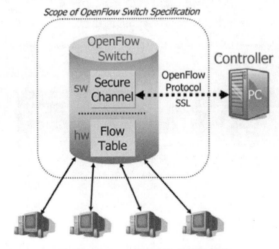

图 10-16　OpenFlow 技术基本架构

❑ 在控制面，以主机为中心的 SDN 实现方案提供了集中化的控制器，集中了传统交换设备中分散的控制能力，完成了 SDN 控制器的南向、北向及东西向的功能，而且通常作为数据中心的一个模块或者是一个单独的组件，支持和其他多种管理软件的集成，比如资源管理、流程管理、安全管理软件等，从而将网络资源更好地整合到整个IT 运营中。

❑ 在数据面，主要以网络叠加（Network Overlay）技术为基础，以网络虚拟化为核心。这种方式不改变现有的网络，但是在服务器 Hypervisor 层面增加一层虚拟的接入交换层来提供虚拟机间快速的二层互通隧道。在共享的底层物理网络基础上创建逻辑上彼此隔离的虚拟网络，底层的物理网络对租户透明，使租户感觉自己是在独享物理网络。网络叠加技术使数据中心的网络从二层网络的限制中解放了出来，只要 IP 能到达的地方，虚拟机就能够部署、迁移，网络服务就能够交付。

网络虚拟化（Network Virtualization）技术并不是一个完全新鲜的事物，传统的虚拟专用网络（VPN）已经存在了很多年，如 L2TP、PPTP、GRE 等隧道（tunneling）技术，隧道技术是一种利用互联网络的基础设施在网络之间传递数据的方式。使用隧道传递的数据可以是不同协议的数据帧或包，隧道协议将其重新封装在新的包头中发送。新的包头提供了路由信息，从而使封装的负载数据能够通过互联网络传递。被封装的数据包在隧道的两个端点之间通过公共互联网络进行路由，数据包在公共互联网络上传递时所经过的逻辑路径称为隧道。一旦到达网络终点，数据将被解包并转发到最终目的地。

传统 VPN 技术的缺点是不能完全解决大规模云计算环境下的问题，一定程度上还需要更大范围的技术革新来消除这些限制，以满足云计算虚拟化的网络能力需求。在此驱动力基础上，逐步演化出新的网络协议和技术来满足这些需求，网络叠加技术（Network Overlaying）就是其中的一种。

在网络技术领域，网络叠加技术指的是一种网络架构上叠加的虚拟化技术模式，其大体框架是对基础网络不进行大规模修改的条件下，实现应用在网络上的承载，并能与其他网络业务分离，并且以基于 IP 的基础网络技术为主。其实这种模式是以对传统技术的优化而形成的。早期就有标准可支持二层 Overlay 技术，如 RFC3378（Ethernet in IP）就是 IP 上的二层 Overlay 技术。基于 Ethernet over GRE 的技术，H3C 与 Cisco 都在物理网络基础上发展了各自的私有二层 Overlay 技术——EVI（Ethernet Virtual Interconnection，以太网虚拟互联）与 OTV（Overlay Transport Virtualization，覆盖传输虚拟化）。EVI 与 OTV 都主要用于解决数据中心之间的二层互联与业务扩展问题，并且对于承载网络的基本要求是 IP 可达，部署上简单且扩展方便。

IETF 在网络叠加领域定义了三条路线：

❑ VXLAN（Virtual eXtensible LAN）：虚拟可扩展局域网。

❑ NVGRE（Network Virtualizatoin (using) GR）：基于 GRE 技术的网络虚拟化。

❑ STT（Stateless Transport Tunneling）：无状态传输层隧道技术。

表 10-1 对比了三种技术的差异性：

表 10-1 三种技术数据对比

技术名称	支持者	支持方式简述	网络虚拟化方式	数据新增包头长度	链路 HASH 能力
VXLAN	Cisco/VMware Citrix/Red hat Broadcom	L2 over UDP	VXLAN 报头 24bit VNI	50 Bytes(+ 原数据)	现有网络可进行 L2 ~ L4 HASH
NVGRE	HP/MS/ DELL/Intel Emulex/ Broadcom	L2 over GRE	NVGRE 报头 24bit VSI	42 Bytes(+ 原数据)	GRE 头 的 HASH, 需要网络升级
STT	VMware (Nicira)	L2oTCP（无 状 态 TCP，即 L2 在类似 TCP 的传输层）	STT 报头 64bit Context ID	58~76 Bytes（+ 原数据）	现 有 网 络 可 进 行 L2 ~ L4 HASH

图 10-17 中的封装格式一目了然地告诉我们 VXLAN、NVGRE 与 STT 的主要差异在于封装的着手点不同:

❑ VXLAN 是 Layer2-over-UDP: Linux 内核 3.7 已经加入了对 VXLAN 协议的支持。

❑ NVGRE 是 Layer2-over-GRE。

❑ STT 是 Layer2-over 类 TCP: 之所以称为类 TCP 是因为 TCP 是有状态机概念的, 而 STT 封装是在传输层 (TCP/UDP 层), 但无状态概念。

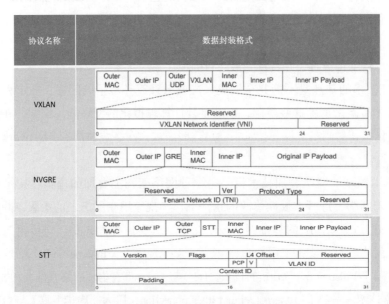

图 10-17   各协议的封装格式

网络虚拟化将网络的边缘从硬件交换机推到了服务器里面, 将服务器和虚拟机的所有部署、管理的职能从原来的系统管理员 + 网络管理员的模式变成了纯系统管理员的模式, 让服务器的业务部署变得简单, 不再依赖于形态和功能各异的硬件交换机, 一切归于软件控制, 可以实现自动化部署。这就是网络虚拟化在数据中心中最大的价值所在, 也是为什么大家明知服务器的性能远远比不上硬件交换机但还是使用网络虚拟化技术的根本原因。甚至可以说 SDN 概念的提出很大程度上是为了解决数据中心中虚拟机部署复杂的问题。

网络虚拟化以及云计算是 SDN 发展的第一推动力, 而 SDN 为网络虚拟化和云计算提供了强有力的自动化手段。

网络叠加技术作为网络虚拟化在数据平面实现的手段, 解决了虚拟机迁移范围受到网络架构限制、虚拟机规模受网络规格限制以及网络隔离 / 分离能力限制的问题。

10.4 软件定义存储

🔍 分析传统的存储类型。

◎ 传统的数据中心中不外乎如下 4 大类存储解决方案: 服务器内置磁盘 (Internal Disk)、直接附加存储（Directly Attached Storage，DAS）、存储区域网络（Storage Area Network，SAN）和网络附加存储（Network Attached Storage，NAS）。

1）服务器内置磁盘：包括 SCSI、SATA 以及 IDE 磁盘等，这些磁盘可能直接由操作系统管理，也可能通过阵列（RAID）管理器进行配置使用。内置磁盘作为最简单直接的存储方式，在很多现代数据中心仍然到处可见。

2）直接附加存储：这是最简单的外接存储方式，通过数据线直连到服务器上。DAS 被定义为直接连接在各种服务器或客户端扩展接口下的数据存储设备。它依赖于服务器，其本身是硬件的堆叠，不带有任何存储操作系统，因而也不能独立于服务器对外提供存储服务。常见形式的 DAS 外置磁盘阵列的配置是 RAID 控制器以及一堆磁盘。DAS 安装方便、成本较低的特性使其特别适合于对存储容量要求不高、服务器数量较少的中小型数据中心。

3）存储区域网络：SAN 是一种高速的存储专用网络，通过专用的网络交换技术连接数据中心里的所有存储设备和服务器。在这样的存储网络中，存储设备与服务器的服务关系是一种多对多的关系，即一台存储设备可以为多台服务器同时提供服务，一台服务器也可以同时使用来自多台存储设备的存储服务。不同于 DAS 的存储设备，SAN 中的存储设备通常配备智能管理系统，能够独立对外提供存储服务。

典型的 SAN 利用光纤通道（Fiber Channel）技术连接节点，并使用光纤交换机（FC Switch）提供网络交换。不同于通用的数据网络，存储区域网络中的数据传输基于 FC（Fibre Channel）协议栈。在 FC 协议栈之上运行的 SCSI 协议提供存储访问服务。与之相对的 ISCSI 存储协议则提供了一种低成本的替代方式，即将 SCSI 协议运行于 TCP/IP 协议栈之上。为了区别这两种存储区域网络，前者通常称为 FC SAN，而后者则称为 IP SAN。SAN 的优势包括：

- 网络部署容易，服务器只需要配备一块适配卡（FC HBA）就可以通过 FC 交换机接入网络，经过简单的配置即可使用存储。
- 高速存储服务。SAN 采用光纤通道技术，所以具有更高的存储带宽，对存储性能的提升更加明显。SAN 的光纤通道使用全双工串行通信原理传输数据，传输速率高达 8 ～ 16 Gbps。
- 良好的扩展能力。由于 SAN 采用网络结构，因此扩展能力更强。

4）网络附加存储：NAS 提供了另一种独立于服务器的存储设备访问方式（相对于内置存储与 DAS）。类似于 SAN，NAS 也是通过网络交换的方式连接不同的存储设备与服务器，存储设备与服务器之间也是一种多对多的服务关系。NAS 服务器通常也具有智能的管理系统，能够独立对外提供服务。与 SAN 不同的是，NAS 基于现有的企业网络（即 TCP/IP 网络），不需要额外搭建昂贵的专用存储网络（FC）。此外 NAS 通过文件 I/O 的方式提供存储，这也不同于 SAN 的块 I/O 访问方式。NAS 的优点包括：

- 真正的即插即用：NAS 拥有独立的存储节点，与用户的操作系统平台无关。
- 存储部署简单：NAS 不依赖通用的操作系统，而是采用一个面向用户设计的、专门用于数据存储的简化操作系统，内置了与网络连接所需要的协议，因此使整个系统的管理和设置较为简单。

❑ 共享的存储访问：NAS 允许多台服务器以共享的方式访问同一存储单元。常见的 NAS 访问协议有 NFS（Network File System）和 CIFS（Common Internet File System）。

❑ 管理容易且成本低（相对于 SAN 来说）。

常见的存储设备数据访问接口有哪几类？

这个问题的核心是对存储设备数据模块的访问接口类型的了解。常见类型如下：

❑ 块设备（Block）访问方式：光纤通道（FC）、iSCSI、Inifiniband 等。

❑ 文件（File）访问方式：NFS、CIFS 等。

❑ 对象（Object）访问方式：Amazon S3、OpenStack Swift 等。

不同于存储虚拟化，软件定义存储并不寻求将数据模块虚拟化从而提供统一的访问接口，而是让服务器直接连接其下的存储设备。这样的设计很大程度上是出于性能的考虑，因为数据模块通常需要低延时和高带宽（虚拟化的两大缺点为牺牲性能和内部管理复杂化）。

软件定义存储与存储虚拟化是什么关系？

存储虚拟化与软件定义的存储的本质区别是，存储虚拟化对控制层（Control Plane）和数据层（Data Plane）进行了抽象，并且控制层抽象依赖于数据层抽象。

软件定义的存储对控制层进行抽象，将抽象的控制层与数据层进行了分离，并向用户提供接口。用户可以使用接口定义自己的数据控制策略。

用户在使用存储时其实更（需要）关注数据服务策略，而这些策略与具体的数据存储方式无关。但当今的存储虚拟化产品大多将存储控制和数据层结合，即数据服务的策略紧密依赖于数据存储的方式。事实上，数据存储速度是微秒级，而数据存储控制在毫秒级（慢 100 ~ 1000 倍）。当实现数据服务策略时，主要的时间开销在控制层，而传统的存储虚拟化技术不能灵活配置存储控制。此外，用户存储数据时，必须对数据的控制和存储方式都需要有足够的了解，这增加了使用存储资源的难度，而且存储资源的可扩展性不高。此外，由于传统的存储虚拟化技术缺少标准的存储数据监控功能，因此当某个设备出现问题时，用户只能依赖底层的一些存储机制（如日志）进行问题发现和定位。

相比于存储虚拟化，软件定义的存储有如下优点：

❑ 时间开销减少，控制层与数据层分离，使得用户能够更加关注于控制层，减少了数据层虚拟化的开销，而且使得用户操作更加灵活和方便。

❑ 数据层的可扩展性高，由于软件定义的存储不需要关注数据存储方式，因此软件定义的存储可扩展性更高，不仅可以跨不同的存储产品，而且可以跨数据中心。

❑ 数据监控和数据安全性高，由于软件定义的存储提供了足够的 API 以调用底层的信息，因此数据监控更加方便，而且控制层不能影响数据层访问方式，使数据存储的安全性增加。

❑ 隔离性更易实现，当数据动态传递以及共享时，由于同一物理设备有其不同的数据层和对应的控制层，因此存储虚拟化对不同虚拟用户访问同一物理设备做隔离时不仅要在数据层做隔离，而且要在控制层做隔离；而软件定义的存储由于共享同一个控制层，因此隔离操作时在控制层相对容易，主要精力主要放在数据层隔离。

表10-2总结了SDS与存储虚拟化的特征比较。

表 10-2　SDS 与存储虚拟化的特征比较

比较项	存储虚拟化	软件定义的存储
控制层	抽象	抽象
数据层	抽象	不抽象
隔离性要求	高	低
时间开销	高	低
可扩展性	低	高
数据监控	低	高
数据安全	低	高

🔍 为什么需要软件定义的存储？

✅ 对于刚接触软件定义存储的人，本能的反应就是为什么存储也需要虚拟化，CPU的虚拟化大家已经广泛接受了，网络的虚拟化也进行较长时间了，存储难道不是专门分配给一家（dedicated to the app）吗？虚拟化的意义何在？

随着云计算与软件定义数据中心的出现，对存储管理有了更高的要求，传统存储也面临着诸多前所未有的挑战：

❑ 对于服务器内置存储和DAS来说，单一磁盘或阵列的容量与性能都是有限的，而且也很难对其进行扩展。另外，这两种存储方式也缺乏各种数据服务，例如数据保护、高可用性、数据去重等。最大的麻烦在于这样的存储使用方式导致了一个个信息孤岛，这对于数据中心的统一管理来说无疑是一个噩梦。

❑ 对于SAN和NAS来说，目前的解决方案首先存在一个供应商绑定的问题。与服务器的商业化趋势不同，存储产品的操作系统（或管理系统）仍然是封闭的。不用说不同的厂商之间的系统互不兼容，就是一家提供商的不同产品系列之间也不具有互操作性。供应商绑定的问题也导致了技术壁垒和价格高企的现状。此外，管理孤岛的问题依旧存在，相对于DAS来说只是岛大一点、数量少一点而已。用户管理存储产品时仍然需要一个个单独登录到管理系统进行配置。最后，SAN与NAS的扩展性也仍然是个问题。

❑ 另外，一些全新的需求也开始出现，例如对多租户（Multi-tenancy）模式的支持、对云规模（Cloud-scale）的服务支持、动态定制的数据服务（Data Service）以及直接服务虚拟网络的应用等。这些需求并不是可以通过对现有存储架构的简单修补就可以满足的。

在这样的背景下，一种新的存储管理模式出现了，这就是软件定义的存储（SDS）。SDS

的设计理念与 SDN 有着诸多相似之处。软件定义的存储旨在实现：

- 把数据中心里的物理存储设备转化为一个统一的、虚拟的、共享的存储资源池。其中的存储设备包括专业的 SAN/NAS 存储产品，也包括内置存储和 DAS。这些存储设备可以是同构的，也可以是异构的或来自不同厂商的。
- 把存储的控制与管理从物理设备中抽象（Abstract）与分离（Decouple）出来，并将其纳入统一的集中化管理之中。换言之，也就是将控制模块（Control Plane）和数据模块（Data Plane）解耦合。
- 基于共享的存储资源池，提供一个统一的管理与服务 / 编程访问接口，使得 SDS 与 SDDC 或者云计算平台下其他的服务之间具有良好的互操作性。
- 把数据服务从存储设备中独立出来，使得跨存储设备的数据服务成为可能。专业的数据服务甚至可以运行在复杂的、来自不同提供商的存储环境中。
- 让存储成为一种动态的可编程资源，就像我们现在在服务器（或者说计算平台）上看到的一样，即基于服务器虚拟化的软件定义计算（SDC）。
- 让未来的存储设备采购与选择变得像现在的服务器购买一样简单、直接。
- 存储的提供商必须要适应并精通于为不同的存储设备提供关键的功能与服务，即使他们并不真正拥有底层硬件。

我们可以把现有的存储产品（SAN/NAS）看成一系列业界标准硬件（磁盘、RAID 控制卡、处理器、内存、缓存等），以及在这基础之上的运行软件层（提供存储访问、各种管理功能和数据服务等）。对于内置存储或 DAS 来说则只是一系列硬件的集合，不存在附加的软件层。

类似于软件定义网络，软件定义存储首先要做的就是把其中的软件（管理功能与数据服务）层分离出来，通过集中化的控制管理形成一个统一的虚拟化的新层。软件定义存储的关键特征包括：

- 将存储设备的功能抽象为控制模块与数据模块，并把控制模块从硬件中分离出来。
- 控制模块以纯软件实现，能够适用于不同类型的数据模块，从而适配现有的存储设备（Bring Your Own Device，BYOD）。不同于 SDN 的是，这里的存储设备差异性更大，我们将看到各种不同程度的软件实现。
- 有一个集中的存储控制器，通过存储设备上的控制模块建立对所有设备的控制。需要注意的是，这里的集中控制是逻辑上的，实现的时候基于性能和高可用性的考虑，可能采用分布式集群化的设计。
- 数据服务从存储设备中抽象与分离出来，作为可编程的资源，通过控制模块提供的接口（API）对外提供。
- 适合软件定义数据中心和云计算平台的新特性：多租户模式、数据服务动态定制等。
- 规范的组件设计与灵活的编程接口，与系统中其他的组件具有良好的互操作性。

试剖析一款业界的软件定义存储产品。

软件定义存储这几年在 IT 界可以说是风起云涌，不少公司都推出了自己的产品与解决方案，例如：

❑ NetAPP 的 Data ONTAP: 支持文件存储与快存储或通过 V-series 控制器来接入第三方存储 (JBOD-ize)。本质上 Data ONTAP 是一种存储虚拟化的解决方案。

❑ HP 的 StoreVirtual VSA: 可以虚拟化 DAS 等，针对 Remote Office 市场。

❑ EMC 的 ViPR、ScaleIO 等产品：ViPR 是业界第一个也是最有影响力的开放的软件定义存储平台；ScaleIO 是 2013 年被 EMC 收购的一家以色列创业型公司，产品非常有特色。

ScaleIO 是一个在商业化 x86 服务器上实现的纯软件分布式共享存储系统。ScaleIO 将服务器里空闲的内置磁盘（或外接的直连存储，即 DAS）利用起来，组成一个统一的虚拟存储池，并提供给所有服务器使用。这款产品旨在充分利用廉价的闲置硬件，为用户提供接近于传统 SAN（块存储）的体验。

ScaleIO 将应用所需的存储资源与计算资源整合到一起，即位于同一个服务器集群中，然后提供给集群中所有的应用程序分配使用。数据中心每一个服务器既是存储集群的模块，也是计算集群的组成部分。通过这种方式，ScaleIO 可以整合所有服务器上的存储容量和性能，并提供简化的统一管理，在提高运维效率的同时降低成本。

这种架构设计具有良好的可扩展性，通过简单地增加节点（服务器）就可以很方便地构建几千个节点的集群。所有的维护操作都可以在线进行，不会影响运行中的应用程序。此外 ScaleIO 还具备数据自我修复（self-healing）的能力，可以轻松应对服务器故障或磁盘故障。最后，ScaleIO 通过完全分布式的设计以及数据访问的高度并发性保证了良好的性能。

ScaleIO 的架构如图 10-18 所示。

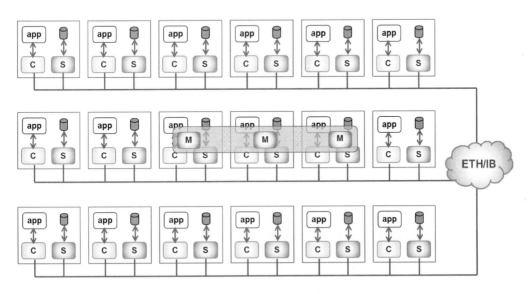

图 10-18　ScaleIO 架构

ScaleIO 将每一个用户存储卷（或 LUN）按照固定的大小分块（Chunk），然后将其分散到集群中的一些节点上，数据分发决策充分考虑整个存储系统的负载均衡。这样的设计首先大大减少了访问热点（hot spot）出现的可能性，是系统性能随着节点数线性增长的重要保障。从另一个角度来说，单个应用程序访问单个存储卷的性能也能大大提高，这得益于对多个存储节点访问的全并发访问。同时存储节点的选择也会考虑邻近原则（类似 Hadoop 的分配策略），这也是聚合基础设施（Converged Infrastructure）带来的另一个好处。

ScaleIO 本身作为普通的应用程序运行在各个服务器上，其架构设计包括三个主要组件：

- 数据客户端（Data Client，SDC），作为存储设备驱动部署在应用程序需要消费存储的节点上。
- 数据服务端（Data Server，SDS），作为系统服务（Service / Daemon）部署在提供闲置存储能力的服务器上；
- 元数据管理器（Metadata Manager，MDM），也作为系统服务选择性地部署在一部分节点上。

10.5 软件定义的数据中心

软件定义数据中心的核心组件是什么？

按照功能划分的 SDDC 的核心组件有三个：计算、网络和存储。

如何把它们有机地整合在一起发挥效用？需要再加上至少两点：自动化管理（如资源调配等）和安全策略。

参考图 10-19 所示的功能分割：

图 10-19 软件定义数据中心的功能分割

大家可能更喜欢用分层模型来表示（见图 10-20）。

业界有哪些 SDDC 的实现？

宣称是 SDDC 的实现的著名厂家（含开源项目）有 4 家，有趣的是两家是商业版本，两家是开源项目（当然后面的金主还是厂家），也算是平分秋色了。

表 10-3 给出了厂家之间的简单比较。

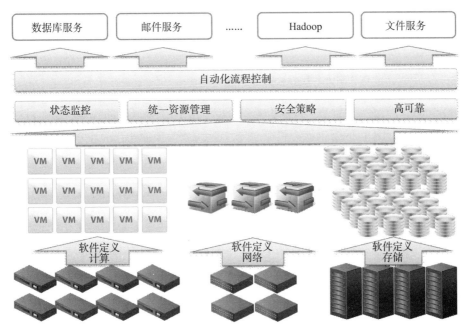

图 10-20　软件定义数据中心的分层模型

表 10-3　厂家对比

厂家	成熟度	开放性
VMware	成熟的 API，涵盖了资源管理、状态监控、性能分析等各方面。API 相对稳定，并有清晰的发展路线图	比较开放的接口标准，有成熟的开发社区和生态系统，是企业级厂商的首选
OpenStack	软件定义计算的 API 相对成熟和稳定，但是存储、网络、监控、自动化管理等部分 API 比较初级，不适用于生产环境，需要进一步加强	完全开放的接口标准，并且计算与存储服务能够兼容 AWS 的 API。值得一提的是 OpenStack 一开始就被认为是一个 AWS 服务包的开源实现
System Center	成熟的 API	不够开放的标准，有开发社区做支撑
CloudStack	比较成熟的 API，比较新的功能，如自动化管理和网络管理由开源社区实现	原本作为单独的产品发布，接口与开发人员不完全开放。后转为由开源社区支持，大部分 API 均已开放。计算与存储服务兼容 AWS 的 API

　　VMware 和 Microsoft 的产品从接口上看都提供更丰富且更全面的功能，发展方向也有迹可循。而作为开源解决方案的代表，OpenStack 则采用了类似于"野蛮生长"的策略。例如，Neutron（原为 Quantum）初始发布的版本简陋得几乎无法使用，但是不到半年，提供的 API 就能够驱动 NVP 等强大的网络控制器。迅速迭代的代价是用户始终难以预计下一版是否会变动编程接口，影响了企业客户对 OpenStack 的接受度。

　　值得指出的是：所有开源项目产品和解决方案对于较传统的企业（如银行机构、大国企）而言都要经历艰难的接受过程，简单来说架构的完整性、兼容性、效率、安全性以及技术支持能力都是这些企业的首要考量因素，价格反而是排在第二位的，历史上多数基于开源项目的产品进入殿堂级企业应用环境都是需要经历长期且残酷的市场检验的。Linux 颠覆 Solaris 和 DB/2 用了 10 ~ 15 年（也许更久），OpenStack 颠覆 MSSC 或 VMWare vCenter 也许要经过类似的历程（和时间），让我们拭目以待。反观互联网公司，其核心理念就是野蛮式生长，快速迭代，对于接受新事物、新方法论、新技术架构与开源项目天然一致，必然产生颠覆作用。

🔍 解释一下多租户管理（Multi-Tenancy）？

⊘ Multi-Tenancy（多租户管理）可以说是 SDDC 提供的核心服务的体现。怎么理解这句话呢？我们知道 SDDC 的三大核心资源——计算、网络与存储，那么统一管理、调度并分配这些资源是为了什么？无非就是给多租户（租户，英文为 tenants，和云计算的计费模式相对应，按需分配，按实际使用计费）提供如下服务：

❑ 在统一的资源池上提供快速的租户分配和管理，可以弹性获得资源对象，且资源配置和管理能力高。

❑ 基于共享资源池和服务类型的有效且灵活的负载部署。

❑ 为每个租户提供可扩展且灵活的企业级工作流，支持海量虚拟机服务。

❑ 良好的工作流移动性以及灾难恢复（Diaster Recovery）能力。

❑ 在服务层框架进行模块化的创建、监控以及删除租户。

图 10-21 为 SDDC 多租户管理示意图：

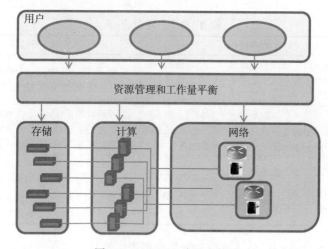

图 10-21   SDDC 多租户管理

多租户管理的挑战如下。

❑ 多租户隔离与安全：即用户只需要关注自己的服务和业务逻辑，而不需要对数据的安全和完整性进行特定的操作，而其他共享网络设备的用户也不能窃取和影响该用户的网络数据和操作。具体实现的网络隔离的技术有 VLAN、VRF（Virtual Routing & Forwarding）、服务器指定端口隔离、虚拟交换机（vSwitch）等。

❑ 多租户可靠性：容灾、备份、QoS/SLA 等方面的需求。

总而言之，多租户管理的核心问题是对 SDDC 三大核心资源的管理，包括隔离、服务保证、可用性及可管理性。

什么是 Orchestratoin（编排）？

云计算的本质之一是集中与管理，即对各类资源（或业务单元）的调度、编排（协调）与管理。通常我们把这一过程或现象称为 Orchestration & Management, 简称 M&O，中文可翻译为管理与编排。

Orchestration 源自于艺术领域，一场交响乐的指挥可称为 Orchestrator，舞蹈的编排也是如此，那么引申到数据中心管理范畴，Orchestration 指的是以用户需求为目的，将数据中心各个服务单元进行有序的安排和组织，使各个组成部分平衡协调，生成能够满足用户要求的服务。

一个数据中心的 Orchestrator 示意图如图 10-22 所示（虚线框内），它主要有如下组件：

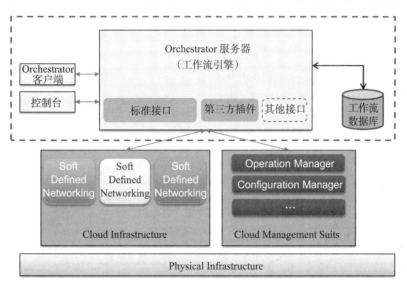

图 10-22　数据中心的 Orchestrator

❑ 控制台（Control Panel/Console）：管理接口（如对工作流的操作）。

❑ Orchestrator 服务器：系统运行策略引擎，工作流并发运行服务器。

❑ 工作流数据库：配置信息、日志、工作流信息等。

❑ 客户端：进行策略创建、流设计等。某些系统上客户端可与控制台合二为一。

数据中心的编排通常利用工作流来实现，工作流（Workflow）是针对日常工作中具有固定程序的工作抽象出来的一个概念，是一种反映业务流程的计算机化的模型，是为了在计算机环境支持下实现经营过程集成与经营过程自动化而建立的可由工作流管理系统执行的业务模型。它解决的主要问题是：使在多个参与者之间按照某种预定义的规则传递文档、信息或任务的过程自动进行，从而实现某个预期的业务目标，或者促使此目标的实现。设计和开发后的工作流需要具备快速部署、动态调整、重复使用、自动触发的能力。

如何实现数据中心自动化？

SDDC 自动化（Automation）是数据中心发展的必然趋势。我们知道 IDC 中包含复杂的计算、网络、存储等资源，数据中心的维护和管理一直是数据中心运营过程中最大的工作负荷，企业为保证数据中心的正常工作，投入了大量的人力、物力，通过制定严格的管理条例和复杂的工作流程来规范操作，以求获得最大的稳定性和可用性。但是被动的、孤立的、半自动式的传统运维管理模式经常让 IT 部门疲惫不堪，同时使数据中心的管理维护成本居高不下。Gartner 调查发现，在 IT 运维成本中，源自技术或产品（包括硬件、软件、网络等）的成本其实只占 20%，而流程维护成本占 40%，运维人员成本占 40%。流程维护成本包括日常维护、变更管理、测试成本等；人员成本包括训练、教育、人员流失、招聘成本等。

数据中心自动化是指基于流程化的框架，将事件与 IT 流程相关联，一旦被监控系统性能超标或死机，便会触发相关事件以及事先定义好的流程，自动启动故障响应和恢复机制。比如对存储硬件错误的定时检查可以在硬件错误前及时实施数据备份，对服务器负载的监控可以在负载过重时自动实施虚拟机的自动迁移等。

我们用图 10-23 来表示手动向自动化的转变是多么巨大（和必要）。

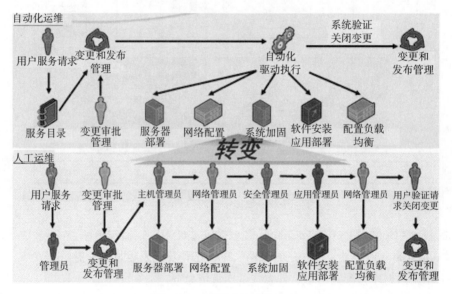

图 10-23   为何要转向自动化

SDDC 的自动化部署与管理可以：

❑ 提高效率，减少开支，降低企业 IT 成本。

❑ 减少警报和错误，提高数据中心的稳定性和可用性。

❑ 有效处理一致的、可重复的流程（标准化的概念与范畴）。

那么，哪些资源或过程可以自动化呢？下面列举一二：

❑ 软件安装与补丁管理

❑ 系统配置

❑ 自动巡检

❑ 针对虚拟机的操作

❑ 审计（audit）与回退（rollback）

最后，也是最终极的问题就是如何实现 SDDC 自动化。我们前面在 Orchestrator 那道问题中提过的工作流是核心：数据中心的工作流能够做到自动化部署和执行依赖于 Orchestrator 架构中各个组件的功能。完整的工作流过程如图 10-24 所示，其中有：

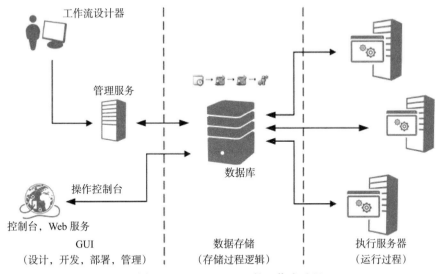

图 10-24　Orchestrator 的工作流过程

- 工作流开发：可以通过客户端提供多种编程方式，有基于脚本的命令行，也有可视化的编程平台，而且还提供了模拟器供调试和测试。这些都是为了降低开发难度，使开发人员将更多精力集中于业务逻辑的理解和创新。

- 工作流逻辑存储：Orchestrator 平台需要数据库的支持，用于存储开发好的工作流及工作流的运行配置，这些工作流可以按照用户自定义的规则分类存储，比如功能、执行方式、工作流优先级等，方便用户查找；开发人员也可以编辑已经存储的工作流，比如修改工作逻辑、修改属性、删除等。

- 工作流执行：

  - 工作流创建完成后，可以通过控制台或者客户端来启动，启动后会产生相应的任务，执行服务器能够通过轮询或者通知机制感知是否有可以执行的任务需要加载，一旦有任务产生，执行服务器就会加载任务、执行任务。

  - 多个工作流并发：执行服务器需要具备并发执行多个工作流的能力，而且，为了增强系统的稳定性和可用性，可以设置多个执行服务器，多个服务器之间互为备份且支持负载均衡。

  - 工作流的执行可以通过触发机制来启动，触发机制可以理解为一种使已启动的活动进入执行状态的外部条件，分为自动触发、人工触发、消息触发、事件触发四种类型。对于自动触发而言，活动启动的同时就被触发，这种机制一般用于通过应用程序来自动执行、不需要与人进行交互的自动型活动；人工触发则是通过执行者从工作流任务管理器提供的工作流任务表中选择工作项来进行触发，表中列出了该执行者可以触发（已启动）的活动实例，当执行者选中某一项时，该活动就被触发；消息触发通过消息（事件）来触发，比如收到 E-mail、收到外部状态信息、收到外部事件等；时间触发则是控制时间的定时器来触发已启动的活动，这对于那些需要在预定的时间或给定时间间隔要求来执行的活动是必不可少的。

　　○ 工作流管理：更改、删除、优先级管理等操作。

你如何理解 SDDC 的安全问题（包括设计原则）？

因为历史原因，SDDC 的安全设计理念有很多不同的流派和观点，这个问题可以说是个见仁见智的问题，笔者倾向于如下的一些观点和原则。

　　□ 分层安全：SDDC 架构像 Internet 协议堆栈一样也可以分为 4 层（见图 10-25），每一层的安全策略与模型以及层与层之间的依赖关系需要因地制宜进行设计。

图 10-25　SDDC 4 层架构

　　□ 安全模型：主要考察需要保护的资源与对象是什么、它们的安全目标以及潜在的攻击方式和预防手段三个方面，并且针对每一层的需求进行定制，层与层之间还需考虑模块化、接口、协同性等。

　　□ 安全与性能：这是一个常识类的问题，最好的安全机制是最有效（高性价比）的，在保证性能需求的前提下完成尽可能多的安全保护。

　　□ 最小权限原则（Least Privilege Principle）：不过度给予任何系统权限，以此来保证系统的安全最大化。

　　下面依据分层模型逐一分析。物理设施层的安全主要是对硬件（如 IDC 的物理环境的安保）的监控与保护。软件定义层是讨论的重点：我们结合 IaaS、PaaS 和 SaaS 来看这三类服务对安全（软件定义层）的需求有哪些：

　　□ 证明服务器和部署在服务器上的 VMM(VM Monitor) 是可信的。

　　□ VMM 需要有能力隔离不同用户的虚拟机。

　　□ 对于 PaaS，VMM 需要提供一些接口以保护 PaaS 服务所在虚拟机的操作系统，确保 PaaS 正常运行，防止在运行过程中被窃取数据。

　　了解了这些需求，下面从三大核心资源的角度进行分析：

　　□ 计算安全：从三个层面展开讨论。

　　　　○ 服务器的可信性：服务器的安全性主要是硬件提供的可信计算及认证，TCG（Trusted Computing Group）的 TPM（Trusted Platform Module）国际标准就是这方面的有力尝试，Intel/AMD/HP/Dell/Microsoft 等处理器、硬件及操作系统厂商都已经或计划生产支持 TPM 的产品。

○ VMM 的可信性：结合可信计算的理念，TPM 通过链式认证来度量 VMM 的安全性，其中最重要的原则就是最小权限原则（笔者喜欢把这个比作"宁枉勿纵"原则）。

○ VM 的隔离：著名的 VM 间的攻击方式有旁路通道（Side Channel）和隐蔽通道（Covert Channel）等，所谓旁路通道指的是利用 CPU 缓存（VM 共享资源）从一个 VM 攻击另一 VM，而防范旁路通道类攻击的方法是尽量减少共享资源以及共享时间窗口。

□ 网络安全：SDDC 的两大主流解决方案是 SDN（Software Defined Network）和 NV（Network Virtualization），它们面对的安全问题可分为两大类：

○ 用户网络安全性：用户网络隔离，即不同租户间的网络的有效隔离（做到互相不可探知对方网络，也不可以探知底层的物理网络）；用户网络数据私密性，即防治用户间的监听或不法管理员对用户的监听；安全策略一致性及同步性，即确保非法用户不能通过其他渠道（因安全策略未同步或不一致）达成攻击。

○ 管理软件安全性：管理软件（控制平台）的安全访问，安全日志（不可删除），对底层物理资源的动态实时监控，管理平台本身的高可用性，避免成为系统瓶颈。

□ 存储安全：存储安全的目标无外乎私密性（访问认证及授权）、完整性（防止数据被篡改、保证故障恢复或实现热备份支持等）、可用性（数据的可获得性）及可审计性（操作记录）。

最后必须指出的是，SDDC 的安全对业界来说依然是个非常复杂的问题，无论是标准上还是技术上都难点重重，有兴趣的读者可参考相关专著。

⊘ SDDC 的高可用性如何实现？

◎ 在展开讨论之前我们先了解一下什么是在线时长（uptime），从 95% 到 99.999% 的区别是从一年内下线、死机 8.5 小时到 6 秒的巨大差别（见表 10-4）。

表 10-4　在线时长统计

可用性（%）	停机时间 / 年	停机时间 / 月	停机时间 / 日
95%	18.25 天	36 小时	8.4 小时
99%	3.65 天	7.2 小时	1.68 小时
99.9%	8.76 小时	43.8 分钟	10.1 分钟
99.99%	52.6 分钟	4.3 分钟	1.0 分钟
99.999%	5.26 分钟	25.9 秒	6.05 秒

而所谓的零停机时间指的是 MTBF（Mean Time Between Failure，平均故障时间间隔）趋向无穷大，目前只有几家公有云的服务商在 SLA 中声称 uptime 达到了五个 9 甚至更高。

当然，uptime 只是高可用性的一个方面，另一个方面是数据的完整性及一致性（或者说死机后数据零丢失）。让我们由浅入深地分析并实现高可用性，达到高可用的目的无非是要做到无单点失效（No Single Point of Failure）和冗余（Redundancy）。冗余其实是解决了单点失效的问题，通常有三种方式：

❑ 热备份（Hot Standby）：当活跃实例下线后，立刻切换到热备份实例上。

❑ 副本（Replication）：并发独立运行多个实例，当出现不一致时，遵循民主集中原则（voting），实例通常为奇数个（保证可以得到投票结果）。

❑ 多样（Diversity）：提供组件的不同实现，所谓殊途同归。

我们看看具体的冗余实现：

❑ 单活（Active-Passive）：热备份类型，是 N+1 的一种特例实现。

❑ 双活（Active-Active）或多活：上面的副本类。一个节点的失效不会引起系统停机，但是可能会带来性能损失。

❑ N+1：这一模式是单活的超集，常见于互联网类服务，需要多个运行实例。

❑ N+M：这一类实现是 N+1 的超集，M 的数值取决于系统应用的具体需求与成本核算。

下面我们以 OpenStack 为例分析一下其高可用性的具体实现。对于主要的基础设施组件服务（如 Nova、Keystone 等），OpenStack 号称能够保证达到 99.99% 的高可用性。然而对于运行在云计算平台上的用户实例（虚拟机），OpenStack 并不提供直接的高可用性保证。对于 OpenStack 的高可用性机制来说，避免单点故障首先要区分一个服务是状态相关（stateful）还是状态无关（stateless）的。

❑ 状态相关的服务提供系列问答的请求模式，下一个请求（类型/内容）依赖于上一次请求的结果。这一类型的服务更难管理，因为一个用户动作通常对应一系列请求，因此冗余实例与负载均衡并不能解决高可用性问题。在 OpenStack 中，状态相关的组件服务的典型例子是各个组件的数据库（MySQL）以及消息队列（RabbitMQ）。状态相关服务的高可用性设计首先取决于用户需要单活还是多活的配置。

❑ 状态无关的服务提供一问一答的请求模式，且服务请求之间互不关联。为状态无关服务提供高可用性设计相对比较简单，只需要提供冗余实例以及相应的负载均衡机制。实例之间通常采用多活（Active/Active）模式，请求通过虚拟地址（virtual IP）和 HAProxy 进行负载均衡。OpenStack 中状态无关的组件服务包括 nova-api、nova-conductor、glance-api、keystone-api、neutron-api 和 nova-scheduler 等。

Openstack 的单活（Active/Passive）模式

在单活模式的高可用性系统中，当故障发生时，系统会上线备用组件来替代故障组件。具体来说，OpenStack 会在主数据库之外同时维护一个灾难恢复（Disaster Recovery）数据库。这样当主数据库失效时，备用的数据库就可以快速上线运行。OpenStack 针对状态相关服务的单活模式的高可用性设计，通常需要部署一个额外的应用（例如 Pacemaker 或 Corosync）来监视组件服务，并负责故障发生时将备用组件上线。

OpenStack 推荐的高可用性部署依赖于 Pacemaker 这样的集群管理软件栈。配置 OpenStack 组件服务的时候，网络组件（Neutron DHCP Agent、L3 Agent 和 Metadata Agent）也需要加入 Pacemaker 集群中。Pacemaker 是一个 Linux 平台上的高可用性和负载均衡软件，广泛适用于各种不同的存储和应用程序。而 Pacemaker 依赖于 Corosync 的消息层实现提供可靠的集群通信，包括基于 Totem 环状结构的排序协议，以及基于 UDP 的消息队列、选举和集群成员管理机制等。Pacemaker 通过资源代理（Resource Agent，RA）与被管理的应用程序之间进行通信，目前原生支持 70 多种资源代理，并提供了良好的可扩展性，可很方便地接入第三方资源代理。OpenStack 的高可用性配置一部分基于原始的 Pacemaker 资源代理（例如针对 MySQL 数据库和虚拟 IP 地址的代理），一部分基于其他第三方资源代理（例如针对 RabbitMQ 的代理），还有一些为 OpenStack 开发的原生资源代理（例如针对 Keystone 和 Glance 的代理）。

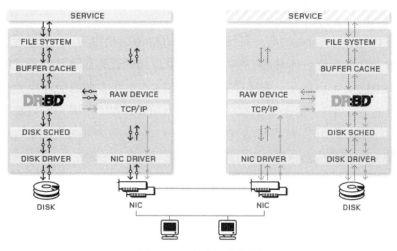

图 10-26　数据复制机制

除此之外，对于包括数据库（MySQL）和消息队列（RabbitMQ）在内的一些核心组件，高可用性的冗余实例之间需要一种基于数据复制机制的分布式块存储设备支持（见图 10-26）。EMC 的 RecoverPoint 产品就是一个很好的选择，基于高度可靠的持续数据复制（Continuous Data Replication）机制，支持在多达五个节点之间同时进行数据复制。此外，DRBD（Distributed Replicated Block Device，一个 Linux 平台上的分布式存储系统）也是一个不错的选择。DRBD 提供了基于软件实现的、无共享的、基于复制的块存储，经常用于高可用性集群的设计。DRBD 提供了基于网络的类似于 RAID-1 的数据复制机制。

Openstack 多活（Active/Active）模式

在双活或多活模式的高可用性系统中，所有的组件服务实例都同时上线，并发地对外提供服务。这样一来，某个实例的失效只会造成轻微的性能下降，而不会导致系统停机或数据丢失。概括来说，针对状态相关服务的基于多活模式的高可用性设计，需要在冗余实例之间时刻保持一致状态。举例来说，通过一个冗余实例对数据库的更新能够立刻同步到其他实例。多活模式的设计通常还包括一个负载均衡管理器，保证将新来的任务分配到相对空闲的服务实例上。至于如何实现上述的目标，不同的系统就要"八仙过海，各显神通"了。

首先，要考虑数据库管理系统的部署，以此作为高可用性集群中的核心组件。我们需要的是多个冗余的实例，以及为之量身定做的实例间同步机制。一个常见的选择是使用 MySQL 数据库，然后通过部署 Galera 来实现多主节点的同步复制。也可以用 MariaDB 和 Percona 作为 MySQL 的替代，通过与 Galera 的配合实现高可用性。此外，Postgres 等内置复制机制的数据库产品以及其他数据库高可用性的方案也可以作为选择。

另外一个需要考虑的核心组件是消息队列。作为 OpenStack 默认的 AMQP 服务器，RabbitMQ 被许多 OpenStack 服务所使用。针对 RabbitMQ 的高可用性设计包括：

❑ 通过配置 RabbitMQ 使其支持高可用性队列（HA queues），比如为 RabbitMQ Broker 配置一个包含多个 RabbitMQ 节点的集群。

❑ 配置 OpenStack 服务使用 RabbitMQ 提供的高可用性队列，即至少配置两个 RabbitMQ。

此外，在针对 OpenStack 的高可用性设计中，HAProxy 也得到了广泛的使用。HAProxy 提供高可用性、负载均衡、针对基于 TCP 和 HTTP 应用的代理服务等功能。HAProxy 支持虚拟 IP 地址的配置，可以将一个虚拟 IP 地址映射到多个冗余实例的物理 IP 地址。最后考虑 HAProxy 本身的高可用性，通常需要部署至少两个 HAProxy 实例，从而有效避免单点故障。

作为 OpenStack 组件的一个特例，网络组件（即 Neutron）在设计之初就有着高可用性的考虑。Neutron 的重要组成部分是一系列的代理组件，包括：

❑ DHCP 代理

❑ 二层网络（L2）代理

❑ 三层网络（L3）代理

❑ 元数据（Metadata）代理

❑ 负载均衡（LBaaS）代理

Neutron 的调度器（scheduler）原生支持多活模式的高可用性，并在多个节点上运行多份代理组件的实例。因此，除了二层网络（L2）代理以外，所有的代理组件也都原生支持高可用性部署。Neutron 的二层网络（L2）代理因为设计之初就是与物理服务器一一对应的，与主机上的虚拟网络组件（如 Open vSwitch 和 Linux Bridge）耦合紧密，因此天然地不支持高可用性。

最后，如果 Neutron 被配置为使用外置的网络控制器，例如 NVP 这样的软件定义网络方案来管理网络，则由外部网路控制器提供高可用性。

回 扫一扫，学习本章相关课程

OpenStack 入门　　　　　Spark 实战演练　　　　　Cloud Foundry 入门

## 第 11 章

Android 开发

要了解安卓操作系统，不妨从下面一组数据入手：

❑ 月均活跃用户超过 10 亿（Google I/O 2014）。

❑ 3/4 的移动应用开发者为安卓系统开发应用。

❑ 2014 年安卓系统的销售量超过 PC。

❑ 安卓设备销售量超过所有其他智能移动设备之和。

❑ Google Play（安卓市场）有超过 140 万应用，超过 500 亿次应
用下载（这一数据还不包括超过 100 家中国安卓市场，作为世界最大的安卓安装量市
场，相信仅中国就有数百亿的下载量）。

❑ 2009 年，安卓的全球智能机市场份额为 2.8%，2010 年年底达到三分之一，2011 年
第三季度为 53%，2012 年第三季度为 75%，2014 年第三季度为 85%（剩下的 15% 被
iOS（11%）、Windows Phone OS（3%）、Blackberry（1%）瓜分）（见表 11-1）。

表 11-1　各类操作系统市场份额对比

年份	Android	iOS	Windows Phone	BlackBerry OS	其他
Q3 2014	84.4%	11.7%	2.9%	0.5%	0.6%
Q3 2013	81.2%	12.8%	3.6%	1.7%	0.6%
Q3 2012	74.9%	14.4%	2.0%	4.1%	4.5%
Q3 2011	57.4%	13.8%	1.2%	9.6%	18.0%

数据来源：IDC，2014 年第三季度

🔍 说说你对安卓的了解。

✔ 我们以时间轴的方式来纵览安卓的发展史：

❑ 2003 年 Android 公司成立之初是打算开发一款为数字相机服务的智能操作系统，很
显然，这样的市场定位有很多问题：市场不够大、数字相机市场现有操作系统已经足
够好（多为实时操作系统），除了无线接入功能，并无太多其他可通过一款智能操作
系统来颠覆的功能。

❑ 一年多之后，Google 收购 Android，这时流言四起，业界猜测谷歌要进军移动终端市
场，但是第一款安卓手机直到 2008 年 10 月 22 号才由 HTC 发布（HTC Dream），而
在此一年前谷歌才联合业界多家厂商宣布成立 OHA 组织（Open Handset Alliance）和
开发安卓 OS。

❑ 安卓系统之所以备受厂家欢迎，大抵是因为开源和免费，而谷歌选择开源的最终目的是为了占有巨大的市场后建立完整的产业链生态系统并从中挖掘无限商机。

❑ Android 的名字起源有很多传说，流传最广的是安卓公司的创始人之一 Andy Rubin 对机器人的痴迷，Android 的英文意思是"a robot usually with a human form"，翻译为中文就是人形机器人。不过 Android 的图标（mascot）创意却来自于谷歌公司厕所门上的拟人图标（见图 11-1）。

当年谷歌园区洗手间的图标什么样的我们已经不得而知，2013 年是这样的——来自 Google+

图 11-1　Android 图标

细数 Android 的历代版本号、代码名称以及 API。

截至 2015 年 1 月，Google 已经正式发布了超过 20 个版本的安卓操作系统，从 code-name 的分类上看也足足有 12 个版本（其中 v1.0 与 v1.1 分别为 Alpha 与 Beta 版，并没有严格意义上的 code-name）。有趣的是，安卓系统的 code-name 充分说明了其核心设计人员的"吃货"本质，它的命名规则从 v1.5 开始是用甜点（confectionary-themed code name）表示的，并且采用字母顺序升序（见表 11-2）：

```
v1.5 - Cupcake（杯型蛋糕）
v1.6 - Donut（甜甜圈）
v.2.0-v2.1 - Éclair(法式甜点，泡芙）
v2.2-2.2.3 - Froyo (Frozen Yogurt，冻酸奶）
v2.3-v2.3.7 - Gingerbread（姜汁面包）
v3.0-v3.2.6 - Honeycomb（蜂巢）
v4.0-v4.0.4 - Ice Cream Sandwich（冰淇淋三明治）
v4.1-v4.3.1 - Jelly Bean(果冻豆）
v4.4-v4.4.4 - Kitkat（雀巢巧克力）
v5.0-v5.0.x - Lollipop（棒棒糖）
```

表 11-2　Android 历代版本

版本号	代码	发布时间	API	重要（新）功能
5.0	Lollipop	11/2014	21	重新设计的 UI
4.4	KitKat	10/2013	20-19	可穿戴设备扩展
4.3	Jelly Bean	07/2013	18	低功耗蓝牙支持，照片照相功能增强
4.2		10/2012	17	锁屏功能增强，多用户账户支持

（续）

版本号	代码	发布时间	API	重要（新）功能
4.1		07/2012	16	流畅的 UI，用户定制键盘 map
4.0.3–4.0.4	Ice Cream Sandwich	11/2011	15	图形、数据库、蓝牙等功能的增强
4.02-4.0			14	最后一版官方支持 Adobe Flash 的发布，UI 的硬件加速，1080p 视频
3.2-3.0	HoneyComb	02/2011-07/2011	13-11	V3.0 为平板定制的安卓，第一款平板 Motorola Xoom，第 1 ~ 2 代的 Google TV 使用 Honeycomb v3.2，增强的 SD 卡支持，平板显示兼容性支持
2.3.2–2.3.7	Gingerbread	12/2010- 02/2011	10-9	Googl Talk，增强剪贴功能，NFC 支持，文件系统 YAFFS → ext4
2.2-2.2.3	Froyo	05/2010	8	继承了 Chrome 上的 v8 JavaScript 引擎，大量性能优化，高 PPI 支持
2.0-2.1	Eclair	10/2010-01/2010	7-5	MS Exchange 支持，Bluetooth2.1 支持
1.6-1.0	Donut,Cupcake,1.1 1.0	09/2008-09/2009	4-1	对 Google 产品的全面接入，Widgets 支持，视频格式支持：MPEG-4 & 3GP

可以预见的是，后面的版本号会按照 M ~ Z 的顺序发展，至于 Z 之后会如何，以每 6 个月一个主版本代码发布周期来预估，操心这件事要等到 2020 年前后了，那时如果安卓还在，不妨给它换个名字，比如叫 Bedroid，然后继续从 A 到 Z 循环往复，生生不息。

采用类似的方式定义版本号的开源项目还有很多，比如 OpenStack 采用地名（城市、街道、地域），OpenStack 也是一年两次大的版本升级，在其举办城市的高峰会上发布，而版本代号通常也和主办城市有关（例如 2013 年年底在香港的峰会发布的 Ice House 版，取自于当地的一条街名：冰屋）。

需要指出的是，每一个版本的 Android OS 发布时，对应版本号（数组串）最准确的不是 code-name（多个版本可以共用一个 code-name），而是 API Level，API Level 是给安卓开发人员提供给外部的 API 代号可方便索引。

图 11-2 是从 2009 年年底到 2014 年年底的连续 5 年的安卓版本分布统计。不难看出，4.0 ~ 4.4 版本占了大概 90% 的分布，从另一个侧面说明较新的安卓系统的出货量之大及 OS 更新的速度之快（和 iOS 类似，安卓从 Honeycomb 开始也采用 OTA（Over-the-Air）的方式来支持从移动终端直接更新操作系统，这种方法大大地简化、加速了设备的软件升级换代和修补漏洞的速度）。

你对安卓操作系统的软件堆栈了解多少？

软件堆栈（Software Stack）是一个典型的按照功能把操作系统或网络协议分层的概念。在安卓操作系统中可大致分为 4 层 5 个主要部件，自下而上分别为：

❑ Linux 内核层
❑ 库及运行时刻（Libraries & Runtime）层

❑ 应用框架层

❑ 应用层

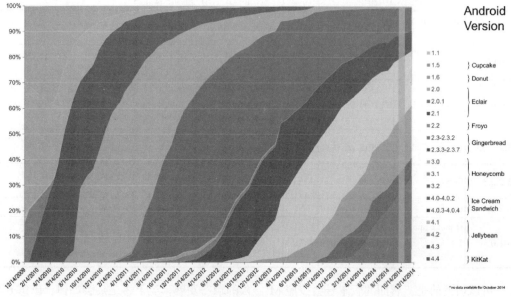

图 11-2　安卓版本分布统计

在本质上，Android 是一个开源的基于 Linux 软件的大融合，而把这些开源软件有机组合在一起的就是谷歌的安卓开发团队，Linux 基金会把 Android 也定义为一种 Linux Distro，但是它与传统的 Linux Distro 多有不同，比如不包含 GNU C 库以及其他一些主要面向 PC 设备的功能。

Android 软件栈示意图如图 11-3 所示：

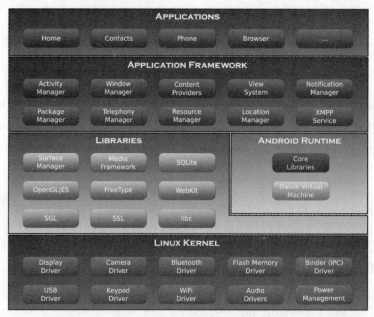

图 11-3　Android 软件栈示意

Android 的 Linux 内核是基于 Linux 的 LTS（Long-term support，长期支撑版本）版本的，谷歌对其内核做了大量改动（比如内存管理、闪存管理、电源管理等），部分改动最终又开源回到了 Linux 主干（main-branch）中。在可以预见的未来（2016 年？），Android 与 Linux 的内核很可能会合二为一。

安卓原生函数库 (native libraries) 是 C/C++ 实现的，主要用来完成数据处理，比如显示管理器（Surface manager）、WebKit（浏览器引擎）、OpenGL、SQLite（数据库引擎）、Media Framework（多媒体框架）等。

Android Runtime 含有两部分，Dalvik 虚拟机和核心 Java 库，相比普通的 JVM，Dalvik VM 对低处理能力和低内存做了优化。

应用框架主要服务于上层的应用程序（比如电话、短信、E-mail、互联网应用），主要框架有生命周期管理器（Activity Manager）、应用间数据分享管理（Content Provider）、电话管理器、定位管理、资源管理器等。

🔍 一个安卓应用程序由哪些部件构成？

✓ 安卓应用程序由 Java 代码写成，编译为单一发布的 package APK，APK 为可以安装在安卓手机上的可执行文件。一个安卓应用由如下部件构成（见图 11-4）：

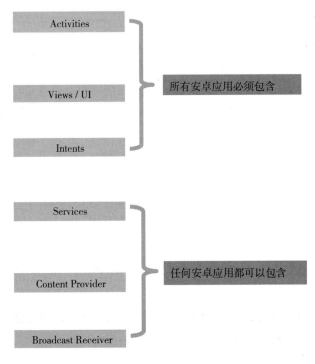

图 11-4　安卓应用的构成

以上部件（building blocks）可分为两大类：必有类（Must-Have）和能有类（Can-Have）。在项目工程管理中，通常把功能实现按照优先级（priority）从高到低分为三类：0、1、2 对应的英文描述分别为 Must-have、Can-have（或 Want-to-Have）、Nice-to-Have，中文可译为必须实现、能实现最好、能实现该多好啊。

Activity 是任何安卓程序必有的组件。简单来说，每个 screen 都是一个 activity，每个 activity 都对应一个 UI；一个应用有一个或多个 screens，而 activity 就是入口（entry point），Manifest.xml 文件中定义了所有的 activities，其中一个被定义为主 activity。activity 负责为 screen 设置 UI。UI 主要有有两类子部件：

❑ View：比如 buttons、labels、输入框等元素（view elements）。

❑ Layout（或 ViewGroups）：view 元素的容器（container）。

Layout 定义了 view 元素如何展示（排列）如线性排列（LinearLayout，比如水平或垂直）和相对排列（RelativeLayout，自适应）。

UI 也是通过 XML 格式来定义。

Intents 用来定义如何从一个 activity 移动到另一个 activity，比如点击按钮，甚至是打开另一个应用。理论上，仅通过 Activity+UI+Intents 就可以实现一个完整的安卓应用了。而下面三个部件已经属于"advanced"范畴了。

1）services：确切地说是可后台运行的服务，通过 services，安卓可定义需要在后台持续运行的应用（比如 GPS、音乐、下载进程）。services 没有任何 UI。有两种方式可以建立 service：

❑ 与 activity 绑定，当 activity 停止时，service 也随之停止。

❑ 独立于任何应用，可以在后台持续运行。

2）Content Providers（内容提供）：如果需要从另外一个应用中获取数据，就需要 CP，最典型的例子就是联系人（Contacts）、电话、短信，这些应用都会通过 CP 调用。

3）Broadcast Receivers（广播接收器）：通过 BR 可以接收系统范围的事件，常见的系统事件有：

❑ 收到电话

❑ 短信

❑ 网络状态变化

❑ 设备启动

❑ 电量低

应用开发者也可以定制广播信息。通过 BR 可以实现很多智能的功能，例如自动电话（短信）屏蔽（黑名单）等。

安卓系统还有其他一些部件，比如 SQLite、Notifications（通知功能）等，我们在后面的问题中会涉及，在此不做展开。

❓ 谈谈你对安卓动作（Android activity）的理解？

◉ activity 的本质是生命周期（Lifecycle），在生命周期中 activity 可以完成相应的工作。从编程语言的角度，生命周期类似于回调（callback）函数的集合。

activity 有如下 3 个状态（States）：

1）Active（Running）：活跃、运行状态。

2）Paused：暂停、停顿状态。

3）Stopped：停止状态。

Android 系统使用了优先级队列 (priority queue) 来帮助管理设备上运行的 activity 状态，操作系统会根据每个 activity 的状态来决定其优先级。不再使用的 activity 会被系统回收资源。

activity 生命周期的流程图如图 11-5 所示：

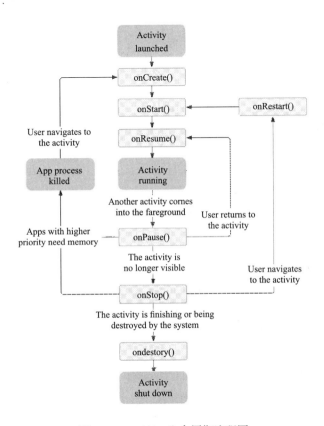

图 11-5　Activity 生命周期流程图

上图列出了 acitivty 生命周期的七大 callback：

❑ onCreate()：activity 首次建立时调用。

❑ onStart()：activity 为用户可见前调用。

❑ onResume()：当 activity 回到前台时调用。

❑ onPause()：当被其他 activity 覆盖时调用。

❑ onStop()：当 activity 不为用户可见时调用。

❑ onRestart()：在 onStop() 之后调用。

❑ onDestroy()：当 activity 被 Kill 时调用。

◉ 解释安卓服务（Android Service）的生命周期。

◉ service 的生命周期和 activity 的生命周期有些类似，但具体方法调用不同：

❑ onCreate/onStart 区别：客户（Client）通过调用 Context.startService（Intent）方法来启动 service。如果 service 没有运行，调用 onCreate() 然后 onStart()；如果已经运行，直接调用 onStart()（也就是说 onStart() 可以被反复调用）。

❑ service 没有 onResume/onPause/onStop 方法调用（因为没有 UI）。

❑ onBind：如果客户需要持续连接，调用 Context.bindService 方法。如果 service 没有运行，调用 onCreate() 然后调用 onBind 方法。

❑ onDestroy：Android 会在没有客户启动或绑定在一个 Service 时终止它。

细心的读者会发现，上面的启动服务有两条路径：startService() 和 bindService()。

startService() 的生命周期如下：

❑ 如果一个 service 是被 activity 通过调用 Context.startService（Intent）方法启动的，那么 service 中的 onCreate() 方法只会被调用一次。

❑ onStartCommand() 会被调用多次，其中调用次数等于 startServic（Intent）方法被调用的次数。

❑ 此后 service 将一直在后台运行，而不管 activity 是否在运行，直到被调用 stopService()；其自身也可以通过调用 stopSelf() 方法来结束服务。

❑ 假如系统资源不足，系统也有可能将服务结束。

bindService() 的生命周期如下：

❑ 如果一个 service 是被 activity 调用 Context.bindService() 方法绑定启动，且服务未被创建，则服务的 onCreate() 方法会被调用且只会被调用一次。

❑ 建立连接时会调用 onBind()，且只会被调用一次。

❑ 当显示调用 Context.unbindService() 断开连接或之前调用 bindService() 方法的实例已不存在，系统将自动调用 onDestroy() 方法停止 Service 的运行。

图 11-6 为 Service 生命周期两条路径之图解。

◉ 谈谈你对 Intents（意图）的了解？

◉ 前面我们讲过 acitivity，一个安卓应用程序可包含多个 activity（动作），从一个 activity 导航到另一个 activity 是如何实现的呢？答案就是通过 Intent 类。Intents 有三大类的典型用例：启动一个 activity，启动一个 service 和发布一个广播。

Intents 有两类：显式 Intents 和隐式 Intents。显式 Intents 通过完整的类名称（fully-qualified class name）来指定需要启动的组件。隐式 Intents 则没有指定组件而是通过定义一个通用的需要执行的 action 来让其他应用的组件处理它。

下图说明在安卓系统中如何通过隐式的 Intent 来启动另一个 activity 步骤如下（见图 11-7）：Activity A 通过 startAcitivity() 创建 Intent，安卓系统搜索并找到匹配的 Intent，系统执行 onCreate() 来启动对应的 Acitivity B。

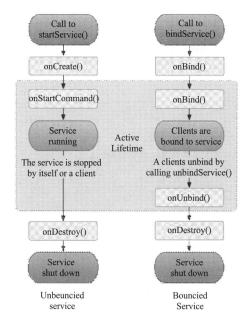

图 11-6　Servoce 生命周期流程图

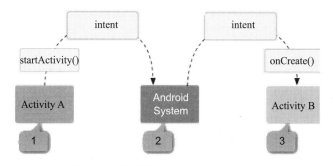

图 11-7　通过隐式 Intent 启动 Activity

Intent 主要包含如下信息：

❑ Action：比如 view 或 pick。

❑ Data：URI 对象，指向被影响的数据。

❑ Component：被启动的组件名。

下面举几个启动 Activity 的例子：

1）显示启动 Acitivity

```
// TgtActivity 为需启动的目标 activity
Intent it = new Intent (this, TgtActivity.class);

startActivity(it);
```

2）隐式启动 Activity

```
// 假设我们需要打开网页：npr.com
```

```
Intent it = new Intent
        ( android.content.Intent.ACTION_VIEW,
          Uri.parse("http://www.npr.com")
        );
```

```
startActivity(it);
```

或者需要拨打某个电话号码：

```
// 注意下面代码中的 ACTION_DIAL 表示系统会自动输入号码
// 但是需要人工按 Dial 键，如果希望自动拨号，需要换成
// ACTION_CALL
Intent it = new Intent
        ( android.content.Intent.ACTION_DIAL,
          Uri.parse("tel:+861058776000")
        );
```

```
startActivity(it);
```

对于电话拨号与网页访问，还需要注意在 AndroidManifest.xml 中定义相应的 permissions 许可：

```
<uses-permission
    android:name="android.permission.CALL_PHONE"/>
<uses-permission
    android:name="android.permission.INTERNET"/>
```

请解释什么是 APK。

APK 即 Android Application Package（安卓应用程序包），是安卓类操作系统上用于发布和安装应用程序及中间件软件的打包文件格式（package file format）。之所以说是安卓类操作系统，是因为还有其他一些操作系统也支持安装 APK 文件包，例如 Chrome OS、Blackberry OS v10.2+ 等。

在本质上 APK 文件和其他大家熟知的可安装打包文件很类似，.apk 文件中包含了程序代码（.dex 文件）、资源、证书以及声明（manifest）文件，通过 JAR 打包，然后 ZIP 压缩后形成的 .apk 归档文件（archive file）。

APK 文件的 MIME（Content-types）类型为：

```
application/vnd    .android.package-archive
```

其中，vnd 是 vendor 的缩写，MIME 是互联网上用于标识媒体类型的标准（IETF RFC2046）。

APK 文件目录主要包含如下文件及子目录：

❏ lib/armeabi-v7a/ 目录中存放 ARMv7 及以上版本的编译代码。

❏ classes.dex 为 Dalvik VM 可以解读的 .dex 格式的已编译的类。

❏ Manifest.MF 文件为本应用发布包含的所有文件的列表（manifest 意为货单、旅客名

单，源自航海时代的海关通关文牒中的货运、船员及旅客名单）。

❑ AndroidManifest.xml 为补充 manifest 文件，描述了应用的名称、版本号、访问权限、引用库文件等信息。

图 11-8 为 APK 文件包目录结构示意图：

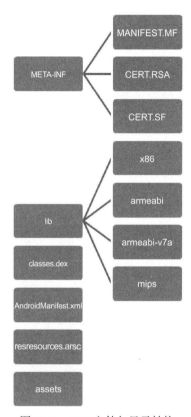

图 11-8　APK 文件包目录结构

你了解 AndroidManifest.XML 吗？

AndroidManifest.XML 文件是每个安卓应用必须提供给安卓系统的文件。它允许安卓程序员在该文件中描述自身的功能和需求（functionality & requirements）。AndroidManifest. xml 文件中包含如下信息：

❑ 声明：activities、services、broadcast receivers、content providers。

❑ 应用所需要的 packages/libraries 的信息。

❑ 描述何时 activity 需要启动 IntentFilters 不同用户权限定义。

❑ 用户权限定义。

❑ 最低 API Level 需求。

AndroidManifest.XML 文件的结构如下：

❑ <manifest>

　　❍ xmlns:android 定义了安卓的命名空间（namespace）。

○ package：本应用的安卓包名称。

○ android.versionCode：整数型版本号（用于安卓市场升级管理）。

○ android.versionName：用户可见版本号。

❑ \<application\>

○ android:icon：应用及部件图标。

○ android:lable：用户可读的标签。

○ android:description：可被标签指向的源字符串。

○ 值为布尔型的属性：android:enabled、android:hasCode。

○ 可包含子元素：\<activity\>、\<activity-alias\>、\<service\>、\<provider\>、\<receiver\>、\<uses-library\>。

❑ \<activity\>

○ 所有应用中的 activities 必须通过本元素来定义，可包含如下子元素：

● \<inent-filter\>。

● \<meta-data\>。

○ 属性

● android.name：activity 名称，可与 package 名称连接。

● android.label。

● android.icon*。

● android.launchMode*。

● android.permission, android.process, android.parentActivityName*。

注：星号表示可选项。

❑ \<service\>

○ 定义一个 service 子类（后台运行），每个后台运行的 service 必须由各自的 \<service\> 来定义。

○ 同 \<activity\> 一样，可包含子元素 \<intent-filter\>、\<meta-data\>。

❑ \<provider\>：用来定义本应用的一个 CP 组件（不包含其他应用的 CP）。

❑ \<receiver\>

○ 定义广播接收机（Broadcast Receiver），含有和 \<activity\> 一样的两个子元素。

○ 有两种方法可创建 Broadcast Receiver：

● 在本文件中通过 \<receiver\> 元素声明。

● 在代码中通过调用 Context.registerReceiver() 方法动态注册。

❑ \<intent-filter\>

○ 为 activity、service 或 broadcast receiver 定义 intents。

○ \<action\> 子元素为必选项，\<category\>/\<data\> 为可选项。

❑ \<action\>：为 intent filter 添加一个 action。

❑ \<category\>：为 intent filter 添加 category。

❑ \<user-permission\>：定义了对安卓设备上的代码或数据的访问限制。

❑ <permission>：安卓应用用来保护自己的 activities、services、broadcast receivers、content providers 等组件。

❑ <uses-sdk>：定义 API Level（整型，[1-21] 区间）。

下面我们展示一个 AndroidManifest.XML 的实例：

```xml
<?xml version="1.0" encoding="utf-8"?>
<manifest xmlns:android="
    <a href="http://schemas.android.com/apk/res/android">
        http://schemas.android.com/apk/res/android</a>
package="my.android.app"
    android:versionCode="1"
    android:versionName="1.0">
<application android:icon="@drawable/icon"
             android:label="@string/app_name">
<activity android:name=".RickyFirstActivity"
          android:label="@string/app_name">
    <intent-filter>
        <action android:name="android.intent.action.MAIN" />
        <category android:name="android.intent.category.LAUNCHER" />
    </intent-filter>
</activity>
</application>
<uses-sdk android:minSdkVersion="8" />
</manifest>
```

需要指出的是，对于较复杂的安卓应用，需要填写在 AndroidManifest.xml 文件中的内容可能会相当之多，完全手工操作出错几率很高，于是有很多 IDE 类的软件可通过分析安卓源代码和通过程序员的简单输入来自动生成该文件。

什么是 AIDL？

AIDL 即 Android Interface Defintion Language，是安卓操作系统的 IDL(接口定义语言)，基于 Java，支持本地或远程的 IPC（Inter-Process Communication）。

我们知道安卓系统的沙箱机制（很多其他类型的操作系统与浏览器（特别移动操作系统）上非常普遍的一种安全机制），一个进程通常不能直接访问另一进程的内存，于是安卓设计了 AIDL 来方便实现进程间通信。

注意区分下面三种应用场景：

❑ AIDL 的使用场景允许从不同应用程序来访问 IPC 服务并且支持多线程处理。

❑ 如果不需要多应用并发 IPC 访问，实现 Binder 的方式更适合。

❑ 如果需要 IPC，但是不需要多线程处理，那么使用 Messenger 实现 Interface 的方式最合适。

通过 AIDL 实现一个 IPC 服务（又称创建 "bounded service"）只需要 3 步：

❑ 创建 .aidl 文件，定义编程接口（method signature）。

❑ 实现 interface: Android SDK 工具会自动基于 .aidl 文件生成 interface，但是需要程序

员手工实现 Stub 类和方法。

❑ 把 interface 暴露给客户：实现一个 Service 并重写 onBind()。

AIDL 支持如下数据类型：

❑ 所有 Java 语言中的原始数据类型（primitive types），如 int、long、char、boolean 等。

❑ CharSequence（字符序列）。

❑ List（列表）。

❑ Map（图）。

❑ String（字串）。

什么是绑定服务（Bound Services）？

Bound Service 在 client-server interface 中的 server 端，它允许部件（如 activities）与其捆绑（bind），发送请求，接受回复，甚至执行 IPC 任务。

注意，Bound Service（绑定的服务）通常只在服务其他应用组件时存活，并非在后台一直运行。

Bound Service 是对 Service 类的具体实现。通过实现 onBind() 回调方法来为 service 提供 binding，该回调会返回一个 IBinder 对象，该对象定义了客户端可以借之与本服务互动的编程接口。

客户端可以通过调用 bindService() 来绑定服务，调用时，必须提供 ServiceConnection 的一个具体实现。

什么是 ANR（应用无响应）？如何避免 ANR 发生？

ANR 即 Application Not Responding，但凡用过 Android 系统的人对于那个让人不知所措的弹出窗口 "Application Not Responding（应用程序没有响应，是否关闭该程序？ Yes/No）" 应该都不陌生。

ANR 弹出窗口在以下两种情况下被触发：

❑ 在用户输入（键盘、屏幕触摸）后 5 秒内应用没有反应。

❑ Broadcast Receiver 在 10 秒钟内没有完成执行。

如何避免 ANR？很显然 ANR 是极坏的用户体验，一个基本的原则是以 200ms 为分水岭（或阈值），超过 200ms 用户就会 "觉得" 一个应用程序反应迟钝，下面一些建议可提升用户对于应用反应速度的体验：

❑ 如果有后台工作需要执行，显示进程，比如 ProgressBar，让用户有所期待。

❑ 使用 worker 线程而非主线程（UI thread 或 main thread）来完成主要的计算工作，比如使用 AsyncTask 类（异步工作）。

❑ 还有一个常见的做法是在程序启动时如果后台需要一些准备工作，显示 Splash 界面（不过，像新浪微博一类的的应用把这个 Splash 界面用来强行植入广告）。

❑ 最后的建议是，使用一些性能分析工具可以帮助程序员自动分析其应用中潜在的 "瓶颈"，比如 Traceview 或 Systrace。

安卓系统中的数据存储方式有哪些？

安卓操作系统根据应用程序的需要提供了 5 种存储方式（见图 11-9）：

❑ Network Connection 也称作 Cloud Storage（云存储），安卓至少提供 packages: java. net.* 和 android.net.* 来支持云数据读写。

❑ Shared Preferences 用来存储可用键值格式表达的简单数据类型，通过 Shared Preferences 存储的数据是跨 sessions 的，也就是说即便应用重启，存储的数据依然可保持。

❑ Internal Storage（内部存储）对应于 External Storage（如 SD 卡）而言，可简单地视为设备内存，存储在 Internal Storage 上的数据通常在应用删除后同时被删除，它的访问属性也默认为仅本程序可以访问。

❑ External Storage（外部存储）可以用于存放在应用程序间共享的数据，比如 Ringtones/、Music/、Pictures/ 等都是默认可与其他应用共享空间。类似于 Web 服务器，如果某目录文件不想被 Media Scanner 自动检测到，那么在目录下建立一个空文件并命名为 .nomedia 即可。

❑ SQLite 用来存储可被本应用程序所有类访问的私有数据。

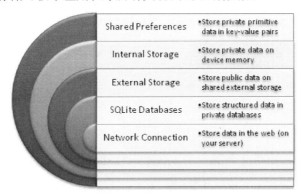

图 11-9　安卓系统 5 种存储方式

还需要提到 Content Provider（内容提供商）的概念，在 Android 系统中，CP 是一个可选组件，通过它可以把一个应用程序的数据的读写访问权限根据安全需要暴露给需要的其他应用和服务。

安卓系统自身也是通过 CP 来管理音频、视频、图片、联系人信息等数据（可参考 android. provider 包的使用文档）并提供给用户应用程序使用。

如何使用共享编码（Shared Preferenes）？

上面提到的安卓系统支持的 5 种存储方式中，最简单的就是 Shared Preference 了，通过 Shared Preference 可以存取简单（primitive）数据类型，如 boolean、floats、int、longs 或 strings 类型。

Shared Preference 有如下典型应用场景：存取用户名与密码，存取用户设置（比如喜好设置，这也是为什么这种存储管理方式名为 *Preference），存放应用程序更新时间等。

以最常见的保存应用程序的登录用户名与密码为例，只需要如下的简单代码实现即可以完成：以 string 方式存放用户名与密码，下一次登录时自动获取用户名密码以实现自动登录。

流程示意图如图 11-10 所示：

图 11-10　流程示意

下面两段代码示例中，Main Activity 为登录界面，用户点击"下次自动登录"后把用户名与密码存放在 XML 文件中（文件名为 RickyLogins）：

```
// 定义通过 SharedPreferences 存储的 XML 文件名及访问权限
SharedPreferences sp=getSharedPreferences("RickyLogins", MODE_PRIVATE);
SharedPreferences.Editor ed = sp.edit();
// Main Activity 中对应用户名、密码的两个 EditText 控件:
ed.putString("usn", txtusername.getText().toString());
ed.putString("pwd", txtpassword.getText().toString());

// 提交变更
ed.commit();
```

Second Activity 中应用通过" usn"/" pwd"来获取存储在 RickyLogins 中的对应字符串并自动赋值给 EditText 控件来完成自动登录：

```
SharedPreferences sp=getSharedPreferences("RickyLogins", Context.MODE_PRIVATE);

// 通过 SharedPreferences 读取用户名与密码字符串
String Username=sf.getString("usn", DEFAULT);
String Password=sf.getString("pwd", DEFAULT);

// 对 EditText 分别进行赋值
Txtusername.setText(Username);
Txtpassword.setText(Password);
```

谈谈对安卓系统与设备兼容性的理解？

理解安卓系统的兼容性可从两个维度入手：设备兼容性（Device Compatibility）和应用兼容性（Applicatoin Compatibility）。

所谓设备兼容，指的是厂家生产的硬件设备可以运行安卓操作系统及其应用程序，Android Compatibility Program 提供了一整套兼容性测试集（Compatibility Test Suite，CTS）来帮助厂家确认硬件设备的兼容性。

对于应用开发人员而言，则无需再担心是否需要在数十种甚至上百种设备（或模拟环境）上进行全面兼容性测试，因为只有通过了安卓兼容性测试的设备才能出现在 Google Play Store 中（一种认证过程）。Google Play Store 存在的意义在此相当于为开发人员提供了预先对兼容设备进行认证的增值服务。

第二个维度是应用兼容性，很显然一套应用面向不同特点的设备、系统版本和屏幕时是需要因地制宜的，通过 Manifest 声明文件或者在代码中动态检测都可以完成这些定制需求。

举例如下：

❑ 设备特性（Device Features）：如应用对某一硬件存在依赖，则可通过 <user-feature> tab 在 Manifest 文件中预先声明，也可以在代码中调用 hasSystemFeature() 来查询设备是否支持该硬件并做出相应调整。

❑ 平台版本号（Platform Version）：安卓系统到 2015 年年初已经更新到 v5.0.x，API-Level 从 1 ~ 21 不等，如对某一特定 API-level 有需求，假设应用必须在 Android 4.4 KitKat 以上版本运行，可在 Manifest 中做如下声明：

```
<manifest>
    <uses-sdk
        android:minSdkVersion="19"
        android:targetSdkVersion="21"
    />
</manifest>
```

当然，也可以运行时在代码中检测版本号：

```
// 如果版本号低于KitKat v4.4(API level 19)，则做出对应(禁止)操作
if (Build.VERSION.SDK_INT < Build.VERSION_CODES.KITKAT) {
    //disableSomeFeatureHere();
}
```

❑ 屏幕配置（Screen Configuration）：安卓为不同类型的屏显预先设计了不同的尺寸与显示密度支持。

  ○ 尺寸：small、normal、large、xlarge。

  ○ 密度：medium(mdpi)、high(hdpi)、extra-high(xhdpi)、extra-extra-high(xxhdpi)。

在应用程序的源文件目录中要对需要定制的屏幕尺寸和密度进行定义，并在代码中做出相应的定制操作⊖。

🔍 安卓系统支持哪几种设备间通信方式？

✅ 简单而言至少支持 5 种方式：

⊖ 详细配置说明可参考在线文档 http://Developer.Android.com。

❑ USB：这大概是大家最熟悉的通信模式了。不过对于程序员而言，Android 与 iPhone 系统最大的区别恐怕就是 Android 设备可以工作在两种 USB 模式下：USB Accessory 和 USB Host，而后面这一模式最为安卓程序员和高级用户所自豪，在后面这种模式下，一台以 Host 模式运行的安卓设备甚至可以变身为一台 Linux 服务器或者为多个 USB 设备充电。

❑ Bluetooth（蓝牙）：蓝牙通信方式大家都比较熟悉，不过它的安全性差、超低能耗支持等缺点也一直为用户所诟病，在 Android 4.3 JellyBean 开始支持 BLE（Bluetooth Low Energy），顾名思义，其解决的最关键的问题是能耗，当然也大大丰富了之前蓝牙版本不能支持的一些应用场景。

❑ NFC（Near Field Communication，近场通信）：支持读写模式、P2P 点对点模式、Card-emulation 模式（用于模拟并支持基于 NFC 的 POS 交易）。

❑ SIP（Session Initiation Protocol，对话初始协议）：安卓在 v2.3（代号 Gingerbread，API-Level 9）开始支持 full-stack SIP 协议栈，最典型的应用有视频会议（Video Conferencing）和即时通信 IM（Instant Messaging）等。

❑ WiFi P2P：所谓点对点通信指的是通过 WiFi 协议但不需要经过任何 AP（热点）来实现安卓设备间的通信。安卓在 v4.0（代号 Ice Cream Sandwich, API level 14）开始支持点对点 WiFi 通信。最常见的应用有多人游戏、图片、音乐分享等。

🔍 什么是安卓系统的多媒体支持？

✓ 了解安卓的多媒体支持功能可以从两个维度入手：支持的多媒体网络协议（Network Protocols）和支持的多媒体格式（Multi-media Formats）。网络协议可分为两大类：

❑ HTTP/HTTPS：live-streaming 类和渐进 -streaming 类。

❑ RTSP：RTP 和 SDP。

多媒体格式支持如下 3 大类：

❑ 图片：JPEG、GIF、PNG、BMP 和 WebP（最新的 .webp 格式）。

❑ 音频：AAC、AMR、FLAC、MP3、MIDI、Vorbis、WAVE 等。

❑ 视频：H.263、H.264、MPEG-4（.3gp）和最新的 VP8（.mkv/.webm）。

另外，安卓系统还支持 Media Router 功能，类似于 USB Host 模式，允许安卓设备连接外接设备，如电视、音乐播放机、家庭影院系统等，把安卓设备上（或连接）的多媒体资源播放到相连设备上。Media Router 有第二输出（Secondary Output）和远端回放（Remote Playback）两种工作方式。两者的区别在于，后者把安卓设备作为一个遥控器使用而由相连设备完成数据获取、解码与播放；前者则把这些工作都在安卓设备与应用中完成（故名"第二输出"）。

🔍 谈谈你对安卓系统的内存泄漏的了解？如何检测？如何诱发？

✓ 内存泄漏在任何操作系统中都是一个大问题，轻则降低系统的效率，重则导致应用甚至系统崩溃。

最好的解决方案就是在代码实现与测试阶段尽早避免泄漏发生，或诱发泄漏发生从而提早找到诱因并找到解决方法。

诱发内存泄漏（或者说是加速实现内存泄漏）有多种方法，列举二三：

❏ 运行目标应用：Android 提供了 MonkeyRunner 一类的自动化工具，可以帮助开发人员模拟人工操作。

❏ 在应用间不断切换。

❏ 在不同 activities 状态下不断切换横屏与竖屏模式：这和安卓系统的内核实现中不能对切换模式下一些被引用对象的垃圾进行回收有关。

代码实现与测试过程中有如下方法可以检测内存的使用情况：

❏ 分析日志：通过 logcat 来分析 DalVik 的日志可以发现 heap stats 的变化，如一直处于增长状态则必有内存泄漏。

❏ 观察 Heap 更新、跟踪内存分配：Device Monitor 中的 monitor 工具可以用来观察 heap 的分配以及与对应的垃圾回收的关系。

❏ 跟踪整体内存分配：Android Debug Bridge（简称 adb 工具）是一个多用途的命令行调试工具，可以用来帮助分析详细的应用 RAM 使用情况，比如运行下面的命令会显示 package rickysandroidpkg 的私有内存（Private RAM）及共享内存（Proportional Set Size，PSS）的使用情况：

```
adb shell dumpsys meminfo rickysandroidpkg
```

举几个应用程序内存管理（及优化）的方法？

在整个应用程序的设计、开发与测试的过程中对 RAM 的使用管理、限制与优化都应当被重视。从最佳实践（Best Practice）的角度出发，有如下技巧可供参考。

❏ 永不浪费内存：

○ 使用不同数据类型与库对内存的消耗差异很大，比如使用 enums 比普通 static constants 消耗多一倍内存，每一个 Java class 消耗大约 0.5KB 内存，每一次 HashMap 插入会额外消耗 32 字节。

○ 申请额外的 heap 时，检查剩余内存（getMemoryClass()）。

○ 处理 bitmap 类文件时，注意 scale-down，避免使用原（大）文件。

○ 使用优化了的数据容器（data container），如 SparseArray，原生的 HashMap 相对而言内存使用效率低下。

○ 注意释放内存，比如当 UI 不再被需要显示的时候，应当立刻释放内存（onTrimMemory(TRIM_MEMORY_UI_HIDDEN);）。

❏ 谨慎使用抽象（虚拟化）：和云计算中广泛使用的虚拟化一样，虚拟化是以降低效率及消耗更多内存为代价来实现建模灵活性和代码的高可维护性。权衡利弊，在不需要抽象的时候，就不要设计、使用它。

❏ 谨慎使用外部库：特别是当该库并非为安卓系统量身定做时，不要仅仅为了一两个它提供的功能而贸然使用（如果它提供的其他许多功能你根本不会考虑使用，那么这些代码在未来都是不可预知的包袱）。

❑ 避免使用 DIF（Dependency Injection Frameworks）：比如 Guice，尽管 DIF 能够帮助测试与参数配置调试，但是它们对于内存的浪费可以说是毫无节制，简而言之，弊大于利（用户体验差 =Your App gets deleted!）。

❑ 谨慎使用 services：最好的实践是使用 IntentService，也就是说当一个服务完成启动它的 Intent 任务后，会自动结束，而不是在后台继续存在（浪费内存）。操作系统中最常见的内存管理错误就是让一个不被需要的服务在后台持续运行，应用在后台毫无意义（对于用户）地运行对于系统安全、效率有百害而无一利。

❑ 剥离无用代码：ProGuard 工具可以帮助完成代码自动优化，删除无用代码，实现更少的 RAM 页被 mapped。

❑ 对最终 APK 文件包使用 zipalign：Google Play Store 要求所有的 APK 文件必须被 zipaligned（mmap）。

❑ 最后，优化应用的整体性能，从 CPU 使用效率到内存使用优化，比如 lint 工具会对 UI 需要的 layout 对象提供优化建议。

如何保证安卓系统的安全性？

"安卓安全"是一个非常有趣的问题，有趣的问题通常没有标准答案，在移动操作系统安全的问题上一直有两种观点，即开源系统的安全性和封闭（私有）系统安全性。

谷歌的前 CEO Eric Schmidt 曾经多次声明安卓系统的安全性优于 iPhone（Android's arch-enemy），这当然会被大家嘲笑，安卓系统最声名远播的大概就是它的 malware，简单来说安卓系统的安全性是：

Android is secure, users aren't!（系统安全，用户不（安全）！）

我们来看图 11-11。安卓系统采用的是多层保护、防御机制（multiple layers of protection/defense），从逻辑层面上看安卓系统并不比 iOS 系统更不安全（也许恰恰相反），不过安卓赋予了开发人员和用户更大的自由度，结果常常出人意料：

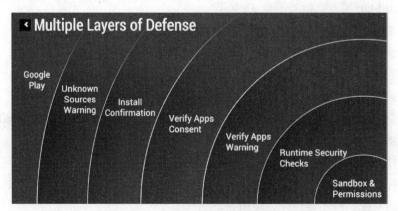

图 11-11　安卓系统的多层保护

❏ 无限制的应用及后台服务（可盗取用户隐私信息）。

❏ 用户自己的选择造成的系统安全难以保证（所谓的 Great power comes with great responsibility – SpiderMan I）。

安卓系统提供了 5 大安全功能：

❏ 通过 Linux 内核实现的操作系统级安全保障

❏ 强制应用沙箱（Mandatory Application Sandbox）

❏ 安全的进程间通信（Secure Interprocess Communication）

❏ 应用签名（Applicatoin Signing）

❏ 应用定义的、用户授权的权限（App-defined and user-granted permissions）

但是，最终哪些操作可以完成、哪些数据可以被采集还是更多地掌握在用户手中，或者说用户的授权选择决定了他的手机最终有多少数据被"采集"。一个常见的安全防护措施就是"宁枉勿纵"，从最小授权开始，逐步放开，而不是门洞大开全不设防。

🔍 如何正确设置安卓设备以用于应用开发？请描述步骤。

✅ 这类问题基本上就是在考察简历上所谓的了解（听说过）安卓与精通（上过手）安卓的区别。

如果从头开始"Build a first Android application"需要做如下的准备工作⊖：

❏ 设置开发环境
　　○ 下载 Android Studio
　　○ 下载 SDK tools/platforms

❏ 生成安卓项目（project）
　　○ 通过 Android Studio 生成
　　○ 通过命令行工具生成

❏ 运行应用
　　○ 在安卓物理设备上运行（本问题的关键之所在）
　　○ 在 Emulator 上运行

❏ 其他工作

在安卓设备上运行（测试）应用需要如下具体工作：

❏ 通过 USB 物理连接设备（注意安装驱动）。

❏ 开启 USB Debugging 模式（v4.0: Settings → Developer Options）。注意，自 v4.2 开始 Developer Options 默认是隐藏的，不过可以在 Settings → About Phone 下面对 Build number 连续点击 7 次后激活 USB 调试模式。

❏ 在 Android Studio 中选定 project 文件，执行 Run 操作。

⊖　参考资源：
　　• Android Developer Portal: https://developer.android.com/training/
　　• Android Interview Questions: http://www.androidinterviewquestions.com/
　　• http://www.codelearn.org/android-tutorial/android-introduction

❑在选择设备中，找到指定的物理设备，确认执行。

后两步也可以通过命令行操作来实现，步骤如下：

❑在安卓项目根目录下执行 ant debug。

❑将 APK 文件安装到物理设备上，adb install bin/rickyfirstapp-debug.apk。

❑在设备上找到 APK 文件并运行。

回 扫一扫，学习本章相关课程

Android 平台移动云计算开发

第四篇 *Part 4*

软技能篇

## 第 12 章

面 试 基 础

12.1　何为软技能

所谓软技能（Soft Skills）是相对于硬技能（Hard Skills）而言的。本书的绝大篇幅都是围绕程序员的硬技能展开的，包括编程、算法、框架设计、系统设计、逻辑思维能力等。但是在这些硬本领之外还有很多柔性的技能，比如与人交流沟通的能力、团队协作的能力等。

对于程序员来说，有时候软实力反而更重要。一个人能走多远，也许一开始拼的是硬实力，但是长远看必定是软实力、软技能。无论民企、国企还是外企，无论大团队、小团队还是单打独斗，只要在社会当中，只要有圈子存在，只要有互动的需求，硬技能从根本上决定可不可以做，软技能才可保证过程的顺畅和结果的圆满，缺一不可。

对于程序员而言，最重要的软技能是领悟力和沟通力。

领悟能力需要智商兼具情商，领会他人意图、判断形势、分析趋势，感悟工作和人生都需要这种能力。

沟通能力则是一个相当大范畴的概念，相当多的程序员在沟通方面存在极大的可提升空间，无外乎如下几个领域：

❏ 表达、交流：不仅仅是简单的"能力"问题，更多的是"方式"问题，很多程序员的交流方式可以用"惨不忍睹""简单粗暴"或"不知所云"来概括，不考虑对沟通内容的组织、不考虑沟通时机、不考虑节奏、不考虑策略也不考虑任何互动需求。

❏ 兜售自己的能力：我们时常说机遇留给有准备的人，不是让大家去钻营，而是不断地提升自己（团队），适时地准备好推销自己或团队（包括产品、方案、策略、计划、设计、想法），这个能力又和表达、交流息息相关，缺一不可。

❏ 演讲与报告的能力：展示（Presentation）在今天的社会环境中尤为重要，试想一个好的广告、成功的广告、令人印象深刻的广告需要哪些要素？鲜艳的色彩、优美的画面、引人入胜的情节、幽默的对话或深刻的内涵？抑或全部？展示和广告很大程度上异曲同工，目的无外乎是为了让听众被打动进而实现后面潜在价值链的延伸。

12.2　怎样提高软技能

很多人把软技能与情商划等号，认为情商是先天的，故而软技能也是如此，如果先天不足，那么后天再怎么努力也是枉然。笔者基本上不同意这种看法！

软技能和硬技能都是通过后天学习获得的，而最终能达到的高度取决于学习的方法是否得当、环境是否有益以及一些遗传与基因方面的因素，但是在相当广泛的范畴内，学与不学造成的分化远大于其他因素。

大多数软技能不强的程序员对于提高软技能持抵触态度，进而放弃了学习与提高的机会。从更广义的角度上看，我们每一个人都应当力图终生保持旺盛的学习欲望，并能身体力行。

提高软技能的途径无非这么几点：

- 反思：古人云，吾日三省吾身，我们每个人都要花些时间回顾自己过去一段时间的言行，哪些地方不如意、需要提高，待人接物、团队沟通中何处让人误解或词不达意。同样说一件事情，是否换种语气、换种比方、换个时机甚至换个地方谈效果会更好？定期反思不但是个好的习惯，也是提高自我的第一要点。

- 计划：反思如果没有行动就会变成空想，指定切实可以付诸实施的计划来帮助自己提高是重要的第二个环节。在自己的 notepad 上、手机的 notes 上甚至日历、电子日历上定义下一周自己有哪些目标要争取实现，哪些反思中发现的问题可以通过具体任务来提高，比如，类似的问题尝试换种方法和同事沟通，尝试练习一下新的 PPT 展示与演讲的方式（由平铺直叙到插入引人入胜的故事）。

- 实践：计划如果停留在日历和笔记本上也只是空谈，提高自我的最佳捷径就是实战与实践。走出你作为程序员的那片小天地，在代码以外的那片广袤的区域有很多需要探索、学习与提高的地方。

Stephen R. Covey 在他那本著名的《 The Seven Habits of Highly Effective People 》中提纲挈领地抓住了所有具有高超软技能的人的 7 大特点：

- 主动（proactive）：被动就会挨打。

- 深思熟虑（Begin with the End in Mind）：反思 + 计划。

- 按计划实施（First Things First）：计划要有轻重缓急，实施也是如此，很多程序员容易犯的错误是没有优先级，这是个很容易解决的问题，同时给你 10 件事情，一定可以分出哪些先做哪些后做，就这么简单。

- 双赢（Win-Win）：我们说了双赢很多年，但是在现实世界还是很多人忘了这一条，没有人可以一直把个人或一方的成功建立在另一方失败的基础之上。

- 理解与被理解（Understand & Be Understood）：没人喜欢老听你的抱怨，先试图理解别人再寻求被理解，所有顺畅沟通的前提是相互理解。

- 合作（Synergize）：不要总试图做个人英雄，寻求团队、部门、集体的合作产生的巨大能量和回报。

- 精益求精（Saw Sharpening）：注意对应的英文，翻译成中文恐怕最贴切的是磨刀不误砍柴工，也可意译为机遇是留给有准备的人的。

12.3 演讲与报告也是一种能力

最受欢迎的程序员是哪一类？是特别能写代码（解决问题）的？还是特别能说的？

答案是兼而有之，既能写好代码又能讲给别人听的程序员最受欢迎！如果你的团队中有人只希望你埋头写代码，而永远由别人来完成讲故事的过程，那么你要考量一下是否你的价值已经被打压了，或者要反思一下你的自我定位和团队给你的定位是否出了偏差？另一种更常见的情形是，太多的程序员讲不清楚自己做的是什么，写了 10 万行代码，却不会高亮（highlight）总结代码的功能、用途。

在现代企业中，程序员中普遍存在的问题是做与讲的严重不对等（另一种极端的情形也值得提一下，但不是本书的关注要点，那就是有些人 PPT 做得漂亮至极，但是去伪存真、剥丝抽茧后发现下面什么也没有，最近甚至出现了一种新的模式——2VC，作为 2B、2C 的补充）。范而化之，这类程序员的通病就是做得多，足可达 12 分但讲不出来，能写到纸上 6 分就很了不起了，讲出 3 分更是凤毛麟角，笔者从硅谷到国内这十几年类似的情况屡见不鲜。

举个例子，你呕心沥血做了一个项目——《基于大数据分析与处理的海量多媒体数据分析云平台》，准备给公司其他部门的领导和同事分享，还要在一系列大数据峰会上演讲，你打算怎么做呢？

首先，设计分享或演讲的媒介，答案很简单——图文并茂的 PowerPoint，不二选择。再搭配上一些多媒体内容，比如演示视频或实时演示的系统，更严肃的学术会议还可以提交相关论文，不一而足。我们这里姑且以 PPT 为例。

设计 PPT 框架：根据听众不同还可以细分（考虑到受众的关注点不同以及信息安全和分享的考量做出相应调节），大体框架参考如下模型：

- ❑ 封面：设计一个引人入胜的封面，包含大的 logo 和作者信息。
- ❑ 背景介绍：项目背景介绍颇为重要，但要简短，关注要点，比如客户现状与需求或市场上现有方案的不足等。
- ❑ 价值主张（Value Propositions）：高亮本方案的优点，差异化竞争优势。
- ❑ 系统架构：从高层逻辑架构说开来，逐渐介绍到具体的组件，切记，PPT 的大忌是文字过多，所谓一图胜千言，多用图，少用文字，用文字时务求简短精炼。另外，具体的组件间的关系可用动画和可演示 GUI 界面来辅助说明。
- ❑ 系统功能：介绍系统的主要功能，注意题目的关键字应当兼顾海量多媒体＋云平台＋大数据分析与处理，缺一则内容与标题不符，并且适当突出方案的差异性。
- ❑ 系统性能：如能加入一些系统性能测试数据则说服力更强。
- ❑ 演示时间（Demo Time）：最让观众信服的是一个可实时操作与互动的系统，不过这个也要看天时与地利，有则加分，无则不比强求（如果演示失败，切记统计一下 Bill Gates 与 Steve Jobs 生平的现场演示中掉过多少次链子，也许你会好受些）。
- ❑ 致谢：留出一页来向帮助过、指导过你的人和团队致谢。
- ❑ Q&A：留出时间来回答问题，不要试图在讲 PPT 的时候交代所有的问题，有时候把一些"明显"的问题留到 Q&A 时间，反而能取得更令人信服的效果。

上面我们把能展示的内容放到幻灯片里面了，下面说一说如何能讲得引人入胜，这也非常重要，很多人 PPT 做得不错，讲起来却前言不搭后语，效果大打折扣，就正常智力水平的绝大多数人而言，唯一的要诀就是练习、练习、再练习。

笔者在 Splashtop 工作时，公司 CEO Mark Lee 每一次重要的公开演讲都会事先与团队做 rehersal（演习），让团队挑毛病，而印象最深刻的就是当时的 PR/Marketing 副总裁 Sol Lipman 极力推崇的 Steve Jobs Moment(s)，Steve Jobs 是公认的业界演讲大师，特别是在观众情绪最激动、最亢奋时适时推出新的产品，这一时刻可以通称为 Steve Jobs Moments。

如果我们来总结引人入胜的演讲有哪些窍门：

❑ 语速适中：快让人听不清，慢了让人着急。

❑ 抑扬顿挫：语调平缓让人想睡觉，太激动了又像电视销售。

❑ 配合 PPT 内容：对演示内容提纲挈领，莫要照本宣科（观众会读，不要去朗读幻灯片内容）。

❑ 把握并激荡听众热情，学会引领和互动：所有 Steve Jobs Moments 的共性就是在经过相当的铺垫之后（群众已经反响热烈了）抛出本次演讲的核心理念、产品、科技。

这些要点以外，如能加上一些适当的包袱、契合主题的玩笑则必能唤起观众注意力，事半而功倍。

## 第 13 章

过 HR 这一关

13.1 HR 关心什么

有人曾经说，HR 的主要功能就是入职前和你电话沟通，离职时见唯一一面让你填离职报告书，之后终生不再见。

言归正传，HR 的 5 大职能 5 个字就可以说清楚：选、育、用、留、汰（分别代表：选人、育人、用人、留人、淘汰人）。在这里，我们更关注的是 HR 的第一职能——招聘职能（Recruiting），HR 的招聘专员（Recruiter）会代表招聘经理，根据招聘经理的需求来筛选、面试与推荐合适的候选人，并在整个招聘过程中负责协调各方需求，直至招聘流程完毕（聘与不聘）。

那么招聘专员关注哪些问题呢？我们不妨列表如下：

❑ 候选人的专业技能。
❑ 候选人的学业背景。
❑ 候选人的专业经历。
❑ 候选人的性格、可塑性、言谈举止。
❑ 候选人的诉求（补偿类：工资、奖金、股票等；其他诉求：弹性工作、团队氛围喜好、
　工作方式喜好、个人与企业发展诉求等）。

前 3 条可以算作硬技能，代表你的过去，招聘专员会根据你的背景来和招聘方的需求做匹配。第 4 条偏重于柔性技能，招聘专员会分析你的性格来推断你适合哪个具体的位置以及融入未来团队可能性，包括人际关系等因素。最后一条基本上是一个市场调查，在前几条都已经满足需求的情况下，那最后就是谈谈"实质"的问题——钱与前途，看看是否供需双方有足够的 ZOPA（Zone of Possible Agreement，双方诉求的交集），如果双方的诉求没有任何 ZOPA，那么招聘专员可能会回到招聘经理处申请更大的灵活性来实现交集或者招聘结果。

关于人际关系的问题，很多时候硬性技能没有任何问题，但是在人际关系上如果存在不和也可能是严重问题，比如在外企工作久了的人，跳槽去国企、民企十有八九会遇到这种问题，新的环境、团队、公司的工作风格、方式、节奏都会和原来大不相同，言谈举止、待人接物甚至如何写 E-mail、做汇报、写文档都要做出全面的调整，反之亦然。

很多程序员觉得人际关系和自己无关，只要闷头干好活，与世无争就好，对此，我只能说，我真希望这个世界就这么简单，如果真能做到无欲则刚、超然世外，也算是一场成功的

修行，怕就怕心有不甘却又不愿意做出改变，最后伤害的往往是自己。面试的时候向招聘专员和面试团队多了解招聘方的工作风格，比对自己的风格，看看是否吻合、是否喜欢、是否能融入，这很重要（当然 HR 也会将其作为一个重要的候选人评估条件）。

13.2 HR 的问题表

招聘专员通过电话和你沟通时，他面前通常摆着这么一张表，电话结束后，你的各项得分就出现在表上了。应该说表中每一项的权重根据招聘方的需求是可以做出调整的，比如有的工作对某个具体技术方向的需求压倒一切，权重自然高；而有的则对交流沟通能力要求很高（比如产品经理、项目经理或现场工程师类）。对于聘用单位而言，绝大多数应届毕业生是张"白纸"，他们更关注的一定是这些年轻毕业生的态度与主观能动性，有时候如果应试者想法太多又过于急着表达反而会事倍而功半。所谓知己知彼百战百胜，希望大家在进入每次面试流程前能有所准备，送给大家八个字：从容自信，认真诚实。

ABC 公司 2014 ～ 2015 年招聘面试评估表

候选人：_____

地址：_____ 日期：_____ 面试人：_____

分项	分数（1 ～ 10 分） 1 低；10 高	评价
主动性及动力		
交流能力		
人际关系		
解决问题能力		
态度与成长潜力		
英文		
技术能力		
软件工程、编程经验		
相关工作经验（应具体到某团队、某项目的具体需求）		
教育背景		
整体评价		
是否聘用		【 】必聘 【 】聘 【 】可聘 【 】不聘
补充评价		

第 14 章

offer 是起点而不是终点

14.1 如何拿到好的 offer

我们先说 offer 的构成，无外乎如下几大类：

☐ 基本工资

☐ 奖金（目标奖金、项目奖金、年终奖金等）

☐ 股票与期权

☐ 社保、公积金

☐ 各种补贴（房补、交通、住宿等）

☐ 年假

☐ 人寿险、补充医疗保险等

通常每个公司内部都有一套比较明确的各级岗位所对应的待遇范围 (compensation range)，除非有特殊情况（特殊人才、特殊需求、特事特办），我们所能拿到的 offer 一般会在这个范围之内，比如对于 3 年以内工作经验的开发工程师，整体待遇的范围可能是以每年 18 万人民币为基准线，上下浮动 25% 都是正常范围，也就是说从 13.5 万 ~ 22.5 万的范围都是可能的。一般这个范围的设定是考虑到从刚毕业的新人到有 3 年工作经验的雇员每年有一个正常的工资增长，比如 6% ~ 20%，那么这个范围可以涵盖大多数情况。当待遇目标超过这一范围的时候，也是需要考虑是否要升职的时候（并进入下一个待遇级别）。

现在的问题是在了解待遇体系之后，如何能拿到一个对于你个人而言较优的 offer 呢？通常公司在发 offer 时是预留空间的，比如你的职位是 16 万 ~ 18 万，那么第一次发给你可能就是 16 万，这个时候怎么和 HR 谈呢？理性谈判（Negotiate Rationally）！什么叫作理性谈判呢？就是有理、有利、有节；先要有个理由，比如你手头还有另外一家公司的 offer（最好还是当前这家的死对头），他家 17.5 万（好巧），那么现在逻辑很简单，16 vs. 17.5，同城、同样的职位，人家还多 3 天年假，理由简单充分，利益摆在眼前，无需多说（节制），HR 会回去替你申请 17.5 万 ~ 18 万的年薪。

越资深的职位待遇跨度越大，因人设岗的情形时有发生，同样的级别，待遇跨度可能有数倍之大，比如 Director 级别，100 万是总监，500 万可能还是总监。说到谈判，这是门不但有趣也极有价值的学问，小到个人得失，大到行业存亡，都不得不察。

推荐一本经典的书给大家——《Negotiating Rationally》（见图 14-1），虽是程序员，但多读本书，艺多不压身。

还需要指出一点，最好的 offer 不一定是薪酬最高的那个，要综合考虑，即人们常说性价比。很多国内企业都喜欢降半级（甚至一级）用人，当你在那个岗位上花个半年或一年时间证明了自己的能力后再进入升级加薪的"快车道"。所以不是在进门的时候拿到最高的 offer 才是最好，所谓"路遥知马力，日久见人心"，关键在于综合考量。

图 14-1 《Negotiating Rationally》

14.2 程序员的职业生涯

程序员的职业生涯是个太大的主题，或许可以举几个例子来给大家带来一些启示。

如果有人问你南非最有名的人是谁，你一定会说是 Nelson Mandela，但如果问你南非最有名的程序员是谁，你可能会迟疑。告诉你，有三个非常著名的南非裔程序员，他们分别是：

❏ Elon Musk：Tesla CEO，Paypal 和 SpaceXCo-founder，自学计算机编程，12 岁以 $500 卖出了自己的第一个视频游戏。

❏ Mark Shuttleworth：Canonical（Ubuntu Linux！）Co-founder，在开普敦大学读书时参与该校第一套民用互联网接入系统安装，20 世纪 90 年代一直是 Debian 操作系统的核心程序员，非洲大陆走出的第一个宇航员（全球第二位太空游客）。

❏ Paul Maritz：Pivotal CEO，VMWare 前 CEO，EMC 前首席战略官，前微软最有权力的 5 人核心管理成员之一。作为程序员如果你没听说过"Eat Your Own Dogfood"（吃你自己的狗粮）或者"dogfooding"，那么我来告诉你，这句话说的是：在 IT 界和硅谷要求和鼓励员工测试并率先使用自己编写的软件，试想如果自己生产的产品自己都不敢用，怎么指望客户会喜欢呢？这就是 Paul 最经典的一句话。

以下信条送给广大程序员：

❏ Always (Try to) Be Prepared.（时刻准备好）

❏ Always (Try to) Fit In.（入世）

❏ Always Be Professional.（专业）

❏ Always Think Win-Win.（双赢）

❏ Integrity!（节操）

第一条说的是永远不打无准备之仗，从准备面试、谈 offer 到参加工作，争取做到知己知彼，做好功课，这其实也是专业精神的体现（professionalism）。第二条说的是要入世，要融入大环境，团队的氛围、公司的文化、行业的方向，无论是最基层的程序员还是团队的领导者，皆是如此。第三条对我们尤为重要，缺少了专业精神就意味着技能、敬业精神与竞争力的缺失，所谓在其位谋其政，只要在这个岗位上一天就要努力工作，否则何必浪费彼此的时间与感情。第四条是很多人不曾考虑过的，成功在今天高速发展的中国市场被看作非此即彼或一家独大的胜利，殊不知，从培育一个产业链、生态系统、行业的角度看，只有双赢才会是长久的、可持续的。最后一条和第三条有相通性，但又有所区别，用潮的说法是：多一点情怀！有点节操！

14.3　程序员的英文修养

计算机的语言是以英语为基础设计而成的，想想千百个函数、系统常量、变量、参数，若不懂英语就会沦为死记硬背，反之则轻松很多。熟读英语，在查阅最新的资料时就不必再拘泥于中文版本（一是中文对应版本面世时间会滞后；二是翻译水平参差不齐，经常错误百出）。中国程序员在世界范围内的开源社区上的影响力往往由于语言障碍而大打折扣，诸如此类的例子不胜枚举。

英语是世界的语言，好的程序员要提高自身的英文修养，对于听、说、读、写，按照从简易到复杂排序，目前国内大部分程序员的体会是：

$$读 \rightarrow 写 \rightarrow 听 \rightarrow 说$$

能读懂代码、读懂文档、读懂注释是第一位的；能写一手好代码、写让人读懂的注释和文档紧随其后；如能更上一层楼，那就是可以和人低障碍交流（先听后说）了。

推荐一个提高英文素养的网站：NPR.com（National Public Radio）。该网站提供最纯正的英文广播，便于学习美式的思辨方式与技巧，笔者在过去 15 年从未间断过从 NPR 中获取信息、知识和快乐。

14.4　成为卓有成效的沟通者

前面介绍了如何做引人入胜的演讲，而一个更大的主题是如何高效沟通、如何让沟通更有影响力。先从一个真实的故事开始，这个故事的名字叫作 Flight 52（52 号航班）。1990 年 1 月 25 日，预计降落在纽约 JFK 机场的哥伦比亚航班在机场上空盘旋 1.5 小时后因为燃油烧尽坠毁在纽约长滩北岸。黑匣子记录显示了坠毁原因，出人意料的是机舱内机长与副机长的对话：

❑ 机长：Tell them we are in emergency.（这时候几乎没油了）

❑ 机副对塔台：That's right to one-eight-zero on the heading and, ah, we will try once again. We are running out of fuel.

注意到上面对话的最大问题了吗？最重要的信息是"没油了"，但是副机长废话连篇，直到最后才说出一句不痛不痒且极容易引起歧义从而导致塔台不能及时、正确应对的"running out of fuel"，这一次通话后，飞机偏离跑道方向坠毁，导致 73 人死亡。

回想一下，有多少时候，我们的对话就是这么拐弯抹角不能击中要点？这的确是个和文化背景相关的问题，西方和东方的差异，南方和北方差异，这些沟通（风格、方式）差异通常可以归纳为两类：由演讲者负责把观点、信息表达清楚；由听众负责来把演讲者要传达的信息分析整理出来。前一类代表西方或北方，后一类代表东方或南方。无论何种方式，对于编程界、工程界、技术界至少有两点是沟通中至为重要的：

- ❑ 观点明确：要有自己的主张，墙头草毫无意义。
- ❑ 学会从别人的角度思考问题（Win-Win）：能与听众产生共鸣（从而获得支持，从情感、道义到物质），预见并准备回答观众的问题，在兜售你的主张、观点或方案时，换位思考你的听众能从中得到什么。

怎样才能让你要表达的信息更有影响力吗？有几个要点：

- ❑ 先说重点：如果不明白这一点，请看 "52 号航班" 的故事。
- ❑ 逻辑思路清晰：我们常说有的人的代码是 Spaghetti code（意大利面一样的代码，用来讽刺代码写得乱糟糟），没人喜欢一头雾水，所以，最好逻辑简单、清晰（Simple is good, always!）。
- ❑ 不要只提出问题，还要有建设性意见。
- ❑ 不要总是很泛泛，具体的问题要具体描述（但是又不要拖泥带水）。

这些要点不仅适合口头交流，书面沟通也是一样。在书面交流（比如发电子邮件）时我们经常忘记的要点如下：

- ❑ 时机很重要：要有轻重缓急，甚至要看对方的状态，如果对方在休假，现在发还不如等他回来前再发（确保阅读与回复的及时性）。
- ❑ 校对：任何人都会犯错误，至少重读一次。
- ❑ 发给谁：重要的在 "To:" 一行；次要的在 "cc:" 一行，不想让大家看到的放在 "bcc:" 一行。

再回到口头交流，当你说话或演讲的时候，特别是在重要或正式的场合，注意几点：

- ❑ 避免语调从头到尾平淡如水，注意抑扬顿挫，否则听众会睡着。
- ❑ 语速不要太快，好的演讲者都会停下来等等观众（或让自己有时间准备下一句、一段话）。
- ❑ 在面向众多听众时，记得声音比平时大一点，如果你听不清别人的话，别人也听不清你的话。

最后，希望大家都能做一个高效的、有影响力的沟通者！

◉ 扫一扫，学习本章相关课程

职业生涯规划

推荐阅读

C程序设计语言 （第2版 · 新版）

作者：Brian W. Kernighan 等 译者：徐宝文 等 ISBN：7-111-2806-0 定价：30.00元

Java编程思想 （第4版）

作者：Bruce Eckel 译者：陈昊鹏 ISBN：7-111-21382-6 定价：108.00元

C++编程思想（两卷合订本）

作者：Bruce Eckel 等 译者：戴开宇 ISBN：978-7-111-35021-7 定价：116.00元

C++程序设计语言（特别版）十周年中文纪念版

作者：Bjarne Stroustrup 译者：裘宗燕 ISBN：978-7-111-29885-4 定价：99.00元

第4版中文版即将在2016年出版

Scala编程思想（原书第2版）

作者：Bruce Eckel 等 译者：陈昊鹏 ISBN：978-7-111-51740-5 定价：69.00元

推荐阅读

深入理解计算机系统

作者：Randal E. Bryant 等　ISBN：978-7-111-32133-0　定价：99.00元

算法导论（原书第3版）

作者：Thomas H. Cormen 等　ISBN：978-7-111-40701-0　定价：128.00元

计算机网络：自顶向下方法（原书第6版）

作者：James F. Kurose 等　ISBN：978-7-111-45378-9　定价：79.00元

设计模式：可复用面向对象软件的基础

作者：Erich Gamma 等　ISBN：978-7-111-07575-2　定价：35.00元

大教堂与集市

作者：Eric S. Raymond　ISBN：978-7-111-45247-8　定价：59.00元

现代操作系统（原书第3版）

作者：Andrews Tanenbaum　ISBN：978-7-111-25544-4　定价：75.00元

推荐阅读

云计算：概念、技术与架构

作者：Thomas ERL ISBN：978-7-111-46134-0 定价：69.00元

云计算与分布式系统：从并行处理到物联网

作者：Kai Hwang 等 ISBN：978-7-111-41065-2 定价：85.00元

数据挖掘：概念与技术（原书第3版）

作者：Jiawei Han 等 ISBN：978-7-111-39140-1 定价：79.00元

软件定义数据中心——技术与实践

作者：周宝曜 等 ISBN：978-7-111-48317-5 定价：69.00元

深入理解大数据：大数据处理与编程实践

作者：黄宜华 ISBN：978-7-111-47325-1 定价：79.00元

打造高质量Android应用：Android开发必知的50个诀窍

作者：Carlos Sessa ISBN：978-7-111-46136-4 定价：49.00元